智慧代建体系构建与关键技术（之二）

——华南理工大学广州国际校区一期工程专篇

主 编 苏 岩

副主编 刁尚东 倪 阳 伍时辉 刘 青 黄庆辉

U0300629

中国建筑工业出版社

图书在版编目（CIP）数据

智慧代建体系构建与关键技术. 之二，华南理工大学
广州国际校区一期工程专篇 / 苏岩主编；刁尚东等副主
编. — 北京：中国建筑工业出版社，2023.5
ISBN 978-7-112-28666-9

Ⅰ. ①智… Ⅱ. ①苏… ②刁… Ⅲ. ①教育建筑-建
筑工程-工程项目管理-广州 Ⅳ. ①TU71

中国国家版本馆 CIP 数据核字（2023）第 069527 号

责任编辑：刘瑞霞 梁瀛元
责任校对：芦欣甜
校对整理：张惠雯

智慧代建体系构建与关键技术（之二）
——华南理工大学广州国际校区一期
工程专篇

主 编 苏 岩

副主编 刁尚东 倪 阳 伍时辉 刘 青 黄庆辉

*

中国建筑工业出版社出版、发行（北京海淀三里河路 9 号）
各地新华书店、建筑书店经销
北京鸿文瀚海文化传媒有限公司制版
河北鹏润印刷有限公司印刷

*

开本：787 毫米×1092 毫米 1/16 印张：19¼ 插页：1 字数：477 千字
2023 年 7 月第一版 2023 年 7 月第一次印刷
定价：**188.00** 元
ISBN 978-7-112-28666-9
（41069）

编　委　会

主　　任：苏彦鸿
副 主 任：邓新勇　黄玉升　司徒渭源　陈嘉乐　苏　岩

顾　　问：梁湖清
成　　员：刁尚东　韦　宏　令狐延　黄彦虎　黎华权
　　　　　李宗颖　张治同　陶兴友

主　　编：苏　岩　广州市重点公共建设项目管理中心
副 主 编：刁尚东　广州市重点公共建设项目管理中心
　　　　　倪　阳　华南理工大学建筑设计研究院有限公司
　　　　　伍时辉　广州建筑股份有限公司
　　　　　刘　青　中国建筑第四工程局有限公司
　　　　　黄庆辉　广州珠江监理咨询集团有限公司

参编单位及人员：

广州市重点公共建设项目管理中心	张艳芳　赵　静　陈爱华　谢庆辉
	张文杰　马柔珠
华南理工大学建筑设计研究院有限公司	郑　晖　王　帆　王　静　吴润榕
	耿望阳
广州建筑股份有限公司	吴瑞卿　王晓亮　钟超俊　郑志涛
	候洁平
中国建筑第四工程局有限公司	黄拥军　李松晏　周尚宪　黄大金
	白思敏
广州珠江监理咨询集团有限公司	张　震　吕兵兵　陈　煜
广州建设工程质量安全检测中心有限公司	胡贺松　张宪圆
广东信佰工程监理有限公司	董秀峰
广州宏达工程顾问集团有限公司	卢安健　张家宁　李贤滔

序　言

建设世界一流大学和一流学科，是党中央、国务院做出的重大战略决策，对于提升我国教育发展水平、增强国家核心竞争力、奠定长远发展基础，具有十分重要的意义。建设华南理工大学广州国际校区，是推动广州市高等教育建设对接世界的重要举措，是提高广州市教育科研开放水平和自主创新能力的关键路径，对在广东省实现"四个走在全国前列"中当好排头兵具有重要的促进作用。2018 年 3 月，华南理工大学广州国际校区在教育部、广东省、广州市和学校四方共同努力下孕育而生，签署四方共建协议，同年 5 月，广州市政府批复同意华南理工大学广州国际校区一期项目由广州市建设工程项目代建局（现广州市重点公共建设项目管理中心，简称"代建局"）代建，建设目标为 2019 年新学期开学前移交使用。华南理工广州国际校区一期工程于 2018 年 8 月 24 日打桩奠基，经建设各方的共同努力于 2019 年 9 月投入使用并正式开学，用时 369 天，创造了新的广州建设速度，打造了高标准的国际化一流校区。一期工程已陆续获得詹天佑故乡杯、国家优质工程奖、华夏建设科学技术奖，多项广东省土木科学技术奖、广东省装配式建筑示范项目、A 级装配式建筑评价标准范例项目等大量成果。

作为具有二十多年广州市政府投资建设项目管理经验的城建铁军，面对此类大型项目，广州市代建局经过认真研究、分析，根据多年的管理经验判断：以传统的建设模式推进本项目必然无法完成任务，在确保工程安全和保证质量前提下，实现本项目建设投资和工期目标是最大的困难。本书对建设单位管理架构调整、项目建设模式的改变、项目代建管理方式、信息化创新管理手段等方面的变化进行了阐述，同时阐述了创新的项目管理思维、管理方法和管理措施融合新工艺、新材料、新技术形成新的代建管理模式。

为实现华南理工大学广州国际校区一期项目建设管理目标，在单位架构调整方面，广州市代建局由"流水线"的项目管理模式调整为"项目指挥组"的管理模式。从内部各部门抽调业务骨干组成"精干团队"，以高集成、高效率、高融合的方式推进本项目，从管理源头进行改革，实现管理指令精准下达，专人专职专岗管理。在项目管理模式方面，广州市代建局综合各方因素考虑，改变传统工程总承包的建设模式，以"设计牵头 EPC＋BIM＋装配式建筑"的建设模式推进项目建设，本项目成为广州市第一个由设计牵头的 EPC 建设项目，同时也是第一个集成 EPC、BIM 技术应用，A 级装配率达到 50％以上的大型公共项目，实践了设计先行、BIM 技术全过程指导装配式构件施工的管理构想。在创新代建管理模式方面，广州市代建局采用"融合式"管理理念，以项目指挥组为基础，高度融合设计和监理单位进行项目管理，如"智慧代建＋智慧监理"。通过事前把控、设计先行、限额设计、定制关键线路、优化计划等，以 BIM 技术为抓手，高效协同管理，实现以建设工期目标为核心的全方面全过程管理。在强化信息化管理手段方面，广州市代建局探索建立大型信息化管理平台，在大管理平台基础上嵌入"BIM 管理模块""航拍模型管理模块""进度管理模块"等。通过建立"制度流程化、流程表单化、表单标准化、标准信息化、信息数字化、数字智能化"六化 30 字方针搭建信息化管理平台，构建"智慧代建 1＋1＋6＋N 管理体系",打破各参建单位、部门、人员、人与物等各种信息"孤岛"之间的壁垒。

本书是代建局近年来在大型公共建设项目管理方面的经验总结和管理方法的总结,更是创新代建管理理念和管理思维理论化的探索。吸收以往广州大学城项目、广州亚运会项目、中山大学和暨南大学等有关高校项目以及广州科教城项目的管理经验,以华南理工大学广州国际校区一期项目为案例,高度集成总结,并分享给各位读者。希望通过本书可以为广州市、广东省乃至全国的建设者和管理者带来新的启发和借鉴,为建设行业发展略尽绵薄之力。

广州市重点公共建设项目管理中心原党组书记、主任　苏彦鸿
（原广州市建设工程项目代建局局长）

2023 年 4 月于广州

前　言

国家"十四五"规划中提出加快建设数字经济、数字社会、数字政府，以数字化转型整体驱动生产方式、生活方式和治理方式变革。2004 年，《国务院关于投资体制改革的决定》（国发〔2004〕20 号）指出对非经营性政府投资项目加快推行"代建制"。相较于以往政府投资项目由行政部门组建基建指挥部组织建设的模式，代建制可有效防止投资失控、工期拖延、质量不保等不良现象的产生。随着建筑规模及建筑复杂程度的不断提高，传统代建模式暴露出很多问题，如数字化程度低、项目建设信息化手段（BIM、CIM、区块链、大数据、云计算、人工智能、5G、物联网等）的应用程度低、信息沟通不畅、对整体项目管理信息源的掌握有局限性、部门间协调难度大、管理效率较低、过度依赖人的管理经验、对投资目标和风险防控预见性较差、项目管理档案资料容易丢失等。

本书以《智慧代建体系构建与关键技术——数字化转型升级研究与实践》中创新提出的"智慧代建"理论体系为基础，以"华南理工大学广州国际校区一期工程建设"为例进行系统总结与归纳提炼。

本书共 5 章，第 1 章是项目筹划决策，介绍了项目的由来及落地实施的过程；第 2 章是项目建设历程，简述了项目建设重要事件和关键节点；第 3 章是探索和创建"智慧代建"项目管理新模式，介绍了项目智慧代建思路的形成及实施必要性；第 4 章是基于智慧代建管理体系的关键技术应用与实践，详述了项目智慧代建模式下管理创新、技术创新的情况；第 5 章是建设项目智慧代建研究与实践成果，展示了大量成果；结语部分是社会反响和有关评价。

基于"智慧代建"理论体系，通过项目协同管理系统平台，代建单位统筹主导参建各方，以 BIM 技术应用为抓手，实现对"需求确认、标准制定、方案优化、安全质量、进度管控、深度融合"等方面的精细化管理，实现参建各方项目数据的共建、共享、共管、互联互通，实现快速反应、快速决策、协调解决问题。

本书是对大型公共建筑项目管理改革创新和数字化转型提供的参考经验和交流分享，主要展现"智慧代建"管理理念及示范应用的六项特征：一是政府部门制度创新。按照《广州市工程建设项目审批制度改革试点实施方案的通知》（穗府〔2018〕12 号），本项目在立项、招标、报建、施工许可、竣工验收等几个阶段，对应采取高效的审批程序，推动项目快速实施。二是成立市领导牵头的市级项目建设领导小组，制定工作规则，明确分工，统筹协调，有效推动项目建设。三是创新项目管理和课题研究组织模式，根据项目管理和技术创新需要，组建代建单位工程建设领导小组及现场协调指挥组和科研课题小组，确保推进项目的同时推动科研课题的发展，有效推动各项关键技术的研究与实施。四是实行"智慧代建＋智慧监理"深度融合式管理模式。代建单位通过合理授权，统筹监理单位资源，充分发挥监理单位在质量、安全、进度和造价等项目目标管控上的作用。五是为"智慧代建"理论体系创新提供了很好的示范研究与应用场景。六是基于完整的建设信息，该项目被纳入首批广州市城市信息模型平台（CIM）示范项目，助力政府审批制度改革和城市智慧化、服务精细化管理。

本书可为工程建设领域政府各级行政主管部门、代建单位的管理人员以及从事工程建设管理、设计、施工、监理、咨询、服务的专业技术工作者提供借鉴与参考。

由于编者水平和能力所限，书中难免存在疏漏和错误，不妥之处，恳请各位领导、专家和读者批评指正。

目　录

第1章 项目筹划决策

1.1 项目来由

1.1.1 项目背景

教育兴则国家兴，教育强则国家强。当今世界强国无一不是教育强国，教育对国家经济社会发展、确立和维持强国地位发挥了巨大作用。

教育强国是现代化强国的重要内容，也是建设社会主义现代化强国的基础和前提。创新驱动是国家命运所系，国家力量的核心支撑是科技创新能力。创新强则国运昌，创新弱则国运殆。我国近代落后挨打的重要原因是与历次科技革命失之交臂，导致科技弱、国力弱。实现中华民族伟大复兴的中国梦，须真正用好科学技术这个最高意义上的革命力量和有力杠杆。

《国家创新驱动发展战略纲要》提出，"壮大创新主体，引领创新发展"建设世界一流大学和一流学科，引导大学加强基础研究和追求学术卓越，组建跨学科、综合交叉的科研团队，形成一批优势学科集群和高水平科技创新基地，系统提升人才培养、学科建设、科技研发三位一体创新水平。增强原始创新能力和服务经济社会发展能力，推动一批高水平大学和学科进入世界一流行列或前列。

2018年3月7日，习近平总书记参加十三届全国人大一次会议广东代表团审议时发表重要讲话，充分肯定了党的十八大以来广东的各项工作，要求广东的同志们进一步解放思想、改革创新，真抓实干、奋发进取，以新的更大作为开创工作新局面。习近平总书记还强调，科技创新是建设现代化产业体系的战略支撑，广东要着眼国家战略需求，主动承接国家重大科技项目，引进国内外顶尖科技人才。

根据习近平总书记的指示，广东省明确态度，坚决贯彻落实习近平总书记讲话的重要指示精神，准确把握广东省在新形势下的使命和目标定位。作为国家中心城市，广州是国家主要的创新活动中心地，也是广东省实施科技创新举措的重要平台。当前，广州市创新科技短板较突出，高端人才和创新型企业不足，丰富的科教资源优势未得到充分发展，研发投入在GDP（国内生产总值）中占比亟待提升，创新生态环境有待优化。广州市提出"十三五"时期要在广州市布局新的重大科学装置和协同创新平台，吸引和培育一批高端人才和创新型企业，打造国家创新中心城市。

1.1.2 项目契机

2015年10月24日，国务院印发《统筹推进世界一流大学和一流学科建设总体方案》，目标是推动一批高水平大学和学科进入世界一流行列或前列，提高高等学校人才培养、科学研究、社会服务和文化传承创新水平，使之成为知识发现和科技创新的重要力量、先进思想和优秀文化的重要源泉、培养各类高素质优秀人才的重要基地，在支撑国家创新驱动发展战略、服务经济社会发展、弘扬中华优秀传统文化、培育和践行社会主义核心价值观、促进高等教育内涵发展等方面发挥重大作用。

《中共广东省委　广东省人民政府关于建设高水平大学的意见》提出推动一批高等学校和学科综合实力、区域竞争力和国际影响力跃上新台阶。力争到 2020 年，重点建设高等学校发展定位和目标更加明确，优势特色更加鲜明，综合实力明显上升，若干所高等学校跻身国内一流大学前列，建成一批国内外一流学科，在国际上有一定知名度和影响力，带动全省高等教育整体水平明显提高，成为引领创新驱动发展的战略高地，有力支撑广东省经济社会发展。

广州市作为国家中心城市之一，具备建设高水平大学的良好基础和条件，占据"天时、地利、人和"。一者，高水平大学建设是当前从中央到地方力推的"重点工程"，是教育的"风口"，整个社会给予了高水平大学建设相当高的关注，此为"天时"。二者，广州市科研基础雄厚，拥有国家重点实验室 14 家，国家工程实验室 9 家，国家工程技术研究开发中心 15 家，省市级重点实验室 195 家，省市级工程技术研究开发中心 231 家，是华南科技研发资源最集中的城市，为高水平大学建设奠定了扎实的学术基础，此为"地利"。三者，广州高校众多，其中不乏中山大学、华南理工大学等名校，7 所广东高水平大学重点建设高校中，有 6 所位于广州，高校人才储备丰富，高素质人才集聚，能为广州高水平大学建设贡献智慧和榜样力量，此为"人和"。

广州地区的全国重点大学，是广州建设国家重要中心城市、推动创新发展的重要支撑，市政府对华南理工大学建设高水平大学给予了大力支持。华南理工大学是一所全国重点大学，经过 70 年的建设和发展，成为以工见长，理工结合，管、经、文、法、医等多学科协调发展的综合性研究型大学，为国家培养了各类高等教育人才 57 万余人，多位校友成为科技骨干、著名企业家和领导干部。2017 年 9 月，成为国家"双一流"建设 A 类高校，正式迈入世界一流大学建设新征程。

为了进一步发挥华南理工大学在人才培养、科学研究及科研成果转化等方面的独特优势，聚焦国家高质量发展的重大战略需求和军民融合战略，服务创新驱动发展，引领和支撑广东区域经济社会发展，2017 年 3 月 15 日，教育部、广东省、广州市与华南理工大学在北京签署《教育部　广东省人民政府　广州市人民政府　华南理工大学共建华南理工大学广州国际校区协议》，明确在广州建设华南理工大学广州国际校区，推动广州市和华南理工大学的优势互补和融合发展，促进学校"双一流"建设。

1.2　项目建设意义

沐浴新时代的春风，华南理工大学广州国际校区在教育部、广东省、广州市和学校四方共同努力下应运而生，奠定新的办学机制"中方为主、国际协作、强强联合"。建成后的华南理工大学广州国际校区将成为汇聚国际高水平团队、培养新工科领军人才、开展深度国际合作、聚焦前沿科学研究、推进高端成果转化、创新创业创造等的重要高地，并成为与国（境）外多所著名高校合作的国内顶尖、国际一流的国际化示范校区，全面服务国家重大战略需求，有力支撑广东省、广州市创新驱动，助力粤港澳大湾区发展。

1.2.1　人才培养

创新是民族进步之魂，是国家强盛之基。创新，特别是科技创新，是推动经济发展的动力源泉，是建设现代化经济体系的战略支撑，是最具根本性、革命性的决定力量。唯有创新才能使国民持续健康发展，唯有创新才能使中国立于世界强国之林。

华南理工大学广州国际校区围绕建设"高水平、国际化、研究型、理工特色、世界一流"高校目标，以服务国家和省的重大战略需求为根本，努力打造集人才培养、研究开发、成果转化、国际合作等功能于一体的教学、科研、创新基地，为广东省乃至全国实施创新驱动发展战略提供技术支撑和人才支持。

1.2.2　引领创新

华南理工大学以支撑国家创新驱动发展为导向，重点瞄准引领和支撑广东、广州未来20年创新发展的新兴交叉领域，紧密结合广州市"IAB"（新一代信息技术、人工智能、生物医药）、"NEM"（新能源、新材料）战略计划的实施，布局前沿交叉学科，计划建设10个新工科学院，包括前沿软物质学院、华南软物质科学与技术高等研究院、生物医学科学与工程学院、华南岩土工程研究院、吴贤铭智能工程学院、广州智能工程研究院、微电子学院/集成电路学院、自旋科技研究院、未来技术学院、海洋科学与工程学院。其中，吴贤铭智能工程学院与美国密西根大学合作，重点围绕人工智能、机器人与自动化、智能制造、智能医疗等新兴领域开展前沿科学技术研究；前沿软物质学院与美国阿克隆大学合作，致力于开展高分子、材料等领域的交叉科学问题研究，突破原有学科界限，建设多功能产业研发创新中心和平台；生物医学科学与工程学院与美国约翰斯·霍普金斯大学、哥伦比亚大学、新加坡南洋理工大学、香港中文大学合作，在生物学（肿瘤生物学、系统生物学、单细胞生物学）、计算和基因组医学、免疫学和免疫工程、干细胞和组织工程、纳米医学与药物递送等方向开展生命科学和材料科学交叉研究，与比利时鲁汶大学合作开展"2+2"本科双学位项目，与新加坡国立大学，新加坡南洋理工大学合作开展3+1+1本硕连读项目；微电子学院与粤港澳大湾区龙头企业合作，围绕高端芯片研究等"卡脖子"问题，开展5G射频集成电路芯片收发系统关键模块研制，力争在5G领域形成核心优势，打破高端芯片受制于人的局面，与比利时鲁汶大学、英国爱丁堡大学、美国罗格斯大学、美国密苏里大学、新加坡国立大学等开展2+2项目和3＋2项目合作；未来技术学院与美国加州大学戴维斯分校合作，聚焦"数字人与未来生活"和"数字基建与未来社会"，重点布局主动健康与智慧能源研究方向，与腾讯、阿里、百度、科大讯飞、优必选、奥比中光等企业建立联合实验室或联合人才培养基地；海洋科学与工程学院紧密结合国家发展海洋强国的战略需求，以粤港澳大湾区海洋经济发展为依托，建设世界一流的海洋工程与技术人才培养和科学研究高地。

学校还搭建科技创新体系，支撑广州国际校区高水平科研和人才培养，首批建设战略前沿材料与制造、人工智能与智能制造、生物医学＋、微纳电子中心4大学科公共平台。其中，已建成（正在建设）多个深度研究、跨学科的高端研究院，包括生物医学与再生医学粤港澳联合研究院、肿瘤微环境研究所、华南软物质科学与技术高等研究院、自选科技研究院、未来技术前沿交叉研究院、广州智能工程研究院、先进技术研究院、集成电路高

3

等研究院、华南岩土工程研究院、碳中和研究院、弹性体研究院等，提前部署战略性需要、久久为功的技术，抓紧推进可能快速突破的技术。

1.2.3 双一流建设

2021年12月17日，习近平总书记主持召开中央全面深化改革委员会第二十三次会议时强调，要突出培养一流人才、服务国家战略需求、争创世界一流的导向，深化体制机制改革，统筹推进、分类建设一流大学和一流学科。

在教育部、财政部、国家发展改革委联合发布的世界一流大学和一流学科（简称"双一流"）建设高校及建设学科名单中，华南理工大学是一流大学A类建设高校。同时，华南理工大学也列入了广东省高水平大学建设的名单当中。作为教育部直属重点高校，华南理工大学在"双一流"建设中承担着重要的任务。

华南理工大学广州国际校区探索推行"在地国际化"办学新范式，即立足中国实际，融合世界先进教育理念，引入全球优质教育资源，提供沉浸式国际化成长环境，使全体学生在本土接受一流的国际化教育。同时，以"新工科F计划"为发展战略，实施"新工科人才培养试验区2.0"，实行"现代书院制＋全员导师制"的思政新模式，设立"一站式"学生社区，构建多元评价的育人体系，培养拔尖创新人才、从事国际前沿科学研究、推动高水平科技成果转化，建设成为"高水平、国际化、理工特色"的一流校区，整体提升学校办学水平。

1.3 四方共建新举措

为高效推进建设工作，华南理工大学广州国际校区项目尝试采用建设新举措，即教育部、广东省、广州市、华南理工大学加大统筹协调力度，建立共建广州国际校区工作协调机制，加强沟通协调。各方根据职责，加快推进各项重要任务的落实。

1.3.1 各方职责

教育部为华南理工大学广州国际校区管理机制创新提供条件，鼓励和指导广州国际校区进行中国特色社会主义现代大学制度建设；对广州国际校区专业设置、人才引进、招生计划等方面给予大力支持；指导广州国际校区建设，支持和推动华南理工大学及相关优势学科进入世界一流行列。

广东省人民政府将广州国际校区纳入广东省高等教育发展的总体布局；支持和推动华南理工大学及相关优势学科进入世界一流行列；支持广州国际校区引进高层次人才；对广州国际校区基础设施建设、人才引进等方面给予资金支持。

广州市人民政府将广州国际校区的校园建设、教育教学及社会公共服务资源共享等纳入广州市统一规划；负责广州国际校区分期供地和建设，保障建设所需资金，按时完成项目建设并移交华南理工大学使用；构建高端高质高新现代化新体系相关的学科、专业建设在政策上给予重点支持；对广州国际校区高端人才经费、配套设施、人才公寓给予支持。

华南理工大学作为办学主体，承担以下职责：一是加快建设一支高水平的国际化人才队伍。打造一批学术创新能力与科技攻关能力强的跨学科人才团队，形成能够承担重大科技任务、产出重大科技成果、做出重大贡献的创新群体。二是打造一流学科。重点开设新兴交叉学科，做大做强新工科，促进学校世界一流大学建设，创新体制机制，打造若干在国际和国内有影响的高峰优势学科。三是培养一批国际化拔尖创新人才。探索完善人才培养模式改革，培养各类创新型、应用型、复合型优秀人才，为创新广东建设提供源源不断的生力军。四是开展高水平科学研究和科研成果转化。瞄准世界科技发展前沿，以国家和区域发展的重大任务为牵引，解决重大科技问题，产出高水平科研成果，全面促进成果转化，服务区域创新驱动发展和经济社会建设。

1.3.2　项目实施

2017 年 10 月，广州市正式成立广州市推进华南理工大学广州国际校区建设工作领导小组，由市长任组长，副组长由常务副市长、有关副市长、华南理工大学党委书记及校长担任，成员由市政府有关副秘书长以及华南理工大学、市发展改革委、市教育局、市财政局、市国规委、市住房城乡建设局、市法制办、市政务办、市土发中心、番禺区政府有关负责同志组成，并制定建设工作领导小组工作规则，明确分工，以将华南理工大学广州国际校区建设成为高水平、国际化、研究型、理工特色的世界一流校区为建设目标，全力推进建设工作。

2018 年 5 月，广州市政府召开第 39 次常务会议，听取了市发展改革委对华南理工大学广州国际校区投资建设运营管理方案的说明，并就有关问题进行了讨论。明确校区建设工作由广州市住房城乡建设局作为项目主管单位，广州市建设工程项目代建局（简称"代建局"）作为项目代建单位（代业主）。市代建局在广州市住房城乡建设局的监督管理下，以"2019 年 9 月前第一批工程完工；2019 年 12 月前第二批工程完工"为工期目标，以建设省市优质项目，争创国家优质项目为质量目标，组织全局力量迅速开展建设工作。

2018 年 6 月，代建局召开 2018 年第 4 次招标领导小组工作会议，研究议定了华南理工大学广州国际校区一期工程勘察设计施工总承包（EPC）、监理（含项目管理）招标策划方案，并将工作思路报市住房城乡建设局征求意见，确定了以设计为主导的 EPC 招标模式和含项目管理的工程监理模式。

2018 年 7 月 20 日，华南理工大学广州国际校区一期工程勘察设计施工总承包（EPC）完成评标工作，确定了实施单位；2018 年 8 月 14 日，华南理工大学广州国际校区一期工程工程监理（含项目管理）完成评标工作，确定了实施单位。

2018 年 8 月，为高效推进华南理工大学广州国际校区一期工程智慧代建，精细化管理，代建局精心谋划，组建强有力的管理团队，成立华南理工大学国际校区一期项目工程建设领导小组，下设现场协调指挥组，领导小组组长由代建局局长担任，现场协调指挥组指挥长由代建局总工程师担任。自此，项目建设全面拉开序幕。

代建局管理团队在 2018 年 8 月进驻现场后，深知建设任务重、工期紧、责任大、组织协调管理难度大，管理团队高度重视，按照勘察设计施工总承包合同、设计施工文件要求以及建筑行业的技术发展趋势，以建设智慧、绿色、节能、环保的校园为目标，驻扎一线开展工作，主抓施工质量、安全及进度，明确职责分工，更好地为项目服务，为各参建方排忧解难，全力推进工程建设。同时，现场协调指挥组指挥长牵头，结合 EPC 项目合同管理模式，协调和指导 EPC 项目部、监理单位、造价咨询单位以及施工单位，对组织架构、管理规章制度、内部工作流程以及各项目部间的工作协调配合等方面开展查漏补缺的"自审、自查、自纠"专项工作，找准薄弱环节，研究制定整改措施，组织科研攻坚，进一步提高工作效率，为项目后续工作全面开展建设奠定了基础。

　　项目建设能够得到顺利推进，得到了教育部，广东省、广州市政府和有关职能部门和单位的大力支持，教育部、广东省、广州市及广州市各主管部门领导多次深入施工现场指导工作，形成齐抓共管局面，提出建设工程"广州速度"新要求，要求务必严把工程质量关，在确保安全的前提下，多方全力配合加快工程推进速度。广州市政府和番禺区政府主管部门为工程建设报批报建手续开辟绿色通道；番禺区政府在征地拆迁工作方面给予大力支持；广州市水务局、番禺区水务局、番禺区住建局、番禺区交通运输局、番禺区城市管理综合执法局、南村镇政府、番禺区供电局、南城路政所、市安监站、区安监站、南村镇自来水公司、番禺新奥燃气有限公司等部门和企业，针对校区的工程建设、周边道路绿化品质提升及河涌整治等方面，多次到现场协调指导工作和解决问题。广东省建设工程标准定额站、广州市建设工程造价管理站负责人先后到现场交流指导装配式建筑工程定额应用和材料信息的使用，服务项目建设。

第 2 章　项目建设历程

2.1　项目建设重要事件 (图 2.1-1)

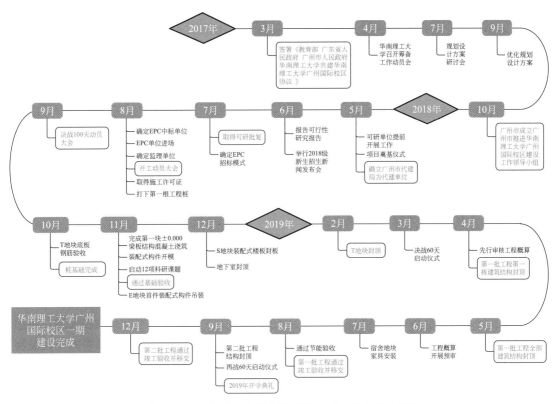

图 2.1-1　华南理工大学广州国际校区一期建设里程碑

2.2　项目建设关键工期节点

2017 年 4 月 6 日，华南理工大学召开筹备工作动员会。

2017 年 7 月 3 日，华南理工大学召开华南理工大学国际校区规划设计方案研讨会。

2017 年 9 月 25 日，广州市国土资源和规划委员会与华南理工大学共同优化规划设计方案。

2018 年 5 月 4 日，华南理工大学广州国际校区可行性研究报告编制单位提前开展工作。

2018 年 5 月 9 日，华南理工大学广州国际校区一期工程奠基。

2018 年 6 月 8 日，华南理工大学广州国际校区项目报审项目可行性研究报告。

2018 年 7 月 12 日，取得华南理工大学广州国际校区一期工程可行性研究报告批复。

2018 年 7 月 25 日，完成华南理工大学广州国际校区一期工程 EPC 模式招标。

2018 年 8 月 3 日，确定华南理工大学广州国际校区一期工程 EPC 项目中标单位。

2018 年 8 月 6 日，华南理工大学广州国际校区一期工程 EPC 团队进场。

2018 年 8 月 16 日，华工国际校区一期第一期工程建设召开动员大会，项目正式开工建设。

2018 年 8 月 23 日，取得华南理工大学广州国际校区一期工程施工许可证。

2018 年 8 月 24 日，华南理工大学广州国际校区一期工程打下第一根桩基础施工。

2018 年 9 月 25 日，华南理工大学广州国际校区一期工程召开"大干 100 天"动员大会。

2018 年 10 月 15 日，完成华南理工大学广州国际校区一期工程 T 地块（实验楼）底板钢筋样板验收。

2018 年 10 月 16 日，完成华南理工大学广州国际校区一期工程桩基础施工（共 8100 根桩）。

2018 年 11 月 3 日，完成华南理工大学广州国际校区一期工程第一块 ±0.000 梁板结构混凝土浇筑。

2018 年 11 月 9 日，确定华南理工大学广州国际校区一期工程第三方检测（材料设备检测）服务单位。

2018 年 11 月 10 日，华南理工大学广州国际校区一期工程装配式构件开模。

2018 年 11 月 25 日，启动华南理工大学广州国际校区一期工程 12 项科研课题。

2018 年 11 月 29 日，华南理工大学广州国际校区一期工程桩基础及天然地基分部工程通过验收。

2018 年 11 月 30 日，华南理工大学广州国际校区一期工程 E 地块装配式建筑首件预制构件吊装。

2018 年 12 月 6 日，华南理工大学广州国际校区一期工程 S 地块装配式建筑首层楼板整体封板完成。

2018 年 12 月 10 日，华南理工大学广州国际校区一期工程地下室封顶。

2018 年 12 月 15 日，华南理工大学广州国际校区一期工程完成全部 ±0.000 结构。

2019 年 2 月 2 日，华南理工大学广州国际校区一期工程 T 地块封顶仪式。

2019 年 3 月 16 日，华南理工大学广州国际校区一期工程"决战 60 天"启动仪式。

2019 年 4 月 16 日，华南理工大学广州国际校区一期工程第一批工程第一栋建筑结构封顶。

2019 年 5 月 9 日，华南理工大学广州国际校区一期工程第一批工程主体结构全部封顶。

2019 年 7 月 20 日，华南理工大学广州国际校区一期工程学生宿舍地块移交使用单位进行家具安装。

2019 年 8 月 9 日，华南理工大学广州国际校区一期工程第一批工程通过建筑节能分部工程验收。

2019 年 8 月 20 日，华南理工大学广州国际校区一期工程第一批工程质量竣工验收和资产移交。

2019 年 9 月 1 日，华南理工大学广州国际校区一期工程第二批工程主体结构封顶。

2019 年 9 月 2 日，华南理工大学广州国际校区一期工程第二批工程"再战 60 天"启动仪式。

2019 年 12 月 6 日，华南理工大学广州国际校区一期工程第二批工程通过质量竣工验收。

2.3　项目建设大事记

2017 年 4 月 27 日，广州市发展和改革委员会有关负责同志带队到华南理工大学研讨华南理工大学广州国际校区建设方案。

2017 年 5 月 15 日下午，广东省主要领导到华南理工大学调研，华南理工大学党委书记和校长重点介绍了国际校区的进展。

2017 年 7 月 18 日下午，广州市发展和改革委员会主要负责同志一行 8 人调研华南理工大学广州国际校区筹备推进情况。

2017 年 12 月 18 日，广州市政府分管领导调研广州国际校区建设事宜。

2018 年 6 月 5 日，广州市财政局有关负责同志到华南理工大学调研华南理工大学广州国际校区建设情况。

2018 年 10 月 12 日，教育部有关领导到华南理工大学广州国际校区一期工程建设现场视察并指导工作。

2018 年 12 月 3 日，番禺区建设工程扬尘防治现场观摩会暨 11 月份扬尘防治管理工作讲评会。

2019 年 1 月 24 日，番禺区主要负责同志带队调研华南理工大学广州国际校区一期工程安全生产工作。

2019 年 2 月 21 日，广州市人大常委、城建环工委主要负责同志带队视察华南理工大学广州国际校区一期工程。

2019 年 3 月 11 日，广州市财政局主要负责同志带队到华南理工大学广州国际校区一期工程项目现场调研。

2019 年 3 月 12 日，广州市建设工程项目代建局有关领导主持召开华南理工大学广州国际校区一期工程现场 2019 年关爱建筑工人活动-暨施工现场直升机应急救援演练。

2019 年 3 月 14 日，广州市住房和城乡建设局主要负责同志带队调研华南理工大学广州国际校区一期工程。

2019 年 3 月 22 日，广州市政府主要负责同志到华南理工大学广州国际校区一期工程视察。

2019 年 3 月 25 日，广州市财政局有关负责同志带队赴华南理工大学广州国际校区一期工程开展重点项目实地调研工作。

2019 年 4 月 22 日，番禺区政协主要负责同志带队调研华南理工大学广州国际校区一期工程建设推进情况。

2019年5月6日，华南理工大学主要负责同志陪同教育部巡视组到华南理工大学广州国际校区一期工程现场开展调研工作。

2019年6月13日，广州市建筑施工"安全生产月"和"安全生产万里行"观摩会。

2019年6月21日上午，中国科协主要负责同志到访华南理工大学，就华南理工大学广州国际校区一期工程建设等工作进行座谈交流。

2019年6月26日，广州市分管领导到华南理工大学广州国际校区一期工程项目进行检查指导。

2019年7月10日，广州市国资委主要负责同志带队赴华南理工大学广州国际校区一期工程现场调研指导工作。

2019年7月22日下午，广东省政府有关负责同志赴广州市开展"不忘初心、牢记使命"主题教育调研科技、教育工作会议在华南理工大学广州国际校区召开。

2019年9月26日，教育部国际合作与交流司有关负责同志到华南理工大学，专题调研教育对外开放工作。

2019年9月29日，华南理工大学举行2019年开学典礼（图2.3-1）。

图2.3-1　2019年开学典礼

第3章 探索和创建"智慧代建"项目管理新模式

3.1 传统项目管理模式的痛点

1. 无法满足项目建设工期要求

华南理工大学广州国际校区项目位于广州市番禺区南村镇,总规划用地面积 1105922m²,计划分两期建设,其中一期工程用地面积为 331500m²。

华南理工大学广州国际校区一期工程建设内容主要包括学院、研究院、网络中心、报告厅、宿舍、食堂、市政配套设施(水泵房)以及道路广场、绿化、综合管廊、公用工程等配套设施。一期工程总建筑面积约 50 万 m²,其中,地上建筑面积 403452m²,地下建筑面积 96548m²。共有 8 个地块、28 栋单体建筑,单体公共建筑最大高度约 70m,单体公共建筑最大面积约 47000m²。本项目建设计划分两批交付使用:

一是确保 2019 年 8 月 20 日前建设完成并交付使用建筑面积约 22 万 m²(其中包括宿舍、食堂、公共实验区、地块 D 研究院等,2019 年 7 月 1 日起需配合华南理工大学提供设备设施安装、调试场地)。

二是力争 2019 年 11 月 30 日前建设完成并交付使用建筑面积约 28 万 m²(其中包括学院、公共建筑、配套设施等,自 2019 年 10 月 1 日起需配合华南理工大学提供设备设施安装、调试场地)。

本项目于 2018 年 8 月 23 日开工,2019 年 8 月 20 日竣工,历时 362 日历天,工期紧迫。经分析,如采用传统的项目管理模式(DBB 模式),即设计—招标—施工模式,建设时间将无法保障。在此项目之前,代建局大部分建设项目均采用此模式,每一阶段结束后才可以进行下一阶段。

传统的项目管理模式(DBB 模式)的优点是:参与项目的三方即建设单位、设计单位、施工单位在合同的约定下各自行使权利、履行义务。这种模式可以使三方的权、责、利分配明确,工作面清晰,充分发挥各方的专业管理水平。

缺点是:各主要建设要素是循序展开,工期较长。即设计基本完成后,才开始施工招标,对于工期紧的项目十分不利;项目周期长,建设单位管理成本较高,前期资源投入大;一旦出现工程质量事故,责任不易划分,设计和施工相互推诿,建设单位的合法权益得不到充分保障;施工方的合理化建议在设计工作已完成后才能传达到设计单位,难以运用到设计之中,因设计图纸"可施工性"差,导致施工难度增加、工期延长。

以代建局建设的广州医学院新造校区一期项目为例,该项目建筑面积约 34.8 万 m²,主要建设内容包括教育教学设施、行政管理设施、配套辅助设施、体育设施及其他配套设施等,按传统建设模式建设。2011 年 10 月与招标产生设计单位签订设计合同,2013 年 1 月与招标产生施工总承包单位签订施工总承包合同,2014 年 8 月签订项目移交协议,接收单位（广州医科大学）对项目进行了接收。从设计单位产生到项目移交，项目建设用时 2 年 10 个月。

参照广州医学院新造校区一期项目的建设速度，华南理工大学广州国际校区一期工程至少需要 3 年的建设工期。按此建设速度，无法满足国际校区一期第二年 9 月开学的工期要求（即从 2018 年 8 月实施单位产生到 2019 年 8 月移交第一批工程，仅有不到 1 年时间）。故此传统的建设管理模式无法适应华南理工大学国际校区一期项目的建设工期要求。

2. 未能大规模应用 BIM＋装配式建筑的组织管理经验

2014 年底，广东省住房和城乡建设厅发布《关于开展建筑信息模型（BIM）技术推广应用工作的通知》，对 BIM 技术的应用情况做出了明确的规定：到 2014 年底，启动 10 项以上 BIM 技术推广项目建设；到 2015 年底，基本建立广东省 BIM 技术推广应用的标准体系及技术共享平台；到 2016 年底，政府投资的 2 万 m² 以上的大型公共建筑，以及申报绿色建筑项目的设计、施工应当采用 BIM 技术，省优良样板工程、省新技术示范工程、省优秀勘察设计项目在设计、施工、运营管理等环节普遍应用 BIM 技术；到 2020 年底，全省建筑面积 2 万 m² 及以上的建筑工程项目普遍应用 BIM 技术。

2018 年建设期间，正值贯彻落实《国务院办公厅关于大力发展装配式建筑的指导意见》《广东省人民政府办公厅关于大力发展装配式建筑的实施意见》《广州市人民政府办公厅关于大力发展装配式建筑加快推进建筑产业现代化的实施意见》相关文件精神，加快广州市装配式建筑发展，推进建筑产业现代化，促进建筑业转型升级、牢固树立创新、协调、绿色、开放、共享的发展理念，按照适用、经济、安全、绿色、美观的要求，大力发展装配式建筑，推动建造方式创新，促进建筑业与信息化、工业化深度融合，开创具有广州特色的建筑产业现代化发展新局面。

BIM 技术作为一种数据化管理工具，主要运用于工程设计、工程建造以及工程管理，它将项目建设过程中产生的数据、信息、项目策划管理的要求等，在设计、造价、招采、建造、监理等各环节各阶段进行共享和传递，使参与工程建设的人员都能够快速准确地了解项目建设信息，并及时作出应对，这在一定程度上提高了生产效率、节约了生产成本。而装配式建筑因其采用工厂预制现场拼装的方式进行建设，其建造进度快，周转耗材利用率高，在规则型建筑中具有相当高的比较优势。国家层面也在大力推进这些技术，本项目应用和推广这些技术恰逢其时。

在本项目中，装配式建筑面积占总建筑面积 30％且达到 A 级评价标准，单栋装配率达 60％。其中，S 地块宿舍区中两栋 12 层、一栋 14 层、一栋 18 层的宿舍楼；B 地块一栋 13 层的楼栋；C 地块一栋 14 层的楼栋；E 地块两栋 15 层；共 8 栋使用装配式。鉴于国际校区一期工程建筑面积达 50 万 m²，其中至少 15 万 m² 建筑面积采用装配式建筑，应用 BIM＋装配式建筑将有效提高建设效率，实现项目建设目标。但在传统的项目管理模式中，因将设计、造价、施工等工作分别授予不同的机构或单位组织实施，并以参建单位为管理目标进行管理，使得项目建设各环节被分割，无法发挥出 BIM 技术的穿透性作用。且如此大规模地应用 BIM＋装配式建筑，在 2018 年的广州，既缺乏有经验的管理人员和管理团队，也没有成熟的可供引用的经验。如何充分利用 BIM 技术，实现装配率达标，从而实现本项目的建设目标，是传统的项目管理模式无法解决的问题。

3. 数据信息未互通，智能化水平低

在传统的项目管理模式中，建设单位及各参建单位之间各种资信的交流主要依靠书面文件和当面沟通，耗时多且效率低下，大量时间消耗在文山会海之中，客观上影响了项目建设的速度，延长了工期。

在项目建设过程中，由于代建局、设计、施工、监理等各参建单位的信息化系统各成体系，各方统计或表述口径不一致，这也是传统项目建设管理模式中的一个较大的问题。虽然建设单位在项目开始时会对若干重要事项的管理口径作统一规定，但项目建设中有大量的事务，很难逐一明确，实施过程中的矛盾冲突在所难免。

由于传统的项目管理模式中，各类信息数据的互联互通不畅，大量信息依靠低效的传送手段交换，信息传递的智能化水平低，导致数据信息的"孤岛"现象突出，严重地影响了项目建设进度。

3.2 "智慧代建"创新思路的提出

3.2.1 思考和分析

从上述客观条件分析得出的三个痛点，是阻碍项目管理取得成功的绊脚石，新项目的实施想要取得成功，首先要针对这三大痛点，解决传统模式所不能解决的问题。传统的管理模式的管理手段是针对各个参建单位实施管理，客观上把整体职能管理工作分解到了各个参建单位，再对各个参建单位进行整合管理，这个过程将管理工作、管理行为碎片化，导致了一系列的问题，如信息不通、交流不畅、反应延迟等。

第一，要想解决这些痛点问题，首先需要一个强有力的一个领导机构，那就是项目整体的组织管理机构。组织架构分支的涉及范围应该覆盖代建单位的各项管理工作，其管理应能够深入项目建设的各个环节，能够及时获取各种信息。在此强大管理架构的基础上，其管理动作、管理行为需要涉及前期咨询、报批报建、设计管理、监督控制、施工指挥等职能细节工作。

第二，针对管理行为碎片化的问题，代建单位的统筹管理工作既需要深入到各种细节当中，也要把所有的细节整合统筹起来，进行管控和决策。那么就需要打造一个强大的智能化信息平台，涵盖各参建单位的管理，高效地对参建单位进行统筹、沟通、反馈、监督、检查。而且，需要把监理单位、设计单位、施工单位等参建单位各自的管理信息平台融入这个信息平台中，各参建单位的管理信息系统应能够满足其对自身工作的管理要求，也能将相关建设信息智能地迅速反馈到代建单位的智慧代建管理平台，使得信息高效高速流转。该平台还应实现代建单位的组织架构体系、管理制度要求、工作流程、管控手段、监督检查措施、沟通指令等功能，打通信息沟通渠道，包含充分利用各方信息流。此外，这个平台需要具备生长和扩充的能力和空间，在未来能够和更高一级的智能城市系统无缝衔接。

第三，要克服传统模式的问题，就不能再沿用碎片化的管理思维，要从建设本身的特点出发。要从项目建设的功能角度考虑，根据项目建设管理工作的功能特性进行重新划分和归类，按不同功能进行管理。从项目职能角度出发，建设的基本过程大体上可拆分为三个部分：设计管理、监督管理和建造管理。在传统建造模式当中，这三大功能的项目管理工作与每一个参建单位都有关联，所以在传统的管理模式当中，这些功能管理工作是碎片化的。要破解这些难题，就要把它整合起来，减少碎片化的沟通，打破沟通障碍，提升沟通效率，以提高工程建设项目管理的效率。

3.2.2 "智慧代建"创新思路的构想

根据上述思考和分析，代建局提出了一个创新的智慧代建管理模式构想。

第一，以华南理工大学国际校区一期工程为示范，充分运用 BIM 技术，建立一个智慧代建平台，以基于全生命周期建设项目智慧协同管理平台，实现数据与流程的互联互通，通过各参建单位信息平台的深度融合应用，实现各方项目管理数据与流程数据协同共享，减少信息孤岛现象，提高多方协同效率，形成智慧代建管理体系，实现更为高效的质量管控、更为可靠的安全管理、更为主动的造价控制、更为敏捷的进度统筹。

第二，针对大型、重要性的项目，建立一个强有力的、高效的、扁平式的项目组织管理体系。成立以代建局主要领导为核心、其他单位领导和部门负责人为成员的项目建设领导小组。领导小组下设现场协调指挥组，根据项目管理职能分工，下设若干个职能组，对各参建单位进行管理。还应考虑智慧代建创新模式和监理高度融合模式，建立扁平化项目管理架构，实现管理下沉。

第三，按照项目建设管理工作的功能特性，重新梳理代建单位在项目建设过程的工作内容，把散布在各个参建单位中的功能相同的管理行为整合起来进行管理，梳理为沉浸式的设计管理、融合式的监理管理、智能化的建造管理三大方面。

沉浸式设计管理就是将整个项目涉及的管理工作，由原来分散在各单位分别管理，转化为代建局深度介入、高度关注、督促办理的过程。在这些设计管理的工作当中，将工作深入分解，深入到设计管理工作当中的每一个环节，沉浸到每一个设计管理的细节当中，及时指导、协调、监督，及时发现问题、处理问题，高效解决设计中的困难和问题，督促设计单位按时完成设计工作。通过这种沉浸式设计管理，可以及时地掌握设计进展情况，同步协调跟设计相关的其他工作（比如前期咨询、报批报建等）的开展，为实现项目进度目标争取宝贵的时间。

融合式的监理管理就是代建单位统筹监理单位，实行"智慧代建＋智慧监理"的深度融合。融合式管理有以下几个基本特征：组织架构融合、管理工作融合、管理平台融合。代建单位赋予监理更高级别的项目管理权限和更大范围的管理职责，监理单位项目管理职能组与代建单位合署办公，监理单位靠前参与代建单位项目管理，与代建单位项目管理高度融合，能够实现快速反应、快速决策。监理单位信息化管理平台接入代建单位智慧管理平台，实现数据与流程的互联互通，提高了多方协同效率。

智能化的建造管理就是在基于 BIM 管理平台和各参建方的智能管理平台的基础上，初步建立智慧代建管理平台后，利用智慧化的管理平台，打通设计、施工、监理单位各自的管理平台，打通子平台间的关键节点，使得智慧代建管理平台能够及时高效地获取建造过程中的实时情况，及时掌握建造管理过程中存在的问题，及时获取消息，有针对性地提出预警、指导和督办，及时解决问题。

3.3 "智慧代建"项目管理内涵

3.3.1 "智慧代建"的含义

依据上文的分析，采用传统的项目管理模式进行建设管理，无法满足本项目建设需求，尤其是工期要求。这就要求创建新的项目管理模式，以适应项目建设的新需求，"智慧代建"新模式势在必行。

2018 年 12 月 14 日，刁尚东博士首次提出"智慧代建"的概念，即采用新的互联网（IT）技术（云计算、大数据、物联网、人工智能、区块链等），以数据（DT）为核心的信息化管理为主的一种代建管理模式；首创"智慧代建"管理模式和智慧代建（1＋1＋6＋N）管理体系以及"六化 30 字方针"，并纳入了《广州市基于城市信息模型的智慧城建"十四五"规划》。在华南理工大学广州国际校区一期工程项目建设过程中，广州市代建局深化智慧代建理念，通过创建智慧代建管理平台，以项目建设管理功能为目标，实施项目建设全过程协同管理的智慧代建模式。

广州市代建局以本项目为基础，结合有关项目的实施，创建智慧代建管理平台的核心要素，逐步完善并形成"制度流程化、流程表单化、表单标准化、标准信息化、信息数字化、数字智能化"的"六化 30 字"方针的智慧代建管理体系。大力推动"传统代建"向"智慧代建"数字化转型升级，为"智慧代建"建设项目管理高质量发展提供了强大的技术支撑，为实现各参建单位信息互联互通、协同监管，为继续丰富和发展"智慧代建"的内涵，开展了"智慧代建数字化转型关键技术研究及应用"，深化了智慧代建内涵和外延，融入数字化技术研究及应用。智慧代建数字化转型已成为建筑业代建行业发展的必然趋势。这一领域涉及许多重要的技术和工具，例如 CIM、BIM、区块链、物联网、5G、装配式建筑、智能工程检测系统、GIS 地理信息系统、人工智能和大数据分析等。这些技术和工具的应用将有助于提高建筑设计、施工和维护的效率，降低建筑运营成本，优化资源利用和环保效益。智慧代建 1＋1＋6＋N 管理体系最重要的意义是有效推动"传统代建"向"智慧代建"管理模式转变，实现三个理念："数据一次录入，数据共享""让数据多跑路，企业少跑腿""共建，共治，共享"；推动两个功能：功能一"数据协同，业务协同"、功能二"数据一个库、监管一张网、管理一条线"；推动实现一个目标：共同推动建筑产业和参加单位数字化转型升级高质量发展。

3.3.2 "智慧代建"体系的具体内容

1. 建立有力、高效的工程项目管理机构

在构建智慧代建创新思路的指引下，代建局精心策划，成立了以代建局主任为组长的华南理工大学国际校区一期项目工程建设领导小组，代建局其他领导及部门负责人担任领导小组成员。领导小组下设立现场协调指挥组，总工程师为现场协调指挥组指挥长，下设工程技术组和综合管理组 2 个职能组，在指挥长亲自带领和指挥下，狠抓末端工作落实。项目管理上采用"智慧代建"替换"传统代建"模式。华南理工大学广州国际校区 EPC 项目采用指挥部模式，代建单位和监理单位高度融合，充分发挥监理单位在质量、安全、进度和造价等项目目标管控上的作用。为实现精细化管理，代建局的管理组织架构职能以纲领性、指导性的管控为主，建立项目管理的原则，对各参建单位进行统筹管理（图3.3-1）。在内部管理流线上，根据项目管理实际内设合同、工程两条管理流程。其中，合同线管理内容主要有：工程勘察、设计，合同价款支付，材料设备选型及供应，工程变更，总体竣工验收与结算，违约、索赔和争议，项目总进度计划与管理，工程暂停施工和复工，项目对外部门或事项。工程线主要管理内容有：质量，安全，进度，工程隐蔽及验收，工程管理过程资料，施工组织设计及方案。

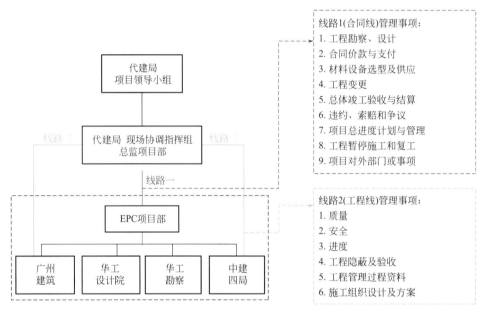

图 3.3-1 "智慧代建"项目组织架构图

同时，按照项目科研课题目标的要求，建立了相应的项目科研课题小组，形成了统筹管理科研工作的组织架构，确保项目推进的同时推动研发工作（图3.3-2）。

在本项目中，市代建局以实现项目建设目标为核心，建立"重大事项督办组"，每周一查，重大事项落实责任人、完成时间，重点督办。联合参建单位成立质量安全、科研课题研究、装配式建筑管理、智慧工地建设、造价管理5个督导小组，以例会形式开展工作，对项目推进过程中存在的问题进行调查研究，并制定计划、督导实施、检查考核，切实解决问题。

2. 初步建立智慧代建管理平台，打通参建单位节点，实施项目建设全过程管理

在本项目中，代建局通过初步建立的智慧协同管理平台，对项目进行全过程全方位的管控。所有参与本项目建设的机构或单位，均纳入该平台，统一按照平台要求，进行信息资料等的交流沟通，完成申报、审批、检查、验收、交付等一系列建设过程管理程序。

代建局已经在一部分专项上取得了突破，初步打通了设计单位、监理单位和施工单位几方平台的关键节点，在本项目运作过程中，智慧代建管理平台已经能够有效地获取参建单位在工程建设管理当中的部分信息，并据此作出反应和决策，采取管控措施对项目进行

图 3.3-2 项目科研课题小组组织架构图

监督管理，提高了管理效率。

3. 通过功能性管理对项目建设全过程实施全面统筹管理

项目建设管理按功能划分有：设计管理，建造管理（包括质量控制，进度控制，安全控制），造价管理，招标采购管理，投资管理（包括资金计划管理和支付管理），合同及信息管理。

在本项目建造过程中，采用沉浸式设计管理和智能化建造管理，以 EPC 建造模式为抓手，以 BIM 技术为核心，强调设计引领，各建设环节以最小技术间隙并行展开，以取得建设进度的最优化。

在质量、进度和安全控制上，依托代建单位与监理单位深度融合的管理方式，严把质量关，消除安全生产事故，促进建设进度满足计划要求。

在造价和招标采购管理中，依靠 BIM 技术的强大穿透力，使造价管理和招标采购管理中的技术数据与设计、建造中高度同步，极大地减少了误差和数据冲突。

在投资管理和合同及信息管理中，依靠智慧协同管理平台，全面完整地收集项目建设过程中的各类数据，并对其进行智能提取分析，供代建单位各级领导决策时参考

4. 项目实施管控原则与要点

代建局在本项目策划阶段提出了几个实施管控的主要关键点，并在实施智慧代建管控的过程中，归纳总结为 5 个方面 15 字的实施管控原则，分别是：转观念、定标准、控投资、抓落实、强督查。

转观念：作为 EPC 承包方式项目的代建单位，应充分发挥 EPC 单位在项目的协调作用；代建单位则起到组织、指导和监督作用，强化督办和落实，发现问题，按合同有关约定处理。

定标准：在智慧代建的策划过程中注重统筹、指导，前瞻性地制定好建设标准（质量标准、交付标准）和经济指标。

控投资：EPC 项目实行全过程限额设计、限额施工，可行性研究报告中对实施内容的调研务必要完整、准确、充分、细致，对材料设备及人工涨价要有充分预估，遵循"结算不超概算，概算不超估算"的原则。

抓落实：抓好 EPC 单位针对"四控制（投资、质量、进度、安全）一管理（合同）"编制管理大纲，落实责任人，以便代建单位跟踪及追溯。

强督查：加强对项目的督查，包括进度、质量、安全文明施工等督查，发现问题，及时启动奖罚程序。

3.3.3 "智慧代建"体系中的制度、流程及表单

代建局在本项目的建设管理过程中，陆续完成了一系列的项目管理制度，以及执行这些制度的规定流程（图 3.3-3）。为便于各参建单位高效准确地执行制度和流程，还针对性地开发了相应的表单系统。通过在智慧管理协同平台上大规模运用管理制度、流程和相应的表单，极大地促进了项目建设管理的水平提高，缩短了决策和流程审批的时间，配合 BIM 技术的强大穿透力，减少了建设数据的矛盾和冲突，提高了项目各参建单位的建设效率，加快了项目的整体建设进度。

3.4 "智慧代建"项目管理新模式的核心内容及实践

本项目运用的智慧代建技术是代建局运用初步建立的建设项目代建智慧管理平台，实现数据与流程的互联互通，通过各参建单位信息平台的深度融合应用，实现参建各方项目管理数据与流程数据的协同共享的实践过程。

3.4.1 沉浸式设计管理

代建局在设计管理上，主要把控五个方面，一是切实强化限额设计，主要确保限额指标科学分解，分解到各个地块、专业，尤其是设计工作要遵守限额指标。二是切实注重设计周期控制，由于设计工作为总控计划关键路线，需要结合总控计划制订合理的设计计划并严格执行。三是切实注重设计优化，在本工程中，幕墙、装修材料、机电设备等是影响造价的重要因素，因此将其作为优化设计的重要内容。四是切实注重设计统筹管理，要确保技术与经济相匹配，就要有优秀的设计专业团队、有经验的设计预算团队，设计团队还要驻场，以便更好地了解实际情况。五是切实做好设计评审与技术论证。既要做好与相关部门协调工作，保证设计评审不影响工程进度，又要做好事前控制，提前安排必要的技术论证工作。

在上述基础之上，在智慧代建新模式下，代建局以 BIM 技术为抓手，以设计管理为中轴，其管理人员在项目全过程中，充分利用初步建成的智慧代建管理平台所带来的管理

统筹优势，将代建局对整个项目涉及的设计相关管理工作，由各个单位分别管理转化为代建局的深度介入、高度关注、督促办理的模式。设计管理工作如水银泻地，无孔不入，沉浸到每一个设计管理的细节当中。这种管理方式称为沉浸式开展设计管理工作。

1. 以 BIM 技术为抓手，通过管理平台开展高效的设计管理沟通协调

智慧代建新模式下，设计管理工作当中的沟通工作之所以能够高效开展，得益于初步建成的管理平台和 BIM 技术。基于 BIM 的建筑信息一体化工程管理技术，利用平台协调各参建单位，使得各单位之间的沟通更加快捷及时，减少信息不对称，各方及时、不间断地对图纸出现的问题进行梳理，降低了由于设计原因所造成的施工错误，解决了施工图纸不稳定等传统建造沟通模式的通病。

传统建造方式当中，以施工方为牵头的工程总承包不能有效实现设计与施工衔接。而以代建单位沉浸式管理，设计牵头的工程总承包方式有利于设计与代建局、施工之间的有效衔接、融合，能全过程掌握深化设计；能更好地把握主要矛盾，从关键的因素考虑问题，快速解决因不同参见单位的立场和意见不统一而引起的外部协调问题。而且，在项目全生命周期当中，设计团队能掌握代建局和施工单位的第一手资料，随时与项目代建单位和使用单位进行沟通，最大限度地满足使用单位的需求，使设计成果得以实现。

设计单位作为智慧密集型企业的代表，其技术人员大多是高学历人才，在专业方面具有一定优势，因此在技术问题的沟通上更具权威性和说服力。从代建局管理角度看，设计院作为中轴角色，从代建局的沉浸式设计统筹管理当中，设计单位可以更顺畅地与代建局协调沟通，有利于提高工作效率，推进项目建设进度；从 EPC 总承包单位角度看，设计单位作为 EPC 总承包的牵头单位，也是整个项目的设计主导，因此设计院在设计过程中，充分发挥中轴作用，直接利用其"上接代建局，下连施工单位"的定位优势进行项目各环节的协调，比如提前计划设备采购、减少设计变更等工作，这都有利于提高沟通协调效率和效果，保证满足进度目标要求。

2. 及时精准转化项目需求，明确相关要求和指标，为智慧代建夯实基础

在设计管理工作的筹划阶段，要从设计需求转换成图纸语言，中间需要有一个很重要的步骤，就是将需求转化，转变成设计单位的输入条件，明确一系列标准和指标要求。设计输入条件设置的优劣，决定了设计图纸满足建设需求的程度。因此，代建单位非常注重设计管理工作的提前统筹、指导，制定了建设标准（技术指标和经济指标）。

设计单位拥有丰富的经验，掌握大量的项目数据，特别是项目的技术指标、估概算指标等数据库。因此，在 EPC 招标投标阶段，项目使用方建设需求相对模糊的前提下，通过沉浸式的设计管理，可以通过设计单位取得同类项目相对准确的技术经济基础数据，更利于项目需求和指标的明确，也更有利于 EPC 招标的各项技术和经济指标的明确。

在 BIM 模型的需求管理方面，代建局对项目全生命周期提出了 BIM 管理的要求，并对其中的技术要求和使用要求提出了明确的细节，具有前瞻性。例如：BIM 的模型细度划分为估（概）算模型、招标投标模型、施工过程模型和结算模型。其各阶段的模型细度、细度名称与等级代号参照广州市标准《民用建筑信息模型（BIM）设计技术规范》DB4401/T 9—2018 中的相关规定。对各个阶段的模型细度及其需求均做了深化，提高对细节的管理要求，充分体现需求管理的前瞻性。以招标阶段的建筑专业模型为例可以看出（表 3.4-1），智慧代建在其中的管理举措。

装配式构件模型细度补充规定 表 3.4-1

构件类别	模型要求	
	延续估（概）算阶段补充要求	招标投标阶段新增补充要求
墙（非承重）	墙体应根据厚度、材质和内外属性等条件命名，如：加气混凝土砌块内墙 100 厚。创建隔断时应按照隔断的材质进行区分命名，如：塑料隔断、玻璃隔断。如果隔断门材质与隔断材质相同，可不创建隔断门	栏板、反檐（包括其伸入砌体内的部分）建模时，需要在其类型名称或标记中补充栏板、反檐的高度，以便造价人员根据其高度进行工程量的归属划分
楼板	卫生间回填构件应在类型名称中与其他构件区分开。应在挑檐、雨篷等构件类型名称增加挑檐、雨篷等字样。创建设备基础时应在类型名称中添加设备基础字样并注明其材料强度等级	凸出混凝土外墙面、阳台梁、栏板外侧的装饰线条或悬挑板建模时，需在类型名称中补充其凸出宽度以便造价人员根据宽度进行工程量的归属划分
门窗	门窗命名需严格按照门窗表命名。门联窗构件中的门和窗应分别使用"门"和"窗"的族进行创建	门窗的类型名称中应注明其为单扇、双扇门或其他。玻璃门和防火门宜补充地弹簧和闭门器的数量
栏杆扶手	栏杆扶手构件需按其使用位置、功能和栏杆高度进行区分命名，如：卫生间扶手、楼梯栏杆、护窗栏杆等	无
梁	过梁、圈梁、反坎、门槛和压顶等二次构件创建时应进行区分命名，并注明其材料强度等级	无
房间	房间构件需创建在封闭区域内，墙柱无法形成封闭区域时可使用房间分割线	无
坡道	坡道应采用楼板构件建模，以便提取工程量数据	无
楼梯	楼梯面层可用楼梯构件建模，但应注明面层厚度以便提取楼梯面层工程量数据	无
柱	构造柱应采用"建筑柱"形式建模	无
幕墙	当采用幕墙嵌板作为门窗时，门窗嵌板的命名应严格按照门窗表执行，且应注意嵌板的面积是否与门窗实际面积一致	无
室内装修	无	进行室内装修构件建模时应在需做特殊做法（如保温、隔声等）的构件属性中注明

注：参照广州市标准《民用建筑信息模型（BIM）设计技术规范》DB4401/T 9—2018 中 LD300 的细度规定并满足表中补充规定即可。

3. 综合协调齐头并进，前期管理工作并行，快速推进项目进度

设计单位身处价值链上游，具有技术优势。前期咨询相关工作是承前启后的关键步骤，离不开对设计单位的组织管理。由于进度目标紧迫，代建局提前统筹，邀请设计单位介入到前期工作当中，同步开展前期咨询、设计工作和报批报建工作，高效推进前期相关技术咨询。本项目作为广州市审批制度改革的试点项目，按照《广州市工程建设项目审批制度改革试点的实施方案》要求，结合 EPC 模式特点，在立项、招标、报建、施工许可、竣工验收等几个阶段，对应采取高效的审批程序，推动项目高效实施。

本项目采用智慧代建新模式、新思维，通过充分运用 BIM 技术，满足各项的项目目标。前期管理工作是重要的一环，因此，在前期也必须利用 BIM 技术开展相关工作，并

具有前瞻性要求,力求在项目全过程中对 BIM 技术的运用统一步调。与此同时,运用 BIM 技术的一系列的前期工作同步开展推进,包括:

(1) 在项目前期编制全过程 BIM 实施规划,组织编制设计阶段 BIM 任务书、划分工作界面和技术管理要求;

(2) 利用 BIM 模块进行参数化设计、虚拟仿真漫游、日照能耗分析、交通线规划、面积统计、结构分析、风向分析、环境分析、疏散模拟、造价分析等;

(3) 利用 BIM 模型进行设计协调及优化,完成设计方案复核、碰撞检测、三维管线综合、竖向净空优化等 BIM 应用,并提交相应的成果报告;

(4) 组织、参与 BIM 专题会、协调会;

(5) 对 BIM 数据进行管理和维护,充分考虑 BIM 成果的复用性和沿用性,有效衔接施工管理工作。

组织设计方作为牵头单位,在项目前期将 BIM 应用、装配式建筑、绿色节能等技术成果有效融入施工方案、工艺等中,极大地减少后期因设计与施工不匹配造成的工程变更,有效地保障了项目的投资管控。

4. 从根源减少变更可能性,利用智慧管理划分变更责任界限

智慧代建新模式下的 EPC 总承包模式为设计单位牵头时,建筑师需要参与采购、施工、调试运行等全过程,对设计、制造和施工中的技术要求就会更加明确,为了实现联合体的整体利益和各方自身的利益,建筑师能直接将发现的问题和所学经验运用到后续工程设计的持续改进和创新中,同时,建筑师能通过新技术方案或路线整合联合体内部资源,有效减少实施过程中可能发生的变更和索赔情况。利用 BIM 工具对设计内容进行错漏碰缺的检查,减少变更。

施工图上报前,EPC 总承包的施工单位负责对施工图纸进行审查,查找图纸中缺漏、矛盾的内容,并提交 EPC 管理部,将缺漏、矛盾的内容修正进施工图。施工图一经代建局审批通过,任何的缺漏、矛盾所导致的施工费用增加由 EPC 总承包单位承担。该举措使得图纸缺漏、矛盾等问题在施工图出图之前大量减少,有效提高了图纸的质量,在施工单位参与审查图纸后,设计院将图纸提交给代建局,由代建局再下发给施工单位。一系列的流程使得图纸设计过程的责任更加明确,减少了项目建设过程中的纠纷。

在项目实施阶段,根据项目整体进度计划,市代建单位组织在施工前安排专人对施工图进行审查,利用 BIM 技术排查施工图中可能存在的使用功能、位置关系、数据错误、构造要求、材料设备选用、丢缺项及阐述不清的问题,及时向设计管理职能部门提出,在施工图纸上处理问题,避免工程返工造成的浪费。

在重大变更实施前,计划合同职能线的管理人员组织 EPC 总承包的设计和施工单位对变更进行评估,及时预见该变更的实施对其他工程(已完或未实施)的影响,采取相关措施消除影响,避免二次变更。

3.4.2 融合式监理管理

本项目代建单位统筹监理单位,实行 "智慧代建＋智慧监理" 深度融合式管理,以合同手段加强对监理方资源投入和管控能力的监督管理,取得了良好的项目管控成效。融合式监理管理有以下几个基本特征:一是代建单位赋予监理更高级别的项目管理权限和更大

范围的管理职责。二是监理单位的项目管理职能组与代建单位合署办公，监理单位靠前参与代建单位项目管理，与代建单位项目管理高度融合，能够实现快速反应、快速决策。三是监理单位信息化管理平台接入代建单位"智慧代建平台"，实现数据与流程的互联互通，实现了更为高效的质量管控、更为可靠的安全管理、更为主动的造价控制、更为敏捷的进度统筹。

1. 组织架构融合

在实行"智慧代建＋智慧监理"深度融合式管理模式当中，代建单位通过合理授权，统筹监理单位，充分发挥监理单位在质量、安全、进度和造价等项目目标管控上的作用。每个职能线上均由代建单位相应职能负责人牵头，监理单位相应职能管理的人员作为组内成员，在负责人的指挥下开展相应职能工作，而监理职能则在代建单位现场管理职能之下相对独立地开展监理工作，二者融合成有机的结合体，既能在代建单位的领导下高度统一地对项目进行管理，也可以相对独立地开展监理工作，完成监理职能，使得项目管理各个职能得以高效、灵活地运转。

从代建单位的管理角度考虑，架构融合后形成以监理为抓手的全方位、全过程管理，以实现建设目标为核心，围绕代建管理重点难点建立督办、督导制度，使融合后的组织均由代建单位统筹安排，代建单位指令得以高效执行。

根据本项目工期的紧迫性、多地块间协调的复杂性，监理单位组建了集团副总经理为总指挥长的强大管理团队，各项目管理职能组和工程监理专业组均配置专业化力量，确保融合式管理机制顺畅运行。同时，基于本项目高标准建筑智能化和信息化规划的设计要求，依据相关政策规范要求，引进了信息工程专项监理单位，提高了信息化专业管理水平，补充了技术力量。该组织架构与代建单位管理组织架构相互融合，与 EPC 总承包单位的管理组织架构相互对应，以项目安全、质量、进度管理架构为核心，信息、创优、报建、造价、设计、创新管理团队为辅助，对项目管理和工程监理工作进行全面统筹。

2. 管理平台融合

根据"智慧代建＋智慧监理"深度融合管理要求，监理单位信息化管理平台接入代建单位初步建成的"智慧代建智慧平台"，实现数据与流程的互联互通，实现质量管理、安全文明施工管理、造价控制、进度统筹、整改督办等方面的信息共享、协同管控。

在项目进度管理方面，由于施工阶段使用无人机倾斜摄影技术进行进度监控，在"BIM 模型管理"模块中增加了"航拍模型管理"功能，能够将无人机获得的现场数据转化得到的 BIM 模型整合到平台中，并在"进度管理"模块中实现计划进度模型与实际进度模型的对比。除此之外，在项目过程中，对于各方都非常关注的进度计划调整，开发了多个进度相关的功能。项目管理者可使用"项目计划管理"功能将进度计划上传至平台，并通过"模型绑定计划"功能，将模型分层级、分构件类型与进度计划中的任务进行绑定或解绑。还可通过"项目计划对比"的功能，直观地通过模型来查看两版进度计划的区别。

针对项目过程中的碰撞检查，BIM 团队可以运用"项目变更管理"模块，在平台中绑定模型与图纸，在线标注出有问题的区域，提请设计方进行答疑或变更图纸。各方也可以同时在平台上查看、标注模型，实现直观的、云端的多方沟通。

在施工交底环节，针对现场施工查阅交底文件、回顾交底会议内容的需求，使用"施工交底管理"模块。将需要交底的相关图纸、文件与模型构件进行绑定。施工方可在现场通过检索查阅相应的文件和与之对应的模型，确定现场施工注意事项及做法。如此一来，对施工注意事项的控制就不仅仅是几次线下的交底会议，项目管理的精度和流程都能得到优化。

针对质量安全管理环节现场巡检的问题记录、责任人远程查看、协调解决问题，使用了"质量安全管理"模块，落实问题登记、问题整改和问题验收闭环的质量安全管理流程。现场巡检人员可通过移动端，找到问题构件、登记问题、上传现场照片，指定整改责任部门、责任人，明确整改要求等，问题将直接发送到责任人的账户。责任人在现场处理完问题后，上传整改情况，发送给质检人员。质检人员在现场结合平台，查看问题及整改情况，确认整改是否通过，如不通过，则问题将重新发送给整改责任人。通过该流程，可以实现无纸化的质量安全管理：一方面，问题绑定模型相应的构件，可节省现场查找、定位问题的时间；另一方面，问题责任到人，由系统及时发送通知、提醒相关各方，监督管理人员也可以通过问题列表，第一时间掌握项目问题的概况及整改进程

由于 BIM 模型携带信息的能力，项目管理方希望能将材料信息写入 BIM 模型中。根据项目的需求，开发了"看样定板管理"模块和"样板引路管理"模块，可按 BIM 模型族、族类型进行批量选择，绑定对应的样板信息、工艺信息和附件文件，项目各方通过点选相应模型构件，即可在属性信息中查询到相关信息。还可通过检索样板信息，跳转到使用该样板的模型构件位置。基于 BIM 软件强大的数据处理能力，为项目管理人员提供专门的、对应需求的模型参数，极大地方便了项目管理工作。

代建单位通过监理单位涵盖"四控两管一协调"所有工作模块的监理工作系统平台，实现了项目标准化管理，主要包括工作清单标准化、管理流程标准化、管理要求标准化。主要管理动作实现手机办公，便捷高效；管理数据自动生成台账，清单化管理；质量安全管控等关键管理工作视频化管控，放心可追溯；实施 PDCA（计划、执行、检查和处理）闭环管理，问题清零。

代建单位、监理单位与 EPC 总承包单位共同构建了互联互通的质量安全巡检系统，实现施工风险的预判预控、质量安全隐患问题排查整改、问题类型的大数据分析和持续改进，形成"日事日毕"的现场管理体系。

现场管理人员运用深度相机进行现场数据信息捕捉，数据上传至 BIM 云系统自动生成并转换为有语义的 BIM 模型。最后，进行错漏碰撞检查，自动生成进度和质量分析报告。报告在系统中形成后，可在管理平台上获取，便于项目管理人员查阅和发表相关意见，也可以运用设定的管理流程，对事件采取相应的管理措施。

由此，基于融合式的管理方式，通过分析报告，统计现场质量和进度存在的问题，逐一排查整改，提高效率，避免以往因平面图纸繁杂导致的遗漏点，造成不必要的设计变更，影响工程造价及预定节点工期。

3. 管理工作融合

融合式监理管理是以监理为抓手的全方位、全过程管理。代建单位项目管理与监理高度融合。赋予监理项目管理职能，监理方的项目管理职能与代建单位合署办公，快速反应、快速决策。监理方作为代建单位项目管理的延伸、作为现场管理的主责方，赋予监理方更高的进度、质量、安全、文明施工等管控权限。通过合同手段加强对监理方资源投入

和管控能力的监督管理。

本项目建设体量大，代建局专用于项目可投入的人力资源有限，为利于统一代建局项目管理与监理的工作开展，减少管理层级，加强项目建设，除要求按传统的"三管一协调"监理项目外，将项目管理的工作一并纳入监理工作范围。其中监理单位主要承担以下项目管理工作：

计划及统筹管理。统筹及协调项目各层面、各参建单位、各工作项目的关系；编制项目总控计划，经招标人审定后，跟踪项目总控计划实时情况，如计划出现偏差，分析偏差原因，提出解决方案报招标人审批。按招标人的要求提前进场参与开工前期的准备和筹划工作，协助招标人制定各项工程管理办法及制度。

需求管理。对项目建设功能、规模、标准进行充分研究，实施过程中与招标人、代建单位的沟通协调，将其功能需求落实到设计任务书、设计文件、造价文件中。对项目的建设条件进行分析，了解场地周边情况（如交通、临时设施、施工条件），并向承包人做好交底工作，会同承包人共同研究施工组织方案的可行性。

报批报建管理。组织设计施工总承包单位完成工程开工及验收所需的各项报监、报建、报验手续，做好报批报建管理工作。

勘察设计管理。对工程勘察设计质量、进度、投资控制、合同、信息管理等进行全过程管理，勘察工程、超前钻（如有）工程旁站监理，协助招标人制定勘察设计管理工作各项制度，明确勘察、设计管理的工作目标、管理模式、管理方法等，使工程项目建设达到预期的质量、工期和经济目标；参与设计方案评审或专家论证会，提供相关优化意见，跟踪方案设计优化意见的落实及修改情况，并跟进设计工作进度。

其他监理服务工作。检测类项目由代建单位委托第三方检测，监理单位编制工程检测、监测工作方案（包括但不限于拟定检测、监测项目，编制检测及监测清单、预算，制定检测、监测工作计划，配合检测、监测招标或委托工作等）。

3.4.3 智能化建造管理

在建造管理方面，代建局立足于五大管控原则，强化 EPC 项目部实施方的组织协调功能，实现精细化管理，对四个方面重点进行管控。一是始终把确保安全和质量放在首位，具有排他性，不因进度造价等因素削弱对安全和质量的要求。二是强化 EPC 质量安全管理职能，推动 EPC 对安全质量管理工作的开展，加强自检、自控。三是以科技手段管理质量安全。充分运用可视化管理、智慧工地信息平台建设、BIM 全过程应用、无人机航拍等科技手段。四是建立安全责任人制度。参建单位、各地块均设立安全生产责任人，签署安全生产责任状，强化参建单位主体责任。

在采取上述管控措施的基础上，基于智慧代建新模式下，代建局基于初步建成的项目管理平台对 EPC 总承包的统筹管理，利用智慧化的管理平台，打通了和设计、施工、监理单位各自的管理平台，打通子平台之间的一些关键节点，使得智慧代建管理平台能够及时高效地获取到建造过程当中的实时情况，及时地掌握建造管理过程中的实际情况，使得建造管理工作有针对性、及时地获取消息，有针对性地提出预警、指导和督办，能够让这些问题及时地得到解决，在平台的融合作用下，形成自动化的智能化现场管理指挥方式。

智能化的建造管理包括几个主要的方面，分别是施工组织及设计智能化整体管理，及时发现、迅速反应的智能化建造管理，基于平台的可视化、智能化指挥，基于 BIM 技术的智能管理。

1. 施工组织及设计智能化整体管理

在智慧代建新模式体系当中，首先对 EPC 单位提出需对"四控制（投资、质量、进度、安全）—管理（合同）"编制管理大纲，落实责任人，以便代建单位以此形成切入点进行跟踪及追溯。智慧建造新模式和 EPC 总承包的发包模式形成组合，在代建单位的项目管理平台的统筹管理基础上，加上 EPC 总承包的对自身承包工作范围的管理，形成了代建单位对施工、设计两方面工作的智能化整体式管理。

其次，在初步建立的智慧管理平台中，落实强化 EPC 项目部实施方组织协调功能的子系统，以《EPC 管理方案》为抓手，强化 EPC 组织架构、流程建设、制度建设、协调机制，建立 EPC 指挥长联席会议机制。

在智慧代建新模式统筹下的 EPC 进度管理方面，代建单位通过计划管理职能组进行统筹管理，对应地，EPC 总承包的计划管理职能就在代建单位设立的计划管理部门统筹指挥下开展计划管理工作。计划管理部门有较大权限，重点抓落实、抓督办、抓调整，负责前期工作计划、设计与报建计划、招标工作计划、设备采购计划、材料供应计划、施工进度计划等。

在智慧代建新模式统筹下的 EPC 质量安全管理方面，安全和质量应时刻放在首位，具有排他性，不因进度造价等因素削弱对安全和质量的要求。对此，代建单位以监理为抓手，统筹监理机构人员发挥其经验优势。借助融合式监理管理的创新模式，代建单位作为监理开展工作的后盾，大力支持监理单位工作，强化监督 EPC 质量安全管理职能，推动 EPC 对安全和质量管理工作的开展。同时，以科技手段管理质量安全，加强自检、自控，例如：可视化管理（验收、旁站现场拍照上传存档）、智慧工地信息平台建设、BIM 全过程应用、无人机航拍等。除此之外，还建立了安全责任人制度，各参建单位、各地块均设立安全生产责任人，签署安全生产责任状，强化参建单位主体责任。在管理平台上能够按照安全管理事项的归属，直接将问题分派到责任人端口，借助智慧手段做到了安全责任到人，自动地智能化地对责任人进行监督管理。

2. 及时发现、迅速反应的智能化建造管理

智慧代建新模式下，高度的智能技术和初步建成的智慧代建管理平台相结合，解决了很多传统建造模式下的安全隐患及监督管理的问题，提高了处理效率。智能系统能够智能地分辨出安全隐患和问题，及时反馈到系统当中，系统则会按照设定的程序提醒相关管理人员，以便其及时采取管理措施，必要时按照合同规定采取相关机制，以达到管理目的。

基于智能控制技术的建筑工人智能安全服的运用，解决了建筑工人高空作业面临跌落的安全问题。通过智能控制系统和充气系统对高空作业的建筑工人进行安全防护，在装配式建筑减少现场工人数量的基础上进一步保障了安装工人的人身安全。

对于日常的安全管理和检查，通过系统和平台可以得到全方位多角度的实时影像和数据信息，运用系统巡视检查和现场实体检查相结合的方式，加强对项目（包括进度、质量、安全文明施工）的督查，发现问题，可以及时采取监管手段，加强了代建单位对施工安全的管理震慑力和强度，确保工程实施过程安全规范。

3. 基于平台的可视化、智能化的管理

平台化的管理质量问题，在平台工具的背后是一套问题解决机制。以 BIM 为载体，通过现场照片、问题定位、责任到人，指定问题解决期的全套流程，在不影响工期的前提下，提高工程质量。用快速的现场完工信息捕捉、转换、与设计文件对比，作为质量关键节点的质量保证、验证工具，在 1～3 天内完成问题的发现和协调处理。

以 BIM 的可视化、实时模拟技术为工具，以天、周为单位进行三周滚动计划的优化、模拟。组织各施工单位、分包单位负责人和计划管理人员共同就难点重点部位的施工、安装进行优化、协调，保证工期顺利进行。如有延期现象发生，以日例会形式，借助 BIM 模拟技术，及时探讨解决方案，赶工或配置资源，现场协调处理。

4. 基于 BIM 技术的智能管理

智慧代建新模式的创新开发和实践了包括"基于 RFID[①] 及 BIM 技术的预制构件全过程数字化施工技术"的数十项装配式建筑施工技术的新工艺、新装置与新构件，形成了装配式建筑群施工新技术体系，突破了多项装配式建筑施工的技术瓶颈，提升了装配式建筑的可操作性，推动了装配式建筑施工技术进步，为智慧代建积累了宝贵的现场管理经验。

1）进度重量管理法

基于智慧代建新模式结合 BIM 技术，将工程中的各专业换算为"重量单位"进行进度管控，以周为单位统筹管理。基于广联达 BIM 5D，在施工模型基础上加上进度时间轴，各工序用材换算成重量录入 BIM 系统，将进度管理精确到每一天、每一公斤。进度与经济责任挂钩，建立激励机制，实现进度精细化管理，同时为四节一环保、人力资源、设备资源形成量化数据，考核更直接、更真实、更有效。该方法将工程中各部品构件分门别类形成重量计算因素，加以统计计算。以工程进度为主线，考核重量的预算值和实际值并形成考核进度管理乃至项目管理指标。该管理方式与奖罚制度有效结合，可以对各分包进行管控，推动施工管理水平提升，加大信息化应用深度。

2）全过程可视化、系统化管理

该技术将 BIM 与 RFID 技术（射频识别技术）应用于构建大规模定制、生产、运输、施工的全过程，实现对整个过程的可视化和系统化管理，提高作业效率和准确性。

3）BIM 与 RFID 模型信息无缝、无损对接

施工前利用预制构件进行深化拆分的 BIM 模型发型 RFID 芯片，在吊装施工过程中，根据 BIM 模型指导吊装，完成吊装实时更新 BIM 模型信息，完善了 BIM 软件与 RFID 软件中的模型信息无缝、无损对接。

4）建筑产业化施工过程全过程跟踪

该技术实现了建筑产业化施工过程全过程跟踪技术，BIM 平台与 RFID 信息管理平台通过云端服务器交互信息，除了实现构件各阶段的信息管理外，还实现了构件信息的可追溯性。

5）BIM 辅助技术管理进行图纸审查和深化管理

利用 BIM 模型进行图纸审查，图纸问题在模型中就得到直观展现。对设计成果进行可视化展示，可以直观地理解设计意图，检验设计的可施工性，及时发现图纸相互矛盾、

---

① RFID（Radio Frequence Identification）射频识别技术。

无数据信息、数据错误等方面的问题。将 BIM 模型汇总整合后，通过碰撞检查可以进一步发现各专业图纸间的问题，大大提高了图纸检查的质量和可预见性，并且通过 BIM 模型检查出的各专业问题报告可在图纸会审会议上汇报，使参建各方可基于 BIM 三维模型进行可视化图纸审查，大大提高图纸会审会议的效率与质量。

利用 BIM 技术辅助深化设计，可大大加强深化设计对施工的控制和指导。以机电工程为例，要求施工总承包单位通过 BIM 模型对机电专业管线进行综合排布，在综合排布过程中需将发现的碰撞问题进行归类整理并修改、记录，综合排布后得出净高分析图交代建单位确认后，安排出深化设计图，监理单位按照深化设计图严格执行现场机电管线安装验收，确保现场按深化设计图执行，以此避免在安装过程中各专业管线出现碰撞返工现象，保证项目质量与进度满足合同要求。

6）BIM 辅助进度管理

利用 BIM 的可视化与模拟性的特点，在 BIM 模型基础上增加进度时间轴，动态分析施工方案以及施工进度，在建设前对建设过程进行模拟和优化，精确、直观地展现施工进度和施工流程。利用 BIM 4D 模型，可在建设过程中精确掌握施工进度，结合现场实际施工进度情况进行对比，可动态、直观地了解各项工作的执行情况。通过进度模拟情况与实际进展情况对比，分析项目计划实施偏差，及时预警、调整计划，实现完整的可视化的进度管理，这种管理方式有利于管理人员进行针对性的工作安排。

7）BIM 辅助造价管理

通过将清单价格信息导入 BIM 平台，按照项目管理要求进行项目分解、关联进度计划形成完整的 BIM 5D 模型，利用 BIM 5D 平台的汇总计算功能，可以按照不同的维度、范围，统计项目部位、时间段或者根据其他预设的属性进行实时工程量统计分析，并且可以将预算成本和实际成本等不同成本进行对比，实现多算对比，风险预警。

8）BIM 辅助质量管理

施工模拟。复杂节点或复杂工艺的施工时，利用模型或施工模拟动画辅助现场管理人员进行施工方案的复核审查。通过模拟方案现场实施过程，更直观地体现方案的可行性。对危险性较大的分部分项工程施工方案或者新材料、新工艺、新技术工程施工方案提前进行模拟，及时发现问题并修改方案，工程质量安全管理效力大大提升。

手持移动设备巡场。用传统的管理模式进行现场检查，需携带大量图纸，对照现场与图纸进行校验，工作复杂、繁琐，工作效率不高。为解决以上痛点，可手持移动设备利用 BIM 技术对施工现场进行管理。通过手持设备，管理人员可在施工现场实时查看 BIM 模型，通过预先制作的视点，在巡查中核对重点关注的位置、事项。如发现现场与模型不符之处，截图保存当前视角并现场拍照，将截图与现场照片对比照片作为整改文件，添加至监理通知单中发至施工单位，要求整改。

9）BIM 辅助安全管理

在安全管理中，利用 BIM 布置现场安全设施模型，提前规划安全路线，并根据各阶段的建筑模型模拟火灾逃生情况，火灾逃生路径上有针对性地布置临时消防装置，一旦火灾发生，可保证人员安全撤离，减少损失。对项目管理人员进行防护设施模型布置可视化交底，确保管理人员对布置内容的理解。并利用模型的三维标准化设计及可视化布置提高对劳务人员的交底质量及效率，保证现场布置与设计方案一致，提高项目安全交底成效。

第4章　基于智慧代建管理体系的关键技术应用与实践

4.1　设计牵头 EPC 管理体系与目标管控

4.1.1　设计理念

4.1.1.1　校园规划建设理念与特色

国际校区用地整体呈现为上窄下宽的梯形平面，场地地势较为平整，整体高于北侧思科（广州）智慧城、东侧暨南大学校区和西侧南村镇。同时，场地内部原有多处水坑池塘，与珠江水道联系密切。如何利用原生态环境，因地制宜，合理安排功能分区，组织交通，营造校园开敞空间系统，充分发挥高校与区域共生共荣的联动作用是规划设计面临的重要挑战。

不同于五山校区和大学城校区的建设背景，基于国际校区的办学理念与教学模式，如何构建新发展新要求下的校园规划模式与空间模型，打造岭南地域性特色校园环境，传承五山校区轴线结构、空间节点建筑风貌、历史元素等是规划设计中重点考虑的问题。

在此基础上，国际校区规划以"合璧"为设计理念，系统性整合建设条件、教育理念以及由此产生的需求拓展，探索打造一所"没有围墙的大学"。规划设计以网格化街区式布局为基础模型，消除校园与城市之间的边界，营造面向城市的外向型开放式校园。立足于地域、气候、功能、交通等要素的关联性设计思考，借鉴中国古书院布局模式对网格化街区式的基本模型进行优化提升，建立南北贯通且东西错落的整体格局，理性与自由兼具，同时结合了岭南地区自发性形成的梳式布局模式，在校区内部构建起冷巷式的南北通风体系，极大地改善了校园的微气候环境。

4.1.1.2　街区式布局，打造高密度、可弹性校园规划

国际校区规划立足于中西文化交融并置的建校背景，强调中国古代书院中轴对称、纵深多进的院落形式与多轴串联并置的布局形制，在东西向沿用地边界以 150～180m 的尺度建立校园街区划分基准，教学与生活功能沿南北向线性排布，东西向则根据用地需求、功能布局等切分为相对自由的用地。竖向空间与横向空间要素交织，形成细胞般的有机网格结构，如"梅花间竹"，让每一块地都能共享较好的景观资源，同时每一栋楼宇内亦能创造相对独立的内外庭院空间。规划设计严格控制南北向街区各组团建筑相关退线距离，以保持组团外界面的完整性；街区组团内部则相对自由，高低错落、凹凸有致。此外，规划设计还预留了部分小型发展用地和大型预留用地，为校园后续发展提供可生长的弹性空间。这种街区式组团化的建设模式有利于分期建设，也保证了同一期的完整性，使得校园内部各地块既能独立运作，相互间又可联合成区域性的片区体系。未来，校区将与周边的科研、商贸、居住等功能协同发展，开放格局里蕴含着极大的使用潜能。

4.1.1.3 传承与同构，重建五山校区空间与形象模型

在街区式布局的基础上，国际校区设计重构了五山校区的轴线结构与空间节点，构建新老校区空间模式上的传承。五山校区素来以东、西湖带状水体景观轴和南北向校园核心建筑轴"十"字交叉的布局模式闻名。为了在新旧校区之间建立起内在的空间秩序，国际校区总平面布局采用同构设计手法，在南北中轴上依次布置校前区广场、礼仪广场、图书馆、滨河景观、活动中心等元素，形成收放自如的空间节奏。礼仪广场位于图书馆的南侧，是校园主轴序列的重要节点，开学典礼和毕业典礼均在此举行，其东西两侧各有一片小型绿荫广场，为学生家长、参观团等提供活动场所。规划设计借用图书馆和活动中心中间场地的原有水体，因势利导，形成自西向东蜿蜒而行的带状滨水景观体系。以此为界，校园分为南北两大空间功能片区：滨河南岸为教学功能区，公共实验楼、图书馆、公共教学楼位于该区的中心位置，各学院教学实验楼及办公楼则围绕周边布置；滨河北岸为生活服务区，分布着学生宿舍、教师公寓、体育运动场馆、餐厅、学生创新创业基地和文化活动中心等。南北两个片区通过步行桥联系，实现了教学与生活"合璧"设想。依托街区式布局，规划设计强调沿南北向线性布置教学生活功能模块，沿东西向置入开敞矩形草坪或广场、景观河道等，塑造了多层次相互关联的空间模式。

4.1.1.4 多样化活动，理性与感性交织的校园规划结构

自然灵动的水系景观要素与规整的街区式布局相互作用，使校园空间呈现出理性与感性交织的张力。滨水空间宽约 120～150m，与五山校区东西湖两岸尺度相近，似而不同，其采用草坡形截面设计，河面收窄至 40m 左右，两岸空间则由 8 座形态各异的小桥连接。河道两侧既是师生物理层面上的必经之地，也是课业教学与休憩生活之间的过渡区。滨河两岸布置跑步道、绿心岛、桃花园、叠水瀑布等景观节点，水体中部平缓开阔处设置有 300m 长的水道，可举办龙舟或划艇赛事。校区空间规划设计希望于此处营造檐下交流、校园漫游、水岸观望等生动活泼的大学生活场景，为校园公共生活提供多样化的可能性。带状河道的设计有别于传统大湖面的校园空间组织方式，既是高集约化建设模式的策略回应，又符合岭南地区地域性环境特征，更是区域雨水调蓄的重要组成部分，以满足海绵校园的设计要求。

在街区式布局的框架下，通过开敞矩形草坪或广场、建筑组团内外庭院等多层级景观处理手法，纵向构成了南北各街区折线形景观带。横向带状河道、纵向多街区内部折线形景观带共同构成校园景观系统的主要框架，创造了多层次的空间体验，弱化了高密度建筑组团的体量感，为师生提供适宜的校园氛围及活动场地。同时，校区建筑高度呈现出"外围高、中间低"的态势，以在校园中心区域打造自然舒适的尺度感，内环建筑高度普遍控制在 24m 以内，往外慢慢升高到 40～50m，最外围可达 80～100m。

国际校区西南角公交总站与东北角地铁站是国际校区的商业生活区核心动力点。通过"L"形景观大道将这两处驱动起来，校园路网与城市道路对位衔接，为开放式校园提供了基本条件。景观大道选择形体美观且具有驱虫防蚊功能的樟树作为行道树，形成联动效应的同时为师生提供更好的行进体验。樟树大道与校园西侧北侧道路共同组成了校园主环线交通框架，物理层面划分出公共性强的外环区域和开放性弱的核心区。将体育场地、商业住宅、对外交流等服务型功能模块布置在环线外围，并设置大量的外围停车场地，兼顾校内外需求的

同时，避免了大量车辆进入校园核心区。环线以内则设置有仅供内部车辆通行的尽端路，方便校园运作和管理。各功能区单体建筑设计以五山校区典型的红砖绿瓦为形象基调，结合应对岭南地域气候的适应性设计，既与传统一脉相承，又适应时代发展需求。

4.1.1.5 生态型校园，岭南地域性可持续化的校园建设

在绿色节能方面，国际校区规划精准契合了岭南地区地域性气候特征，通过南北向梳式布局构建起冷巷式通风体系，以组织更高效的自然通风。带状水系与其向南北延伸的雨洪海绵走廊汇集各类地表径流并导向城市管道。校区路面标高设计高于路面两侧草地标高，以调节雨量丰水期和枯水期波峰波谷的状态，在自然平衡中达到海绵校园的要求。折线形景观带、空中连廊、步行支路等共同组成连贯的立体步行系统，辅以电动公交、自行车等，形成校园内的绿色交通体系。此外，设计借助了国家"十三五"重点研究课题——"适应夏热冬暖气候的绿色公共建筑设计模式与示范"，以探讨珠三角地区气候适应性的绿色建筑设计范式，以学术科研成果作为项目工程实践的重要支撑，对适应夏热冬暖气候的建筑设计模式进行科学有效的选项甄别和集成应用。

4.1.2 EPC 总承包组织架构

4.1.2.1 联合体运作模式

施工总承包由四家单位组成联合体，华南理工大学建筑设计研究院（简称"华工院"）作为设计牵头的 EPC 联合体主办方，中国建筑第四工程局有限公司（简称"中建四局"）作为施工总负责方，广州建筑股份有限公司（简称"广州建筑"）作为施工协办方，广州华工大勘察工程有限公司（简称"华工勘察"）作为勘察负责方，实施 EPC 总承包管理模式。

联合体各方共同委派管理人员组成 EPC 项目部，华工院常务副院长任指挥长，中建四局总工程师和广州建筑副总经理任副指挥长，共同组成指挥部。项目部下设四个部门，部门成员由三个单位共同组成，负责项目过程中的各项协调管理。

EPC 项目部承上启下，对内负责设计、施工质量、安全、技术等工作的监督协调，对外与代建局、华南理工大学、广州珠江监理进行对接，配合现场监理人员对两个施工单位做好现场施工的监理工作。EPC 四个部对联合体各参建方统筹管理，对施工过程的重要事项进行决策。

EPC 管理团队的组织机构

EPC 联合体项目管理部作为项目施工现场管理机构，负责监督、控制、协调、管理联合体成员各方（包括但不限于勘察设计单位、施工单位及其专业分包、供货商）与代建单位、监理单位的对接、沟通工作，确保安全、进度、质量、成本等计划的全面实现。为此，华南理工大学广州国际校区一期工程 EPC 项目管理团队于 2018 年 10 月编制了《华南理工大学广州国际校区一期工程勘察设计施工总承包（EPC）工程项目管理大纲》（简称《管理大纲》）。《管理大纲》作为 EPC 联合体项目部的内部管理纲领，进一步明确了联合体的项目管理职责定位，从管理范围、管理目标、管理组织、管理内容等方面对 EPC 项目联合体的管理工作进行了详细描述，对项目设计、造价、进度、质量、合同管理、招标及采购管理、项目建设文档、职业健康安全与环境（HSE）等具体工作内容，做出详细的规定。

其中，在项目管理组织方面，构建适用于并能在 EPC 工程总承包项目中真正发挥作

用的组织架构是体现 EPC 工程总承包综合价值的关键环节。基于此，《管理大纲》对项目的组织架构做了充分的说明。依据本管理项目的工程类别、规模、技术复杂程度、建设工期、工程环境等因素，组建专职管理机构——"华南理工大学广州国际校区一期工程"EPC 管理部。EPC 管理部下设四个部门：技术质量安全部负责设计与施工的质量以及安全文明施工；计划合同部负责进度计划和招标采购计划的制定和监督实施；造价管理部负责项目造价；综合部负责信息、文档、对内对外联络。

秉承公正、高效的项目管理原则，总指挥及副总指挥应分别指派一名代理人。当总指挥、副总指挥缺席会议、无法签字等紧急情况发生时，代理人可在总指挥或副总指挥知情的前提下代行其权力。

EPC 管理部各部门均包括联合体各方对应职能主管人员。这些人员在 EPC 管理部发挥合作、整合和提升凝聚力的作用，并作为 EPC 管理部管理、协调各联合体单位的协调、沟通的枢纽。

4.1.2.2　内部职责与权限

1. 技术质量安全部

1）部门职责

（1）制定工程质量和安全控制措施；编制项目质量和安全管理的各项制度、规定、办法、细则。

（2）负责本项目的技术管理，对设计单位的设计质量、施工单位的施工质量进行管理与协调，进行项目现场管理策划、组织实施和监督检查。

（3）负责本项目的施工现场组织管理。

（4）负责本项目的整体工程规划、设计报建以及施工报建等相关工作。

（5）协助计划合同部、造价管理部对工程的合同、设计变更、建设资金等进行集中审批与管理。

2）管理工作制度

（1）碰头会议制度

每周一至周五早上 9：00 于工地现场会议室准时召开碰头早会；每周四下午由技术质量安全部负责人主持部门例会，检查上周完成工作情况及本周工作安排，指示安排各项工作；每次会议指定参会人必须参加，且对参会人有明确记录。如有特殊情况缺席人员，要明确其动向。

（2）图纸会审及设计交底制度

专业管理人员要参加图纸会审会议，由设计单位做设计意图及图纸技术交底，施工单位等对图纸存在的错漏碰缺、存在问题、各专业之间的矛盾、施工的可行性等提出意见，做出明确处理意见并做好记录。图纸经参加会审各方审核签认后方可作为施工依据，但图纸会审不作为设计变更的依据。

（3）工程协调例会制度

技术质量安全部有关人员应参加由项目总监理工程师组织并主持的与工程相关的工程协调例会，保证工程顺利进行。

（4）施工组织设计、施工方案审核制度

单位工程开工前施工单位必须编制施工组织设计方案或重大、技术复杂、特殊的专业方案报总监理工程师审核，同时报技术质量安全部施工技术总工程师审核，及时提出发现的问题，并相应调整实施方案。

（5）设计变更审批制度

对于总承包单位内部（包括设计院和施工单位）提出的设计变更要求，要经技术质量安全部专业管理人员及常务副部长评估其对工程质量的影响，并经计划合同部和造价管理部评估其对造价和进度的影响，各部会签后才能向监理与业主提出审批。

（6）施工现场紧急处理制度

施工现场一旦发生质量、安全事故，施工单位要迅速采取适当措施防止事故扩大，并及时报告技术质量安全部进行初步处理，力争将损失降到最低限度。

（7）质量安全巡检制度

每天上午由质量安全巡检组组长带队，对项目各地块建筑安装工程进行巡视检查，发现并记录问题，及时编写巡检报告。巡检每个施工标段时，施工单位应派代表一同参与检查，并跟踪落实整改情况，巡检组对整改情况进行复查。

（8）乙供材料设备看样定板制度

承包单位对待定板的材料设备推荐出三至五家品牌和供应商，经过材料设备看样定板小组从质量、信誉、是否符合设计功能的要求、价格、售后服务、供货时间等方面进行评判后，从中选出每项三家材料设备品牌和供应商，再由承包单位与之商签供货合同。

2. 计划合同部

1）部门职责

（1）招标采购管理

审批广州建筑、中建四局上报的招标采购计划，递交指挥长审批；审批广州建筑、中建四局的分包申请，递交指挥长审批；监督广州建筑、中建四局招标行为依法合规。

（2）合同管理

对项目分包合同、采购合同进行备案管理。负责及时、准确、完整地向指挥长报送月、季、年度项目完成量报表，并提供其他所需经济资料；负责总包合同、分包合同以及保险合同实施全过程的计划、进度、费用、风险等管理控制。

（3）进度计划管理

主管项目部合约商务工作；监管施工单位上报的项目总进度计划、月进度计划，并进行分析、跟踪、控制；负责组织 EPC 管理部各部门考评各施工单位的季度、年度的安全质量，根据考评情况，公布考评结果，兑现奖励；编制项目计划报告等；利用 BIM 技术评估进度计划的可行性，监控进度计划的实施情况。

2）文件管理

计划合同部所有文件均由部长书面签署后对外发送，发送文件盖计划合同部专用章。文件管理制度遵照项目信息管理制度。

3. 造价管理部

1）部门职责

（1）确定项目合理总投资，制订项目内外投资管控总体方案。

（2）建立工程投资管理台账，全过程动态分析费用实施与计划的偏差，采取合理纠偏措施。

（3）编制项目费用总体计划、进行项目费用分解、制订成本目标，实施费用管控。

（4）组织编制并审核项目的概算、预算、结算；与业主审核部门做好沟通对接，做好收款工作。

（5）负责组织工程实施过程中合同价款变更审核、报审、报批工作。

（6）负责 EPC 项目主合同结算，费用控制与管理的总结工作。

（7）编制项目现金流，合理安排支付。

（8）配合完成项目与财税相关的分析与测算工作。

2）文件管理

造价管理部所有文件均由部长书面签署后对外发送，发送文件盖造价管理部专用章。文件管理制度遵照项目信息管理制度。

4. 综合部

1）部门职责

项目印章管理、项目收文、发文管理归档，上传信息平台；会议组织、接待联络、行政事务、宣传交流、党风廉政建设。

2）沟通机制

建立会议制度，通过周例会、月例会和专题会解决项目实施过程中遇到的问题，应做好会议记录，并整理成会议纪要。会议纪要经 EPC 联合体各方代表签字，报各公司指挥长批准后归档（表 4.1-1、表 4.1-2）。

会议记录　　　　　　　　　　　　　　　　　　　表 4.1-1

会议名称	主持人	参与方	主要内容
EPC 技术质量安全部周例会	EPC 技术质量安全部负责人	技术质量安全部全体成员	本周现场进度、质量、安全方面进展和问题的解决，下周上述工作规划
EPC 计划合同部周例会	EPC 计划合同部负责人	计划合同部全体成员	本周合同、采购、分包等方面问题的提出与解决，下周上述工作规划
EPC 造价管理部周例会	EPC 造价管理部负责人	造价管理部全体成员	本周支付、变更、索赔、资金使用等方面问题的提出与解决，下周上述工作规划
EPC 综合部周例会	EPC 综合部负责人	综合部全体成员	本周收发文、文档资料管理、业主交代工作等方面问题的提出与解决，下周上述工作规划
EPC 管理部周例会	EPC 主办方项目经理	EPC 联合体总指挥及副总指挥；各部门代表以及项目组主要成员	解决跨 EPC 部门问题，制定未来三周工作重点计划
项目月度调度会	EPC 总指挥长	EPC 联合体各部门负责人，设计单位设计经理，各施工单位采购经理、施工经理、进度计划工程师、造价管理工程师、质量管理工程师，主要专业负责人。必要时由 EPC 主办方项目经理通知各指挥长参加会议	进度绩效评审，进度偏差分析调整，协调和解决项目实施过程中出现的影响项目顺利进行的各种问题。通常每月召开一次，特殊情况下由总指挥长决定召开临时项目调度会议

会议名称	主持人	参与方	主要内容
其他专题会议			开工会； 设计评审会； 施工动员会； 概算会审会； 其他专项会议

项目实施进展汇报表　　　　　　　　　　　表 4.1-2

	编制人	审批人	发送部门及单位	备注
设计进展 月报	EPC 方计划 工程师	EPC 计划合 同部负责人	业主代表、项目监理、联合体各方项目经理、设计经理、采购经理、合同经理、施工经理、质量经理、安全经理	
BIM 应用 月报	EPC 方 BIM 经理	EPC 技术质量 安全部负责人	业主代表、项目监理、联合体各方项目经理、设计经理、技术经理	
项目进 展月报	EPC 方计划 工程师	EPC 计划合 同部负责人	业主代表、项目监理、联合体各方项目经理、设计经理、采购经理、合同经理、施工经理、质量经理、安全经理	
项目费用 月报	EPC 方造价 工程师	EPC 造价管理 部负责人	联合体各方项目经理、设计经理、采购经理、合同经理、施工经理、财务经理	
质量、 安全月报	EPC 方质量、 安全工程师	EPC 技术质量 安全部负责人	业主代表、工程监理、联合体各方施工经理、质量经理、安全经理	
EPC 联合体 自查月报	EPC 综合办	EPC 总指挥长	业主代表、项目监理、联合体各方项目经理、设计经理、采购经理、合同经理、施工经理、质量经理、安全经理	
项目完 工报告	EPC 综合办	EPC 总指挥长	业主代表、项目监理、联合体各方项目经理、设计经理、采购经理、合同经理、施工经理、质量经理、安全经理	

4.1.3　设计施工高度融合

4.1.3.1　管理特点

本项目的特点是工期短、体量大，要如期交付必须采用设计施工高度融合的方式，该模式有以下特征。

第一，施工问题前置。有别于设计阶段结束后由设计方通过施工交底来衔接施工阶段的一般模式，设计施工高度融合的交叠模式不仅没有衔接段，而且在设计完成之前，施工就已经展开了。这就要求将施工问题前置到设计阶段来统筹解决。

第二，设计决策贯穿全程。施工过程发生在设计阶段内，也就成为设计推进的相关条件之一，设计意见不仅要对施工问题有更敏锐的响应，更重要的是，设计的决策必然贯穿项目全程。

第三，设计、采购、施工责任一体化。当各阶段交叠推进，就很难以项目阶段来划分权责，这就要求各个重要环节的责任一体化，进而促成某个由各方达成共识的责任主体的出现。

第四，信息化作为前三点的保障。各方之间、各阶段之间的信息交互强度也必然是空前的。

该模式符合当前国际惯例中以设计方为主导的总体控制模式，可从实质上促进各方从项目策划阶段开始就展开高强度的信息交互和前置配合，并一直延续到项目周期结束。

4.1.3.2　管理策略

总体目标是"做好 E（Engineering），监管 P（Procurement），管好 C（Construction）"。发挥设计院作为 EPC 主办方的优势，通过统筹勘察、设计、采购、施工，使各个环节合理交叉、有机组合，克服各市场主体分阶段管理的弊端，借助 BIM 等先进信息技术手段，实现对进度、质量、成本的综合控制，在优化设计方案、提高建设水平、缩短建设工期、降低投资等方面实现充分设计，从而实现良好的计划统筹，以及基于 BIM 等创新技术的施工科学化管理。

做好 E 即做好前期策划，协调业主方、使用单位与施工单位的关系；优化设计，借用 BIM 正向设计的技术手段，减少设计错误，有效控制变更，确保限额设计；完善建设标准和信息化体系的构建，编制造价控制标准；统一设计文件管理，规范材料报批、报审管理。

监管 P 即监管施工分包的招标流程和采购流程的合法性、依规性，施工单位负责组织招标采购；制定采购标准和资金控制计划，控制好造价和质量，保证符合建设目标和使用方要求。

管好 C 即制定施工标准，有效控制计划进度管理，确保质量安全文明施工；基于总进度计划的设计包和合同包拆解，有效实现设计—采购—施工一体化管理，保证工程有序实施；协同设计方，提供有效的施工优化方案，提升进度，节约成本，确保限额限时施工；按合同约定及合法合理原则管理，按期申报工程款项。

4.1.3.3　设计管理

1. 管理体系

工程设计管理质量直接关系到项目成败，EPC 管理部特成立技术质量管理部，为项目设计管理提供全面的指引和支撑，华工院、中建四局、广州建筑派专职人员参与组建成立。参建各单位共同参与设计全过程，并及时反馈项目部对设计的各项需求，协调设计院落实。

2. 质量管理

设计交底和图纸会审是项目部和设计单位进行技术交流的重要手段。在工程准备阶段，项目部根据工程的特点及需求，组织设计、监理、施工单位等进行图纸会审与设计交底工作。然后将设计图中存在的问题和需要解决的技术难题，通过四方（业主、监理、设计单位、项目部）协商，拟定解决方案，形成会议纪要并遵照实施。

3. 图纸管理

技术质量管理部指定专人进行图纸管理，统筹拟定项目图纸发放计划。施工图设计单位的图档管理必须规范，施工图的版本管理必须清晰、明确。项目管理部内部应按图档流转流程执行，统一归口管理。

本项目图纸分为三个阶段，电子图为施工人员熟悉项目所用；白图为施工备料依据；蓝图为施工依据。若因进度原因使用白图作为施工依据需取得指挥长同意。

施工图上报前，广州建筑、中建四局负责对施工图纸进行审查，查找图纸中缺漏、矛盾的内容，并提交 EPC 管理部，将缺漏、矛盾的内容修正入施工图。施工图一经代建局审批通过，后续任何因施工图缺漏、矛盾所导致的费用增加均由广州建筑、中建四局承担。该举措使得图纸的缺漏、矛盾等内容在施工图出图之前大量减少，保证了图纸的质量，在施工单位参与审查图纸后，设计院将图纸提交给代建局，由代建局再下发给施工单位。一系列的流程使得图纸设计过程的责任更加明确，避免了项目建设过程中不必要的纠纷。

4. 深化管理

对机电工程、幕墙工程、装饰工程、园林景观工程、预制构件工程等均需要在原设计基础上进行深化设计，EPC 技术质量管理部将采用分阶段管理的办法，依据工程总进度计划组织各单位进行专业的深化设计工作，并对各专业的设计接口和衔接界面进行全面的梳理和排查，督促责任单位进行调整和修改，并报请相关设计单位批准后实施，确保全过程的技术监督落实到位。工程开工后在专业分包工程（如幕墙、预制构件、装饰、室外园林景观等）施工前要做好图纸和设计技术问题的协调工作，每周定期召开设计例会。

5. 变更与洽商的管理

EPC 技术质量安全部将建立设计变更及洽商的工作流程和管理制度，明确变更与洽商的启动条件及管理路径，重点通过加强设计体系管理来减少非甲方原因的设计变更，降低设计变更对工程履约与成本的影响。施工过程中与设计单位紧密联系，发挥驻场设计的作用，通过设计洽商来优化设计内容，设计院的变更是结合现场设计情况和施工难易出具的变更方案，降低施工难度和成本、保证进度的同时又可以提高设计服务的绩效水平。

在项目实施阶段，根据项目整体进度计划，在施工前安排专人对施工图进行审查，利用 BIM 技术，及时向设计部门提出施工图中可能存在的使用功能、位置关系、数据错误、构造要求、材料设备选用、丢缺项及阐述不清的问题，将存在的问题处理在施工图纸上，避免实体工程返工造成工程的建设资金浪费；在重大变更实施前，计划合同部负责组织广州建筑、中建四局、华工院对变更进行评估，及时预见该变更的实施对其他工程（已完或未实施）的影响，采取相关措施消除影响，避免发生二次变更。

任何设计变更在发出前应通过变更预审，评估变更对施工、进度、造价的影响，确认变更对项目进度计划、造价控制计划的影响在可控制范围内后再发出变更。在任何设计变更实施前，造价部、计划部应针对变更影响评估，采取积极主动的措施降低变更的影响，保障项目造价整体可控。

设计变更通知和工程洽商必须签字齐全，且内容应明确具体，图示应符合有关规范要求，语言应准确、肯定，深度应满足施工和编制预算的要求；设计变更通知和工程洽商文件不得涂改，每个单位工程的洽商变更要按办理日期的顺序排列，统一编号，妥善保管；各专业工程师接到洽商变更后，应及时在图纸上标注修改内容、修改依据、变更原因、修改日期等，防止图纸的误用；承包商应在施工承包合同中约定及时、如实地进行洽商及变更费用的申报工作，经监理单位审核、EPC 总包和业主审批后纳入工程结算中。

4.1.3.4　造价管理

1. 项目造价管理

建立健全造价管理与控制体系，在项目建设的各个阶段，通过优化工程设计方案、建设方案、采购方案、资源配置方案和施工方案，采取科学的方法和有效的措施，随时纠正建设项目设计和建设过程中出现的造价偏差，将建设项目造价控制在既定的目标造价之内，确保建设项目的质量、工期和造价控制按照既定目标实现，使建设项目获得预期的投资效益和社会效益。

在保证建设项目功能目标、质量目标和工期控制目标的前提下，合理编制目标造价，在项目实施阶段对造价实行动态控制，包括业主审批的建设项目可行性研究报告确定的建设目标和投资估算；经业主审批的设计概算；按施工图编制的施工预算。按照项目建设程序先后形成的上述投资估算、初设概算和施工图预算，形成前者控制后者、后者补充前者的相互配合的协调关系。

根据业主批复的概算编制设计限额，采用限额设计的方法从源头把控项目造价。利用 BIM 工具对设计内容进行错漏碰缺检查，减少变更。并通过 BIM 工具进行施工模拟，寻找最优施工方案，降低施工造价；保障设计阶段的造价不超过批复的概算。

施工过程中对项目实际造价进行动态控制，监控项目实际造价与目标成本之间的偏差，及时预警超支风险，并寻找解决方案；利用设计优化或施工方案优化对实际造价与目标成本之间的偏差进行纠偏，保障结算金额小于批复概算（图 4.1-1）。

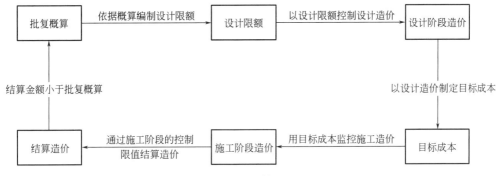

图 4.1-1　造价管理流程图

2. 限额设计

根据《华南理工大学广州国际校区一期工程勘察设计施工总承包合同》的要求，为控制项目整体投资规模，本项目将采用限额设计。以设计限额指导施工图设计工作，从而在设计源头控制项目总投资规模，实现预期的投资效益和社会效益。

1）限额设计工作流程

在开展设计前，造价管理部根据业主批复的概算金额，对项目建筑和安装成本进行拆分，由设计院配合完成设计限额的制定。

设计院按设计限额完成设计后，造价管理部根据设计文件完成施工图预算，超出设计限额返回设计院做设计修改，满足设计限额交设计院完成出图。

2）设计限额的内容

设计限额的主要内容包括各专业含量指标；各专业造价指标；材料设备品牌限定三个

方面的内容。通过这三个方面的限定使设计阶段的造价不超过批复的概算。制定设计限额的首要目的是控制项目设计阶段的造价，在兼顾造价的同时，应满足业主及合同对于项目使用功能、材料设备等方面的需求。

3. 概算编制

概算编制前造价管理部对代建局相关部门进行调研，明确代建局对概算编制的要求，造价管理部制定概算编制要求并下发广州建筑、中建四局以及造价咨询单位执行。造价咨询单位依据概算编制要求对广州建筑、中建四局编制的概算进行审核。确保上报概算的质量，确保概算满足代建局相关要求。

概算编制由广州建筑、中建四局负责，并对概算的工程量、列项、单价、材料价的完整性、准确性负责。造价管理部及造价咨询单位对概算文件进行审核，保证概算文件的一致性、合规性。

4.1.3.5　进度管理

进度计划管理与控制具有动态性，随着建设环境、工程条件和资源投入等因素的动态变化，进度计划系统的编制和实施控制也要进行相应的调整。进度计划管理和控制要分阶段进行，要对建设项目的工程设计阶段、招标投标阶段、施工准备阶段、施工阶段、竣工验收阶段等进行有效的阶段性控制，在每个阶段的实施过程中或完成后对其进度进行评价，以便确定或调整下阶段的进度安排。

如何将总体工期目标所必须的分解工作落实是我国传统施工企业的弱项，总承包企业往往将里程碑节点时间分派至分包并施压，而缺乏对资源配备的合理性、施工工序变化的影响、赶工方案对投入成本的影响等的测算和把关。通过 EPC 联合体的设计单位和施工单位的组合，加上对 BIM 技术的应用，借助设计单位较强的技术实力和精细、创新管理决策方法，以及 EPC 各部门对各方增强的协调能力，实现事前科学预测模拟，事中如实记录，事后分析数据并指导下个周期现场施工以实现精细、科学的进度管理。

本项目中，EPC 管理团队将发挥设计、施工一体化和 EPC 联合体便于沟通的优势，通过 EPC 联合体各方计划工程师联合办公增强日常交流，并采用项目协同平台等增进信息和文件共享手段，推进跨部门信息协同共享，推进决策速度和进度计划合理性。

具体来说，根据工程范围，以施工图设计成果为基准，完成工程总计划。该计划由EPC 计划合同部牵头制定后经 EPC 多部门（设计、采购、施工、质量、安全、计划、合同）会审、优化后由 EPC 综合办上报项目监理及代建局审核批复。EPC 计划合同部根据代建局批复通过的工程总计划进一步编制月/周计划。

1. 进度计划编制

设计计划应在项目正式开工 15 天内编制完成，其内容包括施工图设计准备、施工图设计、专项设计 3 个部分。设计计划经 EPC 联合体各方达成一致意见后报送监理审核、代建局审批。

一级计划：工程总进度计划由 EPC 管理部根据代建局《华南理工大学广州国际校区一期施工关键节点进度计划表》，统筹项目推进要求，组织 EPC 设计施工各方共同编制，确保各时间节点与报批报建、招采、建造相互匹配，确保计划的合理性。

二级计划：是在一级计划的基础上，由 EPC 计划合同部组织、各施工单位及其分包单位（仅限一级分包）参与编制的施工总进度计划（网络计划），主要目的是为划分流水、协调各施工单位、各分包间施工内容，二级计划需报计划合同部审批通过，备案后执行并作为进度考核的依据。

三级计划：是在二级计划的基础上，由 EPC 计划合同部会同各专业分包单位编制的涵盖各专业施工内容的短周期（月/周）施工计划，突出专业施工间的施工流动安排及对施工场地的占用，三级计划需报计划合同部备案后执行，作为进度考核的依据。

2. 进度计划的实施与监控

施工阶段，EPC 计划合同部门负责组织联合体各方完成施工总进度计划的编制与审核，将施工总进度计划与项目施工期总控进度计划进行整合后最终定稿。协助技术质量安全部按照核定的进度计划严格控制关键线路上的关键工序、关键分部分项工程的工期，定期检查施工单位的实时进度是否与原计划相符，当发现有较大偏离时就要采取果断措施，消除产生偏离的各种因素，做好进度计划的协调与调整；协调各参建方的计划安排，特别是建安工程与市政配套工程之间的，尽可能减少相互间的干扰；控制并及时处理设计变更、工期延误。

EPC 团队要定期召开内部例会，对上月/周计划的执行情况进行检查、点评，并布置本月/周工作。遇业主或其他相关参建单位工作延期，EPC 指挥长应及时给予必要的催促、提醒。

4.1.3.6　信息化管理

EPC 管理部的 BIM 协调组负责模型上传（图 4.1-2）。现场工程师可在网页端进行模型浏览、测量、标注等以沟通协调。平台可实时快速展示单专业、多专业模型，及多个地块的分开和整合展示。平台采用 Autodesk 核心的也是市场最普及的可视化技术，对电脑硬件和操作人员的操作十分便利。无须巨大软硬件投入和人员培训，保证项目人员快速上手。

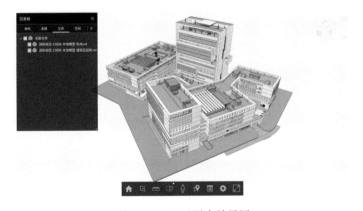

图 4.1-2　BIM 平台效果图

平台化的管理质量问题，在平台工具的背后是一套问题解决机制，即在问题发生、解决、关闭等环节，以 BIM 为载体，通过现场照片、问题定位、责任到人，指定问题解决期的全套流程，在不影响工期的前提下，提高工程质量。用快速的现场完工信息捕捉、转换、与设计文件对比，作为质量关键节点的质量保证、验证工具，在 1～3d 内完成问题的发现和联络（图 4.1-3）。

采用 BIM 模型为载体，以终端为起点，通过平台化、全过程管理移交给最终用户的

图 4.1-3　图上创建问题

竣工模型（图 4.1-4）。保证校方作为运营及使用方拿到的竣工模型能精确反映现场完工情况，并包含消防、规划等部门所需验收和运营的多种资料信息、产品使用手册。其中资料包括：设备、管线、开关、阀门、关键配件的使用寿命、品牌规格、供应商、供货周期等信息，便于校方运营和维护。

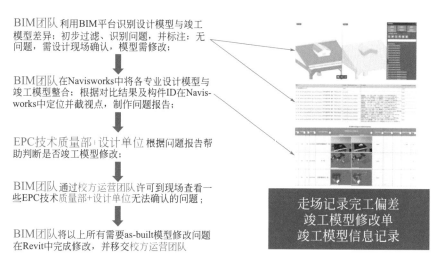

图 4.1-4　竣工模型

以 BIM 的可视化、实时模拟技术为工具，以周、天为单位进行三周滚动计划的优化、模拟（图 4.1-5）组织各施工单位、分包单位负责人和计划管理人员共同就难点重点部位的施工、安装进行优化、协调，保证施工顺利进行。如有工作界面等延期现象发生，以日例会形式，借助 BIM 模拟技术，及时探讨解决方案，赶工或配置资源，协调现场工作面。

在本项目的实践中，参建各单位以快速路径法为基础结合国内建设现状，制定出了一系列的工作流程和方法，使设计能够统筹考虑施工需求，从而保证施工顺利进行。在施工需求前置的同时，施工也对设计提出了高效的优化建议，侧面提升了设计质量。总而言之，在 EPC 项目模式下，设计施工的深度融合是必然，也是项目能否成功的关键所在。

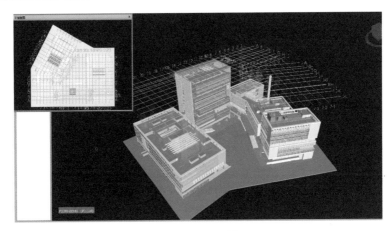

图 4.1-5　BIM 模型

这也为建设项目的管理提出了新的要求，需要行业内相关参与方不断探索与创新。

4.1.4　装配式建筑

国际校区一期工程总建筑面积达 50 万 m^2，按照要求，其中至少 12 万 m^2 建筑面积采用装配式工程，且达到不低于 A 级装配式建筑评价标准。

综合考虑建筑形体、建筑功能等条件后，国际校区采用装配式建筑的单体包括 B、C、E、S 共 4 个地块的塔楼，8 栋单体，建筑面积共计 15.2 万 m^2（图 4.1-6），地面以上建筑面积 13.8 万 m^2。其中 B、C、E 地块 4 栋塔楼使用功能为教研用房和实验室，S 地块四栋塔楼为学生宿舍。

采用装配式建筑技术的各栋塔楼的建筑效果图如图 4.1-7～图 4.1-10 所示，与附近采用传统现浇方式的建筑相比，装配式建筑塔楼在保证装配率的基础上，也较好地保留了建筑的个性化立面和凹凸造型。

4.1.4.1　装配式结构专项设计

根据建筑方案，结合装配式结构设计的基本概念，初步确定了结构布置和构件尺寸之后，同时考虑预制范围和与装配式技术相关的专项设计。

1. 竖向构件

除了规范要求不采用预制方式的情况之外，竖向构件的预制范围在拟定中还遵循了如下几个原则：

（1）核心筒和剪力墙采用现浇方式，除了 C 地块塔楼顶部的部分剪力墙采用预制方式之外，其余核心筒、剪力墙均采用现浇方式；

（2）中震组合下出现拉力的竖向构件采用现浇方式；

（3）跃层柱采用现浇方式；

（4）剪力和弯矩较大的角柱采用现浇方式；

（5）构件太重超过塔式起重机能力的采用现浇方式。

在策划构件预制范围的过程中经过反复尝试，比如在构件太重超出吊装能力时，尝试提高塔式起重机起重能力、更改塔式起重机设置位置、提高混凝土强度等级，以减小构件截面、缩短预制构件长度。

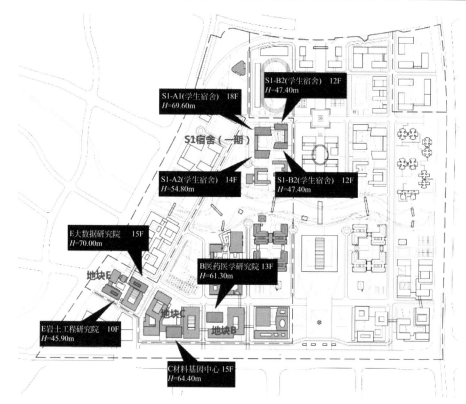

图 4.1-6　国际校区一期工程装配式建筑分布图

图 4.1-7　采用装配式建筑技术的 B 地块塔楼

图 4.1-8　采用装配式建筑技术的 C 地块塔楼

图 4.1-9　采用装配式建筑技术的 E 地块双塔楼

图 4.1-10　采用装配式建筑技术的 S 地块四塔楼

每次更改竖向构件预制范围后，就需要将同层现浇竖向构件在地震作用下的弯矩和剪力进行适当放大。

竖向构件的连接方式主要为全套筒灌浆连接和半套筒灌浆连接。因套筒直径大于钢筋直径，为了保证箍筋的混凝土保护层厚度，与现浇柱相比，预制柱的纵筋保护层厚度较大，分析时也做了相应调整。

预制柱安装阶段的难点主要在于如何使下层柱的纵筋对准上层柱的套筒。对于转换层（即下层为现浇柱上层为预制柱）节点，通常难以保证下层现浇柱纵筋的位置都能准确对准上层套筒，故一般采用在现浇柱纵筋之外增设插筋的方式，同时上方加设两道定位板。

竖向构件的预制工艺对安装是否便利的影响很大，举一例说明，套筒外接管道采用波纹管，所有波纹管口都从柱的两相邻边伸出，该方式对于构件厂很方便；若套筒外接管道采用 PVC 管，管口从就近的柱边伸出，构件生产封闭模板时相对麻烦。但安装时，采用筒外接 PVC 管的方式更好，不仅节省灌浆料，而且不易堵管（图 4.1-11）。

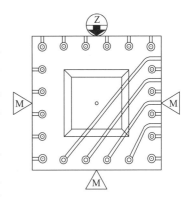

图 4.1-11　套筒外接管道底视图

C 地块塔楼顶部的部分剪力墙为预制形式，连接方式采用了华南理工大学韦宏研究员与王帆教授研究团队提出的"基于钢结构连接方式的预制混凝土新型连接技术"。以剪力墙水平拼缝连接为例，其三维构造示意图如图 4.1-12 所示。

预制剪力墙安装采用型钢高强螺栓连接，可以满足构件安装时的承载力和稳定性要求。在暗柱和水平缝连接处理时，将水平后加钢筋插入从预制构件伸出的环筋中，再进行后浇混凝土作业。

图 4.1-12（a）为上下预制剪力墙分离示意，未安装后加钢筋，图 4.1-12（b）已安装水平及竖向后加钢筋，此技术的优点在于钢结构连接质量可检测，且施工阶段无须斜撑，方便后续装修施工。

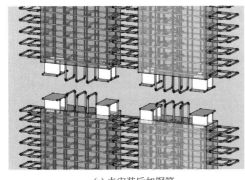
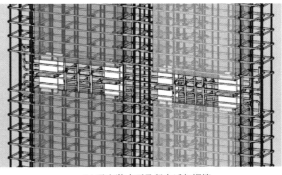

(a) 未安装后加钢筋　　　　　　　　　　(b) 已安装水平及竖向后加钢筋

图 4.1-12　预制剪力墙水平缝连接方式

2. 水平构件

除了规范要求不采用预制的情况之外，水平构件的预制范围还遵循如下原则：

（1）悬挑构件尽可能采用现浇方式；

（2）核心筒内部及周边板采用现浇方式；

（3）卫生间地板采用现浇方式，本项目除 S 地块学生宿舍的卫生间采用预制沉箱外，其他教研用房及实验室的卫生间地板均采用现浇方式；

（4）现浇剪力墙侧面相邻的楼梯采用现浇方式；

（5）特殊功能实验室要求有较厚楼板的采用现浇方式；

（6）尺寸规格不多的构件采用现浇方式。

设计过程发现下面对预制构件安装的影响较大：

1）预制构件的钢筋碰撞问题

根据结构设计图，创建节点钢筋模型，可以检查预制构件的钢筋碰撞问题（图 4.1-13）。

预制柱顶标高由截面最高的主梁控制，其他截面稍小的主梁不一定能搭在柱侧，在这一步与施工方和深化设计师共同探讨柱顶工具式支架如何设置。目前的技术瓶颈在于建立钢筋三维模型耗时较多，如果这方面更加智能化，能显著提高钢筋构造设计的效率。

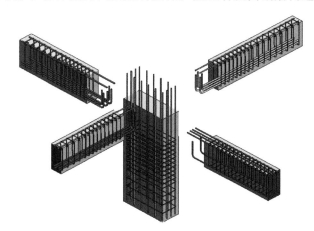

图 4.1-13　BIM 辅助钢筋碰撞检查

图 4.1-14　预制梁后浇混凝土区域钢筋安装

2）后浇混凝土区域的钢筋安装问题

装配式混凝土建筑工地现场安装工种除了预制构件安装工外，一般还有钢筋工、木工、搭内架工和混凝土工，其中钢筋工的安装量虽然比传统现浇工程少，但由于后浇区域空间狭小，故实际上钢筋工现场插筋、穿筋安装困难较多（图 4.1-14）。设计期间和施工安装期间，设计团队与施工方、构件厂配合，不断优化构件设计及安装工法。

3）主次梁相交节点

大部分次梁为铰接，采用钢企口连接方式（图 4.1-15）。

边梁或者相邻洞口的次梁扭矩较大，还有部分连续次梁，采用如图 4.1-16 和图 4.1-17 所示的端节点连接方式（腰筋设置在统一说明中明确）。

4）装配式楼板

目前装配式混凝土工程大量采用叠合板，应用时需注意桁架上弦筋与混凝土面之间的净空应保证方便穿过线管，因构件厂对混凝土流动性要求不高，所以在模台上振捣时多余的混凝土不易泄出，造成混凝土板厚超过设计值。

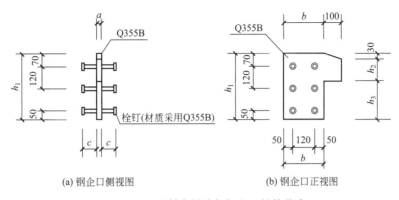

(a) 钢企口侧视图　　　　　　　　　(b) 钢企口正视图

图 4.1-15　预制次梁端部钢企口铰接节点

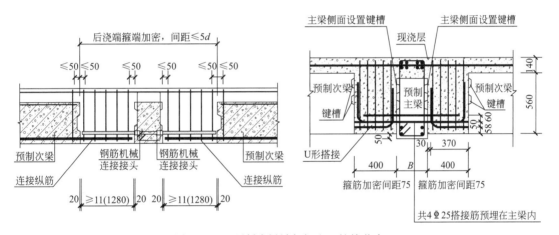

图 4.1-16　预制次梁端部钢企口铰接节点

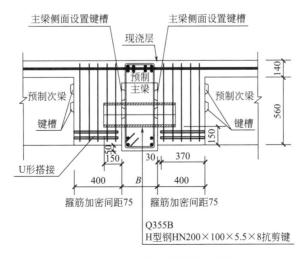

图 4.1-17　连续次梁端节点构造

因养护时间短，应注意运输期间的颠簸或者现场堆叠层数过高造成的开裂问题。叠合板拼缝处理，尚需进一步研究。板厚较大造成结构自重较大，使叠合板的应用受到质疑：现浇板厚110～120mm的部位，叠合板为预制板厚65mm＋现浇板厚75mm，叠合板厚超过现浇板16％～27％，造成梁、柱、基础也进一步增大，建造成本增加。

本项目C地块的部分叠合板和预制主、次梁采用了再生块体混凝土，旧混凝土来源于构件厂废弃的产品，破碎成设计尺寸的块体后，按设计比例与新混凝土拌合使用。本项目叠合板所用旧混凝土块体尺度为70～100mm，预制梁用旧混凝土块体尺度为100～150mm。

再生块体混凝土技术应用于现浇混凝土结构时，替代率（再生块体体积占构件总体积比例）为30％～40％，本项目应用于预制构件时，再生块体替代率为20％。

7d龄期混凝土叠合板底板承载力对比试验结果显示：7d龄期混凝土叠合板底板试件的承载力和刚度明显优于同龄期的全新混凝土试件。原因主要有三点：

（1）7d龄期时，再生块体混凝土强度大于全新混凝土；

（2）由于突出板面块体的阻挡，再生块体底板中部的实际厚度大于全新混凝土，这是产业化生产的客观现象；

（3）突出板面再生块体的存在，增大了混凝土受压区面积，相当于进一步增大了板厚。

4.1.4.2 装配式建筑在项目中的应用成果

1. 拆分图及装配率

装配式建筑当中，最终的拆分设计图（图4.1-18）中包括了前期设计师考虑的内容，如结构布置的合理性、构件规格的统一性问题、构件接缝位置的选择、如何兼顾建筑造型以及预制构件生产、运输和吊装问题等。

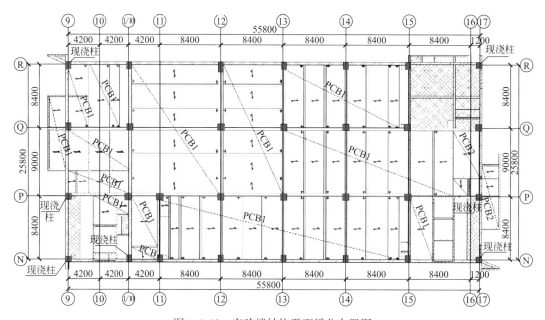

图4.1-18 实验楼结构平面拆分布置图

装配率评分表　　　　　　　　表 4.1-3

评价项		评价要求	评价分值	最低分值	得分
主体结构(50分)	柱、支撑、承重墙、延性墙板等竖向构件	35%≤比例<80%	20～30 *	20	21.6
	梁、板、楼梯、阳台、空调板等构	70%≤比例≤80%	10～20 *		20
围护墙和内隔墙(20分)	非承重围护墙非砌筑	比例≥80%	5	10	5
	围护墙与保温、隔热、装饰一体化	50%≤比例≤80%	2～5 *		0
	内隔墙非砌筑	比例≥50%	5		5
	内隔墙与管线、装修一体化	50%≤比例≤80%	2～5 *		0
装修和设备管线(30分)	全装修	—	6	6	6
	干式工法楼面、地面	比例≥70%	6	—	0
	集成厨房	70%≤比例≤90%	3～6 *		0
	集成卫生间	70%≤比例≤90%	3～6 *		0
	管线分离	50%≤比例<70%	4～6 *		5.1

注：表中带"＊"项的分值采用"内插法"计算，计算结果取小数点后 1 位。

装配率表　　　　　　　　表 4.1-4

项目名称	建筑面积(m²)	装配率
地块 B 实验楼塔楼	23999	64.50%
地块 C 塔楼	27938	60.70%
E1 塔楼	23276	64.90%
E2 塔楼	17422	64.80%
宿舍 S1-A1	22319.1	63.60%
宿舍 S1-A2	16096.4	65.70%
宿舍 S1-B1	10459.2	66.70%
宿舍 S1-B2	10849.5	65.30%

在 BIM 模型的协助下计算装配率（表 4.1-3、表 4.1-4），根据《装配式建筑评价标准》GB/T 51129—2017，本项目采用装配式技术的 8 栋塔楼的装配率均达到 A 级评价标准。

2. 安装进度

采用设计牵头的 EPC 管理模式，设计施工并行，在本项目推进速度方面体现出明显的效果。

四栋采用装配式技术的塔楼在地面以上分别为 18 层、14 层、两栋 12 层，标准层建筑面积约 800～1200m²。2018 年 12 月底地下室顶板完成后，装配速度越来越快，最后达到 4.5d/层，于 4 月 16 日结构封顶。

研究楼和实验楼预制构件较重且标准层面积较大（1800～2000m²），安装工期最快可达到 6.5d/层，不赶工期时约 8.5d/层，与旁边楼层建筑面积相当的现浇结构施工速度持平甚至稍快，且装配式建筑技术还有较大提高优化的空间。

经初步统计，8 栋采用装配式技术的塔楼在施工过程中基本没有因设计原因而发出修改通知，这也体现了各专业集成设计前置的优势。

华南理工大学广州国际校区一期工程中，有超过 30% 的建筑采用了装配式建筑技术，并成就了本项目的六大亮点之一：广州市目前面积最大且全部达到 A 级装配式评价标准的建筑群。

4.1.5　绿色建筑

华南理工大学广州国际校区一期工程是"十三五"国家重点研发计划课题的子课题"适应夏热冬暖气候的绿色公共建筑设计模式与示范"的示范工程。一期工程的设计及建设应用绿色建筑创新技术，结合关键指标对创新技术实施效果验证。最终，一期工程在绿色建筑设计上获得良好的社会经济效益，为夏热冬暖地区气候适应型公共建筑的设计带来启发与推动。

4.1.5.1　绿色校园及建筑设计的创新技术

1. 绿色校园的创新技术

1）校园梳式布局

华南理工大学广州国际校区的校园规划定位契合夏热冬暖区的气候特征，学习岭南地区传统聚落的营建智慧，在区域设计层面提出规划梳式布局的设计理念，通过建构适应地域气候的建筑群布局和肌理，充分体现了规划设计的在地适应性（图 4.1-19）。

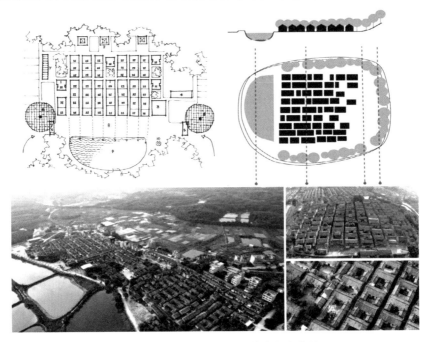

图 4.1-19　岭南地区传统聚落冷巷式布局

除了借鉴岭南地区传统布局，校园规划也顺应了城市街区的建构逻辑。竖向空间序列与横向设计要素交织，构建了如细胞般的有机网格结构，形成了"梅花间竹"般整齐划一的街区。严格控制街区退线，以保持界面完整；内部组团则相对自由，高低错落、凹凸有致。这种街区划分有利于分期建设，也保证了同期建设的完整性。街区间又可联合成更大范围的区域街区体系。

校园梳式布局形制（图 4.1-20）耦合了城市街区，形成错落的格局，优化了大范围、全区域的通风环境；梳式布局中的建筑群体之间的空间，形成了冷巷通风体系，改善了场地的微气候，丰富了校园的空间层次。

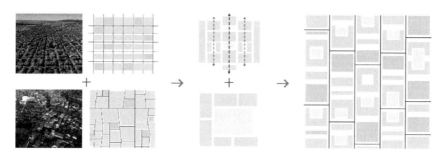

图 4.1-20　校园梳式布局

结合性能模拟软件对校园梳式布局通风进行深入研究，包括理论状态和实际应用状态两种方式。从图 4.1-21（a）可以看出，理论状态下的梳式布局方式下的通风状况良好，南北贯通的格局为校园区域预留了适当的通风廊道，便于夏季和过渡季主导风通过，实现区域降温；东西错落的格局又增加了校园布局的变化，是对岭南传统梳式布局的创新和现代化诠释。从图 4.1-21（b）可以看出，华南理工大学广州国际校区应用了校园梳式布局后，场地通风状况良好，夏季场地内的风速均在适宜范围内，具有舒适的风环境。

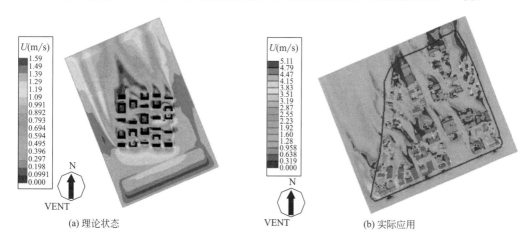

（a）理论状态　　　　　　　　　　　　　（b）实际应用

图 4.1-21　校园梳式布局模拟图

校园梳式布局的通风效果验证说明，华南理工大学广州国际校区在校园规划过程中遵循的校园梳式布局既满足了校园改善微气候的需求，也丰富了校园空间的层次，可以广泛应用于夏热冬暖地区的校园规划设计。

2）校园景观通风廊

校园的绿化景观和水体形成一条景观轴线，与梳式布局的街区有机融合，形成有利于夏季和过渡季主导风向通过的通风廊道。设计时需要考虑场地的夏季主导风向，从而确定景观通风廊的布置方向。同时，可以在建筑的底层设置架空层，便于主导风通过。合理构建通风廊道，可以促进场地及周边建筑内部空气流通，降低夏季场地和室内温度。

3）绿化水体调节微气候

设计可以选用适合本地气候的植物种植，并采用乔木、灌木和草坪相结合的复层绿化方式。场地多样的绿化能够通过植物的蒸腾作用对环境进行降温，调节校园区域的微气候，营造舒适宜人的场地微环境。

绿化不仅有调节微气候、降低噪声干扰等功能，还具有改善视觉环境、陶冶情操的功效。优美的环境具有减轻压抑、缓解使用者的工作压力、释放过激情绪等作用，从而促进使用者的心理健康。

在校园中规划景观水体，除了能够营造良好的空间意象外，还能实现环境降温。由于水体是良好的蓄热体，在区域范围内可以吸收辐射热，通过蒸发降温改善区域小气候，夏季温度较高的空气经过水体表面时可以被降温，形成凉爽的气流，调节场地温度；温度较低的气流进入建筑内部则有利于实现室内自然降温。

2. 绿色建筑的创新技术

1）建筑"气候腔"通风

气候腔宜设置在室内气流经常通过的位置。在气候腔顶部设置集热面，集热面周围空气温度明显高于室内平均温度时，利用空气底部到顶部的密度差，使空气从冷端向热端流动，可形成有效的拔风效果，促进室内空间的空气流动，改善室内通风环境，优化夏季和过渡季节建筑的自然通风效果。

气候腔通风技术成功应用于国家重点研发计划示范工程——华南理工大学广州国际校区的材料基因工程产业创新中心塔楼部分。为优化过渡季节建筑的自然通风效果，在塔楼的核心筒区域设置了"气候腔"（图 4.1-22），利用空气从底部到顶部空气的密度差，使空气从冷端向热端流动，形成自然通风。

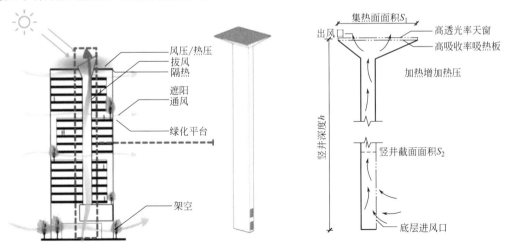

图 4.1-22 "气候腔"热压通风原理示意图

2）建筑体量消减引入自然风

通常意义上的自然通风指的是通过功能性孔洞，产生空气流动，这种流动直接受建筑外表面的压力分布和孔洞特点的影响。压力分布是动力，孔洞特点则决定了流动阻力，就自然通风而言，建筑物内空气运动主要有两个原因：风压以及室内外空气密度差。

华南理工大学广州国际校区示范工程（图 4.1-23）的通风空间通过建筑设计手法对建筑体量进行消减，形成庭院、架空层、空中平台等空间，为大进深的建筑引入自然风，增强建筑散热，降低建筑能耗，营造舒适的室内热环境。体量消减形成的多样化空间也丰富了建筑的空间体验。

图 4.1-23　华南理工大学广州国际校区

3）建筑形体自遮阳

建筑形体自遮阳即利用建筑形体或构件的变化形成对建筑自身的遮挡，使建筑的局部墙体、屋顶或窗置于阴影区中（图 4.1-24）。针对岭南地区的气候特点，造型结合遮阳功能，利用建筑形体组合和围护结构，形成诸多形体穿插、叠加关系，从而产生了许多不同标高的半室外空间。不同形体的穿插交错形成了形体自遮阳的条件，阻挡过多的太阳辐射热，进而降低建筑能耗，丰富建筑造型。

图 4.1-24　华南理工大学广州国际校区的形体自遮阳

4）屋面构件遮阳及其他外遮阳

针对太阳辐射强的气候特点，在塔楼屋顶设置了遮阳层，降低建筑空间得热。降低建筑能耗的同时，也使建筑造型更加丰富。

建筑外立面设计挑檐、走廊、水平、垂直遮阳板、遮阳百叶等多种形式外遮阳（图 4.1-25），有效减少夏季太阳辐射热和传导热。在降低建筑空间得热和建筑能耗的同时，多样化的遮阳方式也成为建筑的自身特色，既美观又节能。

图 4.1-25　华南理工大学广州国际校区的遮阳构件

5）建筑自然采光

除了利用立面外窗和幕墙进行自然采光，建筑还可以设置采光天窗和天井以平衡采光均匀度和增加采光光源，提升整体区域光环境质量。在进深较大的建筑的中庭空间适宜设置锯齿形天窗（图 4.1-26），设计中可以将采光天窗朝向北侧，保证中庭获得柔和的漫射光，避免了太阳直射增加建筑得热。还可以消减建筑中部体量形成天井，为室内增加采光的同时形成自然拔风的条件。

图 4.1-26　华南理工大学广州国际校区的锯齿形天窗

6）绿化屋面

屋顶空间是建筑的第五立面，它是指在建筑上部由建筑外屋面和垂直护墙围合起来的建筑外部空间。我国有较多存量的校园建筑，拥有大量的屋顶资源，从生态降温角度看，发展屋顶绿化是大势所趋，可使校园建筑的空间潜能与绿色植物的多种效益得到完美的结合和充分的发挥，具有广阔的发展前景，将成为校园绿化建设的新趋势。

充分利用建筑屋顶设置种植屋面，可以提供高品质的屋顶花园空间（图 4.1-27）。设计可选取适宜当地气候条件的植物进行配置，形成乔灌草多层级绿化体系，植被能够起到吸热和隔热的作用，有效降低室内热度，降低建筑能耗。

图 4.1-27　华南理工大学广州国际校区示范工程的屋顶绿化

4.1.5.2　绿色建筑设计的性能指标

1. 地域性指标

1）校园微气候

校园微气候的测试目的是通过采集不同测点的相关数据，了解应用绿色校园规划设计关键技术对改善校园微气候的效果；对庭院绿化和硬质铺地进行温湿度测试，通过屋顶气象站监测院落内外温度变化差异，采用拟合日较差分析，验证绿色校园规划设计关键技术对降低热岛强度的效果（图 4.1-28）。

图 4.1-28　华南理工大学广州国际校区一期工程微气候测试位置示意

测试内容分为两个部分，分别是室外绿化景观微环境温湿度和微环境自然风速。具体测试内容如表 4.1-5 和表 4.1-6 所示：

室外绿化景观微环境温湿度测试内容表 表 4.1-5

测试内容一	测试仪器	测试地点
室外绿化景观微环境温湿度	温湿度自记仪	树荫下与无绿化景观区域
测试方法	连续监测	
测试时间	选取过渡季、夏季、冬季典型周连续监测	
采样间隔	30min	

微环境自然风速测试内容表 表 4.1-6

测试内容二	测试仪器	测试地点
微环境自然风速	RS-FSJT-N01 风速变送器	院落内进行对角线式布局,确保测点布局合理
测试方法	现场测试	
测试时间	选取过渡季、夏季、冬季典型周连续监测	
采样间隔	30min	

此外，在过渡季节对产业创新中心场地周围微环境进行测试（8：00—18：00），测试结果（表 4.1-7）表明，场地周边环境舒适，风速均匀，最大风速为 1.1m/s，室外人员行走无不适感，场地微气候较为舒适。

过渡季产业创新中心场地周围微环境测试表 表 4.1-7

位置	平均温度（℃）	平均湿度（%）	平均风速（m/s）
附楼绿化屋顶	23.8	65.2	0.85
场地活动空间 1	23.7	64.4	1.05
场地活动空间 2	23.8	63.8	0.36

2）气候腔自然通风效果

华南理工大学广州国际校区一期工程的产业创新中心在首层和二层的拔风井区域设置通风百叶作为通风井的导风入口（图 4.1-29）。夏季和过渡季入口风压增大，使得拔风井内动压提升从将走廊区域的气流吸入拔风井内，在走廊形成通风流线。华南理工大学广州国际校区一期工程的产业创新中心幕墙设有平推窗，增大了有效通风面积。

本项目的测评方案是采用温湿度测试和风速测试，在 3～8 层气候腔两侧分别进行温湿度及风速测试。气候腔所在功能区域相邻房间（房间面积 86m²）的门和窗处于全开启状态。流程如下：

选取过渡季，测试时间为 9：00—18：00。实时测量并记录各层拔风井、走道及相连房间温湿度和风速（表 4.1-8），分析拔风井对自然通风的影响。

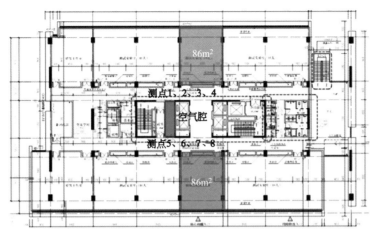

图 4.1-29　产业创新中心气候腔测点示意图

过渡季产业创新中心 3～8 层气候腔不同测点风速统计表　　　　　表 4.1-8

测点楼层	测点 1、2、3、4 进风口平均风速（m/s）	测点 5、6、7、8 进风口平均风速（m/s）	楼层气候腔平均温度（℃）
3 层	1.58	1.43	24.7
4 层	1.55	1.41	24.8
5 层	1.48	1.31	25.0
6 层	1.41	1.30	25.1
7 层	1.31	1.23	25.2
8 层	1.21	1.15	25.4
气候腔出口	—	—	26.9

测点布置：以各层拔风井、走道及相连办公室作为测试对象，分别选取各层区域进行测点布置。

经过温湿度测试，气候腔从低层到高层温度逐渐升高，具有形成热压通风的充分条件。

经过风速测试，气候腔平均风速 1.46m/s，各进风口截面积 0.35m²，气候腔通风窗开启时平均自然通风量为 1839.6m³/h，房间平均自然通风换气次数为 3.96 次/h。过渡季典型工况下主要功能房间平均自然通风换气次数满足标准要求（不小于 2 次/h）。

3）关键性指标

华南理工大学广州国际校区一期工程在绿色建筑设计上的 2 个关键性指标包括：建筑能耗指标和可再循环材料指标，关键性指标的具体要求是核验示范工程的能耗比《民用建筑能耗标准》GB/T 51161—2016 规定的同气候区同类建筑能耗的目标值低 10%，且可再循环材料使用率超过 10%。

4）建筑能耗指标

建筑能耗指标是根据建筑用能性质，按照规范化的方法得到的归一化的能耗数值。建筑能耗指标的测评方案是能耗模拟分析，即利用建筑能耗分析软件，对建筑运行能耗进行动态模拟计算。

通过模拟分析项目全年 8760h 各分项能耗数据，与实际运行阶段能耗对比，输入参数校正，与标准目标值进行比较，判定是否达到考核指标要求。

计算时选取华南理工大学广州国际校区一期工程的产业创新中心的能耗进行计算，未来可能存在两种使用情况，其一是全年使用，其二是寒暑假关闭。全年模式为全年使用，放假模式为寒假（1月10日—2月25日）、暑假（7月15日—8月30日）建筑彻底关闭。采用eQUEST建筑能耗模拟分析软件对示范项目进行了8760h的动态模拟，示范工程两种模式下的全年能耗统计表如表4.1-9所示。

产业创新中心两种模式下的全年能耗统计表　　　　　　表4.1-9

类别	全年模式		放假模式	
	耗电量 （$\times 10^3$kWh/a）	总计 （$\times 10^3$kWh/a）	耗电量 （$\times 10^3$kWh/a）	总计 （$\times 10^3$kWh/a）
制冷	422.2		294.1	
风机	112.3	751.4	82.3	532.3
水泵	147.1		110.7	
冷却塔	69.8		45.2	
照明	404.8	404.8	301.4	301.4
室内设备	1148.9	1148.9	850.2	850.2
总计	2305.1	2305.1	1683.9	1683.9

经过性能验算、检测评估及运行优化调整，得出示范案例能耗比国家标准《民用建筑能耗标准》GB/T 51161—2016同气候区同类建筑能耗的约束值低23.1%，达到任务书提出的"能耗比约束值降低10%以上"的要求。

5）可循环材料指标

可再循环材料是定量分析华南理工大学广州国际校区一期工程建筑工程材料中可再循环和可再利用材料用量比例，测评方法是统计分析法。

以华南理工大学广州国际校区一期工程示范工程项目产业创新中心为例（表4.1-10），采用建筑材料的总质量为255548.3t，可再循环材料总质量为47429.5t，可再循环材料所占比例为18.56%，达到任务书提出的"可循环材料比例达到10%以上"的要求。

产业创新中心可循环材料统计表　　　　　　表4.1-10

建筑材料种类		体积（m^3）	密度（kg/m^3）	质量（kg）	可再循环材料总质量（t）	建筑材料总质量（t）	可再循环材料使用率
不可循环材料	混凝土	70168.5	2500	175421269.5			
	建筑砂浆	14112.2	1800	25401964.3			
	乳胶漆	388.7	667	259247.0			
	屋面卷材	1220.7	600	732439.8	47429.5	255548.3	18.56%
	石材	2251.4	2800	6303868.2			
	砌块	0.0	700	0.0			
可循环材料	钢材	4489.6	7850	35243021.7			
	铜	0.0	8000	0.0			
	木材	120.3	500	60168.3			
	铝合金型材	172.3	2700	465331.2			

续表

建筑材料种类		体积(m³)	密度(kg/m³)	质量(kg)	可再循环材料总质量(t)	建筑材料总质量(t)	可再循环材料使用率
可循环材料	石膏制品	0.0	1050	0.0	47429.5	255548.3	18.56%
	门窗玻璃	1525.0	2500	3812399.2			
	玻璃幕墙	3139.4	2500	7848598.3			

4.1.5.3　绿色建筑设计的社会经济效益

1. 社会效益

华南理工大学广州国际校区一期工程成果是适应夏热冬暖地区的绿色校园建筑设计关键技术，可以推广应用到同气候区同类型的校园建筑项目中，达到校园节能减碳的效果。在推广应用的过程中，华南理工大学广州国际校区一期工程获得了多方面有价值的社会效益。

研究成果推广应用到了中国资本市场学院建设工程、海南大学观澜湖校区项目一期、广东广雅中学花都校区建设工程、广州实验中学勘察设计等多个夏热冬暖地区的工程中，均获得了丰硕的工程应用成果，一方面验证了绿色校园建筑设计关键技术的创新性和实用性，另一方面也是对技术成果的不断完善和迭代更新。

各应用项目的设计及建设在被动策略与主动技术上高度响应了设计导则，提出了一些适应夏热冬暖气候的绿色建筑特色设计方法（如气候腔）和建筑形体空间的优化参数，并在项目中得到实践检验，推动了岭南绿色建筑科学化发展进程，为夏热冬暖地域气候适应型公共建筑的设计带来启发与推动。

通过各个应用工程积累了各方协同的建造经验，为全省装配式建筑的推广和宣传起到了良好的示范作用。设计、施工、运维全过程的 BIM 应用，提升了装配式建筑工程的整体安全性和经济性，增强了装配式建筑工程的可操作性、施工便捷性和市场竞争力。

各应用项目的建设经验可直接应用于高校教育，带动绿色建筑教育的发展；同时，以新型教育类公共建筑作为示范工程，可以弥补相关公共建筑在绿色建筑关键性能指标上的空白。

各应用项目作为夏热冬暖地区教育类绿色建筑的成功范例，培养了绿色建筑领域的技术人才，将夏热冬暖地区绿色建筑技术进行归纳整理和普及，有利于推动行业的绿色低碳转型。

2. 经济效益

华南理工大学广州国际校区一期工程通过"夏热冬暖地区绿色校园建筑设计关键技术"的研究，创新应用大量绿色建筑新技术，实现了降低建筑能耗、降低建造成本和运营成本的目标，创造了可观的经济效益。

以华南理工大学广州国际校区一期工程为例，示范工程能耗比现行国家标准《民用建筑能耗标准》GB/T 51161—2016 规定的同气候区同类建筑能耗的约束值低 23.1%，达到任务书提出的能耗比约束值降低 10% 以上的要求，一年可节约运行费用约为 94.17 万元。

此外，华工院在同气候区其他项目中，继续应用"夏热冬暖地区绿色校园建筑设计关键技术"，包括中国资本市场学院建设工程、广东广雅中学花都校区、广州实验中学勘察设计、海南大学观澜湖校区项目一期等，总应用建筑面积超过 240 万 m^2，节能潜力巨大。各项目采用的关键技术如表 4.1-11 所示。

华南理工大学广州国际校区一期工程的绿色建筑关键技术应用　　表 4.1-11

专业	技术措施	华南理工大学广州国际校区一期工程	中国资本市场学院建设工程	广东广雅中学花都校区	广州实验中学勘察设计	海南大学观澜湖校区项目一期
规划	梳式布局	√	√	√	√	√
建筑	气候腔拔风	√				
	形体自遮阳	√	√			√
	自然通风	√	√	√	√	√
	自然采光	√	√	√	√	
	绿化屋顶	√	√	√		
	外窗遮阳	√	√			√
	地下空间利用	√	√	√	√	√
结构	装配式	√	√			√
室内	土建装修一体化设计	√	√			√
景观	景观水体	√				√
	景观通风廊	√	√			
暖通	可再生能源提供空调冷热源	√	√			
	楼宇自动控制系统		√			
	变频机组	√	√	√	√	√
给水排水	雨水回收再利用	√	√	√	√	√
	雨污分流	√	√		√	
	用水分级计量	√	√	√		√
	太阳能热水系统		√			
	空气源热泵热水系统		√			
	节水器具	√	√			
电气	太阳能光伏系统		√			
	高效节能照明	√	√	√	√	√
	智能照明控制系统	√	√	√	√	√
智能化	空气质量监测系统	√				
	安防系统	√	√		√	√
	建筑设备管理系统	√	√		√	√
	能耗分项计量系统	√	√	√	√	√
	地库一氧化碳浓度监测系统	√				√

专业	技术措施	华南理工大学广州国际校区一期工程	中国资本市场学院建设工程	广东广雅中学花都校区	广州实验中学勘察设计	海南大学观澜湖校区项目一期
BIM	设计阶段	√				
	施工阶段	√				
	运维阶段	√				

4.1.6　BIM 技术应用

华南理工大学广州国际校区是广州第一个以设计牵头的 EPC 项目，同时也是第一个设计、施工、运维全过程 BIM 应用项目及第一个全信息化施工的智慧工地项目。项目中，华工院同时作为设计单位和 EPC 牵头方，依托华南理工大学的高校科技平台，在项目中以 BIM 为载体大力推行信息化，从布局结构上与国际接轨。

从项目角度而言，对于国际校区这样工期紧、体量大、业态复杂的项目，BIM 作为信息化的工具和载体可有效提高设计质量、减少施工变更、提升项目整体管理水平。从社会角度而言，国际校区的设计施工运维全阶段的 BIM 应用为广州市的建筑信息事业化提供了宝贵的研究案例，本项目中 BIM 应用的探索有效地推动了广州市建筑信息化事业的发展。

下面，从可视化平台辅助设计、辅助装配式设计和造价算量三个方面，深入介绍国际校区项目设计阶段的 BIM 应用。

4.1.6.1　BIM 技术在辅助装配式设计中的应用

1. 项目的特点及难点

基于标准化设计思维，本项目在方案设计阶段即严格控制标准化类型，并与非标区域进行清晰划分。以宿舍楼为例（图 4.1-30），宿舍单元类型高度标准化，局部楼层在模数中求变化（图 4.1-31）。核心筒与宿舍单元间清晰脱离，缩小预制区和非预制区的交接面。建筑方案与装配方案相适应，从源头上降低工程的难度。然而，由于装配标准要求高，各专业协调难度大，协调环节多，项目工期紧张等原因，在项目设计阶段面临大量的技术难点：

（1）预制部品多，项目采用的预制构件包括：预制柱、预制主次梁、预制叠合板、预制楼梯和预制外墙（含梁墙一体），设计工作量大；

（2）预制构件连接处理复杂，设计需提前预判并处理大量碰撞问题；

（3）预制过程需时刻保证装配率达标，方案调整难度大；

（4）项目要求一体化装修，且为中央空调系统，对室内管道预留预埋要求高。

2. 预制构件节点碰撞检查

预制构件的连接节点较为复杂，特别是本项目采用了梁板柱均预制的方案，在主梁和结构柱交接的位置会有大量预制构件的钢筋交汇。不同于现浇方式建筑施工现场可灵活调整的特点，对装配式建筑而言，若设计阶段不预先解决钢筋碰撞问题，将导致现场施工吊装困难甚至无法吊装，严重时甚至导致构件作废。因此，设计阶段需优先考虑钢筋避让问题（图 4.1-32）。

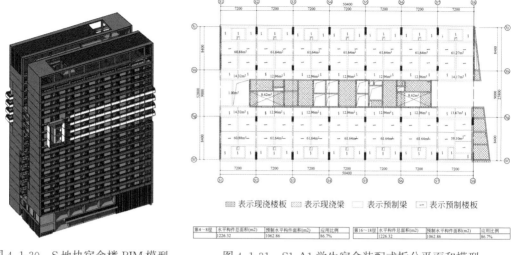

表示现浇楼板 ▨ 表示现浇梁 □ 表示预制梁 ⊏ 表示预制楼板

第4~8层	水平构件总面积(m2)	预制水平构件面积(m2)	应用比例	第16~18层	水平构件总面积(m2)	预制水平构件面积(m2)	应用比例
	1226.32	1062.86	86.7%		1226.32	1062.86	86.7%

图 4.1-30 S 地块宿舍楼 BIM 模型　　　　图 4.1-31 S1-A1 学生宿舍装配式拆分平面和模型

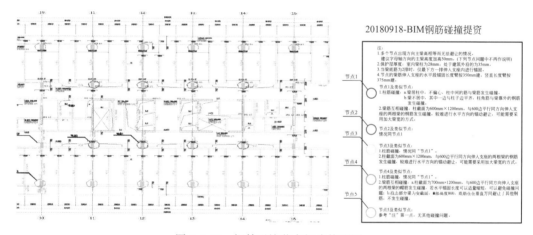

图 4.1-32 钢筋碰撞节点初步梳理图

由于节点众多、时间紧迫，无法对所有节点进行一一建模筛查。通过对结构配筋方案的梳理，整理出具有代表性的几种不易避让的钢筋碰撞类型，其钢筋模型如图 4.1-33 所示。

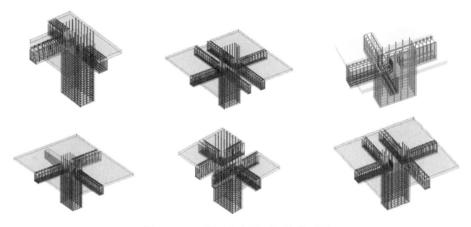

图 4.1-33 重要节点类型钢筋模型图

　　根据钢筋碰撞类型，对平面上问题突出的节点进行分类，选取代表性节点进行建模和避让协调。过程中不断与结构工程师配合沟通，最终通过钢筋水平避让、增加构造措施减少底筋出筋、调整梁高和梁位置等几种类型化的方式，顺利地处理了钢筋碰撞问题。在解决装配化施工问题的同时，类型化的节点做法也对工厂化生产提供了支持。

　　此外，基于上述 BIM 提供的可视化成果，可以直观发现预制梁柱的交接节点存在大量的交接问题，需要大量的设计工作和施工措施来确保工程落地。

　　3. 管线预留预埋辅助定位

　　装修一体化，作为本项目的一大重点，与传统的出图方式存在较大的矛盾。传统图纸的表达主要基于二维界面，难以匹配一体化装修预留预埋定位所需的定位数据。尤其电专业和智能化专业图纸，其抽象的表达方式提供了一种电路逻辑（图 4.1-34），通过现场施工人员的解读进行施工，存在较大的弹性。但这一方式难以匹配一体化设计和工厂化生产所需的准确数据。此外，预制叠合板现浇区不同预埋管线交叠的复杂区域（图 4.1-35）现浇部分较薄，需避免多层叠合的问题。与前文提到的钢筋碰撞问题一样，需在布线定位时考虑施工的可行性。

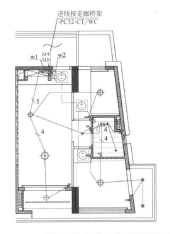

图 4.1-34　教师宿舍单元间照明施工图

图 4.1-35　线管交叠三层时的施工现场情况图

　　采用 BIM 技术，可以充分解决以上问题。本项目深化阶段，团队创建了标准单元间的管线深化预埋 BIM 模型（图 4.1-36）。在获得各专业的常规深化图纸后，通过与各专业密切沟通，在 BIM 模型中对抽象的图纸按照通常施工时的处理原则进行三维转译，从原本提供安装逻辑的图纸中深化解读出管线实体。在创建各专业模型后又对管线进行协调排布，基于三维模型进一步与各专业及深化设计团队沟通，确认各个节点的可行性。

　　在确保管线方案可行性后，再基于 BIM 输出相关的预留预埋深化图（图 4.1-37），方便深化团队进行校核检查，进一步确保线管预留和定位的准确性，保证预制构件图纸的质量。该方式解决了深化单位基于二维图纸深化加工图时效率低且易出错的问题。

　　4. 装配率计算

　　进行装配式建筑设计时，装配率的计算是一个重要却容易被忽视的问题。装配率作为装配式建筑的评价标准，为装配式建筑的评价提供了可量化的依据。本项目因为要求达到 A 级装配式评价标准，对不同的部品部件的装配比例均提出了严格的要求。在装配方案深

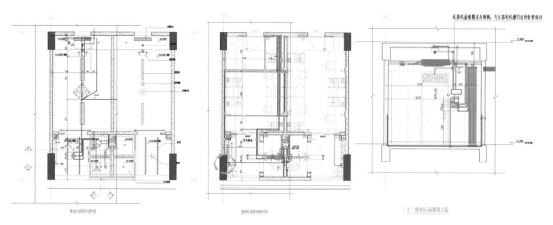

图 4.1-36　教师宿舍单元间预留预埋深化模型图

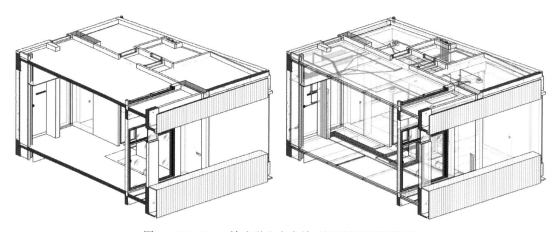

图 4.1-37　Revit 输出学生宿舍单元间预留预埋深化图

化过程中，尤其是项目后期的调整中，需要对装配率进行严格的把控。然而，基于二维图纸进行装配率计算，工作量繁复且具有较大的时效滞后性。此外，二维图纸难以呈现预制构件垂直方向的信息，容易导致装配率数据不准确。在本项目深化设计过程，利用 BIM 技术，通过预先对不同的构件部品进行归类、添加类型信息的方式，生成不同构件的明细表（图 4.1-38），提供装配率计算所需的原始面积和体积等数据。由于 BIM 模型的精细化特征，构件在高度方向的信息准确，保证了装配率原始数据的准确性（图 4.1-39）。在配合深化团队进行装配构件调整时，通过实时导出明细表，置入 Excel 的工作方式，方便监测装配率的变化。为装配部件的调整提供了可靠的依据。

4.1.6.2　BIM 技术在可视化平台辅助设计中的应用

随着 BIM 概念的推广，基于 BIM 模型的三维可视化技术在建筑类项目中的应用也越来越广泛。在传统设计模式下，图纸和模型分别使用不同的软件创建，图纸作为具有法律效力的文件，接受层层审核，而模型则对外观效果负责，便于设计师推敲造型、外观效果。项目周期越长、项目规模越大、方案调改的轮次越多，图纸和模型之间不对应的情况就会越普遍。这也导致了使用模型渲染出来的效果图会被诟病"假"——效果图和现场完工效果不一致。BIM 的应用保证了模型与图纸的一致性，BIM 正向设计概念的提出更是

<table>
<tr><td colspan="6"><A1栋外墙-预制装配比例-明细表></td></tr>
</table>

图 4.1-38　学生宿舍 Revit 中的
外墙明细表截图

图 4.1-39　S1-A1 学生
宿舍土建模型图

从根本上摆脱了图模分离的工作习惯。

　　然而，由于正向设计对设计人员提出了软件操作以及设计逻辑上的颠覆性要求，当前在国内设计行业中推行缓慢。

　　在当前的市场环境下，许多 BIM 可视化应用将 BIM 模型放到 Lumion、3ds Max 中进行渲染，又将 BIM 模型中所包含的信息舍去，还原为普通的三维模型，实在可惜。BIM 可视化应用不应是传统效果图中脱离工程实际的外观追求，它的核心是利用三维模型的优势进行工程上，甚至是外观上的设计与讨论。在这一前提下，BIM 模型和设计是同步推进的，必须是正向设计或者协同设计。否则，滞后的 BIM 翻模工作是无法跟上设计解决问题的速度的。

　　1. 国内外 BIM 可视化的应用现状

　　国外虽然没有 BIM 可视化的说法，但在设计阶段，结合 BIM 软件开展设计，在 BIM 界面下解决项目问题，在一些设计团队中已经逐渐普及。

　　BIM 可视化在国内虽未被写入标准规范，但已经成为行业内约定俗成的应用点，通常意味着在 BIM 模型的三维模型空间中漫游、检视空间效果，与常规的碰撞检查、管线综合等应用区分开来，专指 BIM 对空间效果、外观效果的把控、检视方面。

　　从应用的项目类型来看，正如引言中所讨论的，当前国内建筑设计行业很大程度上还在使用传统的"CAD＋效果图"图模分离的工作方式。而在地下工程（如基坑、隧道）、水利、市政等相关方面，由于地质条件复杂或工程隐蔽，对三维模型推敲设计有较大的需求，在 BIM 可视化方面的应用比建筑类项目深入。对于结构复杂、外形复杂的建筑项目，也会有这方面需求。

　　从应用的项目阶段来看，BIM 可视化在勘察、施工、运维阶段都有应用，但是在设计阶段的应用讨论主要集中在水利、基坑、隧道、钢结构复杂曲面等需要处理复杂地形或复杂结构关系的项目中，常规的建筑项目在设计阶段对 BIM 可视化的应用还较少。

　　2. BIM 可视化应用的技术要点

　　BIM 可视化应用的阶段不同、项目尺度不同，就会对 BIM 模型提出不同的要求。

　　设计前期，规划、方案阶段，BIM 模型深度为 LOD100，主要表达建筑体量，更加关注建筑与场地之间的关系。这时候需要考虑建筑与场地、多个建筑间的定位问题，以及更多的规划/设计信息（如交通、服务半径）等如何在模型中展示出来。

设计中期，BIM 模型深度为 LOD200～300，需要确定建筑构件的尺寸、定位，基于此开展重要空间效果检视、外立面效果推敲及场地景观效果。设计后期，BIM 模型深度为 LOD300～350，需要确定构件材质、照明参数等，进行精装修层面的效果检视。项目的尺度也会对 BIM 可视化选用的工具、工作策略有所影响：单体建筑项目，即便是包含建筑周边的小市政，都可以使用 Revit＋Enscape 完成建筑、结构、机电、小市政等多专业建模及可视化。

多个建筑的，如创意园、校园等项目，需要考虑使用 Civil 3D 创建地形和市政管网，再与 Revit 创建的建筑、结构、机电、小市政等模型，在 InfraWorks 或 Navisworks 中进行拼合，输出大尺度的可视化成果。这种情况下，可视化成果分为单体和组团两套，单体可视化成果使用 Revit＋Enscape 输出，组团可视化成果使用 InfraWorks 或 Navisworks 输出。因为前者的优势在于材质、灯光等细节渲染，受限于模型文件的大小。后者的优势在于可容纳的模型量大，但材质渲染效果有限，无法表现灯光。

如果是城市级别的项目，则考虑使用 GIS 相关软件或平台，如 CityEngine 或其他平台进行 BIM 模型与城市尺度的地形、信息进行整合。

1）设计前期

在华南理工大学广州国际校区项目中，使用 InfraWorks 整合场地地形、卫星图、校园规划建筑体量，在项目前期开展场地高程分析、规划道路交通可达性等分析，可以将分析结果直接投影在三维地形上（图 4.1-40），与建筑体量、规划路网进行叠合，更直观地呈现项目的前期规划布局效果，辅助设计师优化规划布局。

图 4.1-40　华南理工大学广州国际校区项目规划级别分析

在地形较为复杂的项目中（图 4.1-41），将规划建筑体量准确定位到对应的地形高程上，使设计师能基于真实的地理环境推敲建筑布局、视线、日照等空间关系。

2）设计中期

在设计中期，在 BIM 模型中整合建筑、结构、机电、景观等模型，有助于设计师综合各专业的设计条件，对建筑空间效果进行推敲、决策。如引言所述，随着设计的深化、越来越多的专业介入，传统的三维模型逐渐失去了反映当前设计建筑空间的作用（图 4.1-42）。

图 4.1-41　某理工大学项目山地建筑布局

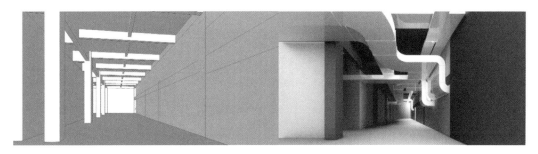

图 4.1-42　某展馆项目走廊空间 SketchUp 模型（左）与 BIM 模型（右）对比

BIM 模型真实反映设计图纸中的数据，正向设计更是可以做到图模实时一致。因此，基于 BIM 模型开展对空间效果的讨论是最准确有效的，也是最接近现场施工结果的。除了检视空间效果，还可以在 BIM 模型中开展视线、视距的分析，如足球场的观看角度和视点（图 4.1-43）、道路转弯处的车行视距的控制（图 4.1-44）等。

图 4.1-43　某足球基地项目球场看台视线分析

图 4.1-44 校园道路视线分析

在设计过程中，还可利用 BIM 模型挂接实时渲染插件，实时渲染模型调改后的效果（图 4.1-45），便于设计师及时获得设计调改后的外观结果，提高设计决策的效率。

图 4.1-45 建筑外立面格栅密度调整后实时渲染

将景观及市政 BIM 模型与土建模型拼合后，可以得到还原场地景观及市政完工效果的渲染图片及漫游动画（图 4.1-46），极大地方便了项目的沟通和展示。

3）设计后期

在设计后期，以 BIM 模型作为室内设计底模，能为室内设计师提供更准确的信息。相比于传统的设计模式中，室内设计以建筑设计的 SketchUp 模型作为底模，BIM 模型增加了结构构件和机电设备的表达，更接近室内专业在工地现场看到的界面。在后续的工作中，根据装修图纸建立室内精装修 BIM 模型（图 4.1-47），可视化的渲染界面可有效辅助设计师确定材料选用、产品选型以及灯光设计等。

4.1.6.3 基于 BIM 的造价解决方案

在华南理工大学广州国际校区项目中，通过对清单计算规则、模型计算规则、建模标准的深入研究，制定了一套既符合设计需求又满足造价需求的建模标准。实现了由同一套模型完成图纸和工程量清单的输出。

图 4.1-46 　项目总体 BIM 模型

图 4.1-47 　室内精装修 BIM 模型渲染效果

在本项目中，BIM 团队利用 BIM 模型输出的工程量清单，被用于审核参建其他方的工程量，有效地减少了工程量差争议、缩短了工程量核对时间，对项目造价审核工作起到了积极的推动作用。

4.1.6.4　项目案例

选用华南理工大学广州国际校区中大数据与网络空间安全学院、材料基因工程创新中心-A 塔楼案例，基本信息如表 4.1-12 所示。

项目基本情况 表 4.1-12

序号	类别	内容
1	项目名称	大数据与网络空间安全学院、材料基因工程创新中心-A 楼
2	项目规模	建筑面积 26715m^2
3	建筑层数	地上 14 层
4	建筑类型	公共建筑
5	结构形式	框架结构

1. BIM 工程计量内容

在案例项目中，工程计量主要内容为建筑工程、结构工程。具体内容如表 4.1-13 所示。

工程计量内容 表 4.1-13

序号	专业	计量内容	计量原则
1	建筑工程	墙柱工程	按照不同墙体类型计量
		门窗工程	按照不同产品类型计量
		室内地面工程	按照不同地面做法计量
		吊顶工程	按照不同吊顶做法计量
		墙面装饰工程	按照不同墙面做法计量
		零星装饰工程	按照不同做法计量

序号	专业	计量内容	计量原则
2	结构工程	结构板工程	按不同类型的结构板计量
		结构梁工程	按不同类型的结构梁计量
		结构柱工程	按不同类型的结构柱计量
		结构楼梯工程	按楼梯实际工程量计量
		结构零星构件工程	按不同的构件类型计量

2. BIM工程计量流程

应用BIM技术进行的项目工程计量主要分为三个阶段：第一阶段是项目信息收集阶段，主要对项目设计文件进行收集并整理项目信息；第二阶段是模型的创建阶段，完成项目模型的创建；第三阶段是清单制作阶段，完成项目清单文件的输出。其中，模型创建阶段，首先要结合项目特点，对项目构件进行划分，完成构件的拆分和组合；然后为满足工程计量需要，根据工程计量内容，进行构件的创建和信息属性的添加；信息模型的创建，需要遵循一定的建模规则、建模深度及信息深度；最后进行模型审核检查，保证模型的完整性，做到构件合理化、模型最优化。工程量清单制作，主要是依据国际工程量清单标准格式，将模型计量信息输出的明细表转化成工程量清单，具体流程如图4.1-48所示。

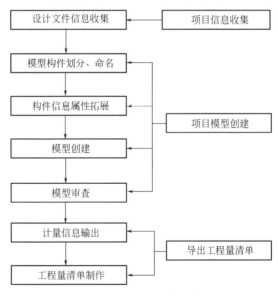

图 4.1-48 BIM工程计量流程图

3. 项目BIM模型深度标准

结合《建筑信息模型分类和编码标准》以及项目设计特点、造价信息的需要，进行构件划分。将构件按照不同维度进行分类，分别按照专业、功能、类别、材质、其他等因素进行逐级划分，以下为具体划分方式：

第一级别按专业划分。如建筑构件、结构构件、暖通构件、电气构件、智能化构件、给水排水构件等。

第二级别按功能划分。如结构专业中又划分了结构柱、结构梁、结构板等。

第三级别按类别划分。如结构梁构件中又划分了矩形梁、变截面梁、异形梁等。

第四级别按材质划分。如矩形梁构件,又细分了钢筋混凝土、素混凝土等。

第五级别按其他因素划分。如区分现浇钢筋混凝土与预制钢筋混凝土等。

4. BIM 构件命名

在项目模型中,通常可以用构件名称来区分构件类别。同种构件功能,可以出现多种构件类型。构件有了不同的名称有利于工程量的管理。比如项目中,所有混凝土矩形梁都属于同一个类型,但有不同规格和位置,这就需要用构件名称来体现,如"S-矩形梁-200×400"和"S-矩形梁-600×800",具有相同的类型属性,但又有不同规格。

BIM 模型构件的拓展信息,主要依据造价中的工程量清单信息。现阶段我国 BIM 模型多用于设计单位和施工单位,模型构件信息拓展的目的是让模型适用于造价。

BIM 模型需要具有的工程信息主要是清单项目特征中的信息。清单项目特征信息主要有几何数据信息、材料强度等级信息、材料材质信息、构件规格和品质信息、施工信息。这些信息构成了 BIM 计量的基本信息。第一、二、三级别构件信息,可以在命名时加以区别;第四、五级别构件信息,则需要以构件信息拓展的形式体现。

构件信息拓展可有两种方法进行,第一种方式是对现有的模型构件类型属性集进行扩展(图 4.1-49),如对结构柱子的类型信息拓展。在 Revit 现有 BIM 构件的基础上,编辑构件的类型属性信息,增加相关工程计量信息。第二种方法是新建实例属性(图 4.1-50),并对该实例属性进行信息拓展,如对结构柱的混凝土强度的实体属性信息拓展。

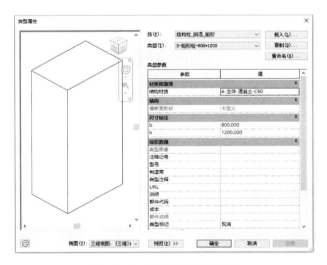
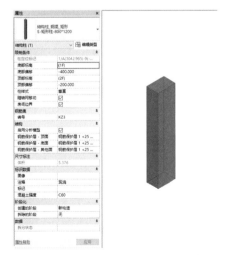

图 4.1-49　矩形柱的类型属性　　　　图 4.1-50　矩形柱的实例属性

5. BIM 模型创建规则

为了细致地完成工程计量工作,更好地进行构件信息管理,需按照一定的规则创建模型,基本规则如表 4.1-14 所示。

BIM 计量模型创建基本规则 表 4.1-14

专业	基本规则
建筑专业	（1）墙体需根据材料、做法、定位做区分。如砌体墙又分为内墙与外墙；轻质隔墙、面墙按图面标注材料/做法区分；卫生间防水、屋面防水、底板防水单独建模。 （2）采用门、窗构件族，创建相应的建筑构件模型。 （3）赋予每个空间房间名称，并区分精装与普通装修；房间高度应按吊顶高度或者楼板底高度设置；依据房间用料表，填入房间做法。 （4）地面饰面层采用"楼板"功能根据饰面类型分别建模，区分地面饰面类型的因素包括：面层材质、铺装方式、构件功能和地砖铺设方式等。 （5）天花板装饰用"天花"功能建模，竖向天花板用"墙"功能建模，区分天花板类型的因素有天花板材质、天花板形式，如按平面、跌级、造型区分天花板类型
结构专业	（1）剪力墙、挡土墙、女儿墙、栏板采用结构墙功能建模。女儿墙位于屋面边缘，厚度≥140mm，高度≤1.2m，高度＞1.2m，按剪力墙计算；栏板厚度≤140mm，高度≤1.2m，高度＞1.2m，按剪力墙计算。 （2）主梁、次梁、连梁、基础梁采用梁功能建模，按梁配筋跨数断开梁。 （3）柱采用结构柱建模，按自然层逐层建模，将侧翼小于1.5m的剪力墙定义为异形柱。 （4）结构板采用楼板功能建模，根据板配筋，不同区域分别建模。 （5）后浇带单独建模，采用梁功能建模。 （6）楼板开洞、墙洞口，采用族库中相应的洞口族创建

除此之外，模型整体结构还需要遵循一定的扣减原则，具体扣减原则如下：

（1）柱优先级最高，梁板与柱交接处扣减梁板。

（2）梁板通常使用强度等级一致的混凝土，可合并计量，一般梁扣掉板厚。

（3）主梁与次梁交接时，次梁在主梁处断开，主梁扣减次梁。

模型按照基本建模规则创建，各类主要构件的模型如图 4.1-51～图 4.1-53 所示。

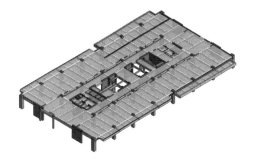

图 4.1-51 结构模型

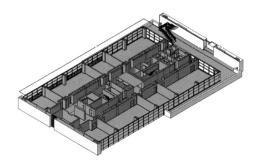

图 4.1-52 建筑模型

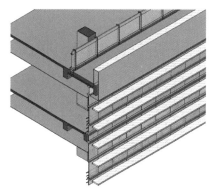

图 4.1-53 幕墙细部模型

6. 工程量清单输出

工程计量信息输出主要依据为已经建立的完整模型文件。首先利用 BIM 模型按各构件类别创建明细表，然后根据构件按信息进行算量的组合或拆分，算量明细表创建完成后导出 TXT 文件，进行数据的规整和集成。具体操作流程如图 4.1-54～图 4.1-56 所示。

图 4.1-54　明细表创建

图 4.1-55　明细表属性设置

类型	厚度（毫米）	体积（立方米）	长度（毫米）	面积（平方米）	结构材质	底部限制条件	标记	功能	结构用途	注释	合计	族
A-砌体-100mm厚-内隔墙	100	4.51	9999.5	45.08	A-主体-砌体	(B1)	建筑	内部	非承重	现浇	12	基本墙
A-砌体-100mm厚-内隔墙	100	13.09	27525.2	130.89	A-主体-砌体	(1F)	建筑	内部	非承重	现浇	21	基本墙
A-砌体-100mm厚-内隔墙	100	8.01	21249.3	80.11	A-主体-砌体	(2F)	建筑	内部	非承重	现浇	10	基本墙
A-砌体-100mm厚-内隔墙	100	9.52	25324.2	95.72	A-主体-砌体	(3F)	建筑	内部	非承重	现浇	19	基本墙
A-砌体-100mm厚-内隔墙	100	8.49	23274.2	85.56	A-主体-砌体	(4F)	建筑	内部	非承重	现浇	12	基本墙
A-砌体-100mm厚-内隔墙	100	10.17	27599.6	101.73	A-主体-砌体	(5F)	建筑	内部	非承重	现浇	18	基本墙
A-砌体-100mm厚-内隔墙	100	9.72	26224.2	97.16	A-主体-砌体	(6F)	建筑	内部	非承重	现浇	13	基本墙

图 4.1-56　生成的明细表

7. 工程量清单制作

工程量清单制作，主要是依据国际工程量清单标准格式，将明细表转化成工程量清单，具体工程量清单如图 4.1-57。

分部分项工程量清单					
序号	项目编码	项目名称	项目特征描述	计量单位	工程量
1	10504001001	直形墙C35P6	1. 混凝土种类：现浇 2. 混凝土强度等级：C35P6	m^3	1337.11
2	10504001002	直形墙C35	1. 混凝土种类：现浇 2. 混凝土强度等级：C35	m^3	1283.61
3	10504001003	直形墙C40	1. 混凝土种类：现浇 2. 混凝土强度等级：C40	m^3	149.83
4	10504001004	直形墙C40P6	1. 混凝土种类：现浇 2. 混凝土强度等级：C40P6	m^3	105.77
5	10504001005	直形墙C50	1. 混凝土种类：现浇 2. 混凝土强度等级：C50	m^3	169.74
6	10504001006	直形墙C50P6	1. 混凝土种类：现浇 2. 混凝土强度等级：C50P6	m^3	37.8
7	10504001007	直形墙C55	1. 混凝土种类：现浇 2. 混凝土强度等级：C55	m^3	22.47

图 4.1-57　工程量清单

在辅助装配式设计方面，华南理工大学国际校区一期项目通过 BIM 技术与装配式建筑设计的深度配合，为装配式建筑的方案设计、构件生产预留预埋、现场施工吊装提供了精确可靠的依据，从源头上减少装配式构件的碰撞问题引起的返工和工期延迟，从多个层面解决了装配式建筑实施落地的困难，切实提高了工程的建设质量。

目前，利用 BIM 实例参数和分类明细表进行构件信息的提取和整合，提升了获取信息的准确性和便利性。然而仍存在需要借助 Excel 等统计表格软件进行二次处理的问题，无法在 BIM 软件中将装配率一体化输出，不利于信息化的模型管理方式。未来应进一步完善一体化的数据管理，针对该问题对软件进行合理的二次开发。现已知基于 Revit 软件的可视化编程平台 Dynamo，已具备根据不同构件类型提取工程量进行整合，并在此基础上进行基本运算公式编程，从而输出装配率的可能性。在此基础上，随着装配式建筑的不断发展，应不断提升行业装配率计算的统一性和标准性，基于二次插件等工具实现行业装配率计算的标准化和完善的审查制度。减少人工统计装配率的重复劳动，释放设计人员的工作时间，进一步运用 BIM 技术优化装配式建筑设计、生产和施工的流程。

装配率作为评价装配式建筑等级的重要标准，具有规范行业、鼓励行业发展的重要意义。BIM 技术的出现，实现了工程信息和设计工作界面的高度统一。随着两者的不断发展，装配式建筑标准的制定，应该从工程项目本身的质量控制出发，以三维信息模型作为评价标准制定的基础来进行。

在可视化平台辅助设计方面，BIM 可视化在实际项目中的展示效果完全可以应对日常展示宣传，而 BIM 模型在与图纸的一致性、数据的准确性方面大大优于传统三维模型。在方案投标阶段或设计前期，传统三维模型及效果图工作流尚且具备优势，但是随着项目设计深度的推进，BIM 模型必然是验证空间效果、多专业沟通的首选界面。随着 BIM 技术在建筑设计行业的推广，BIM 可视化必将在项目中后期取代传统三维模型，成为项目展示汇报的主要媒介。在不远的将来，结合 GIS、VR、AR、BIM 平台等多项技术，BIM 可视化将在更多项目阶段的更多场景中实现应用。

在造价算量方面，通过在项目层面的研究和实践，BIM 在造价算量领域的应用取得了比较好的效果。对项目起到了积极的推动作用。在未来的 BIM 造价应用实践中还需扩展应用范围，对 BIM 在计价领域的应用进行研究和实践，实现基于 BIM 的自动计量计价，打造一套基于 BIM 的造价解决方案。

就具体的 BIM 应用技术而言，我们已完全有可能在实际项目应用中达到国际先进标准。我们与北美、欧洲部分信息化水平较高的国家存在的主要差距在于行业环境的布局结构和项目的管理模式两方面。就行业而言，信息化的观念和方法还远未普及，BIM 技术还被作为某种"建模技术"而饱受争议，全方位、专门化的工程咨询尚未成为项目的必要环节。就项目管理模式而言，我们在行业布局、企业结构和制度上，还都存在诸多技术瓶颈和制度壁垒。

可喜的是，近两年内行业中开始尝试的以设计方牵头的 EPC 模式，为上述困境提供了极具启发性和建设性的思路。在具体的实践中，很多实践成果已经从总体上显现出与国际接轨的态势，在某些技术方面甚至已经完全掌握了前沿的信息化方法。建筑信息化的国际化进程仍是一条漫长的路，我们总是要一边抬着头，保持国际化的眼界；一边埋下头，面对各种困难，走好脚下的路。

4.1.7　EPC 总承包单位信息化管理平台

4.1.7.1　BIM 概述

1. BIM 概念的提出与发展

从 2002 年 Autodesk 的行业报告白皮书中提出 BIM 的概念并推出相关软件产品开始，BIM 概念的兴起已经 21 年了。BIM 宣传描绘着全生命周期信息化、无纸化工程管理、工程建设的宏伟场景。但现实是，在建筑行业中推行 BIM 依然非常艰难。

一方面，BIM 要求建筑行业进行巨大变革。20 世纪 CAD 在建筑行业的普及并没有从根本上改变建筑行业，它改变的主要是"绘图"这一技术动作。相比而言，BIM 的宏伟设想要落实起来，无疑是对行业各方工作流程和习惯的一次巨大颠覆；要打通项目各阶段的信息渠道，让信息在建筑全生命周期中流转起来，各方的信息都汇总在数据库中供随时存取。而现阶段的建筑行业，不论在工作流程、人员还是软硬件方面，都远远没有做好这些准备。另一方面，相较于传统手绘图的方式，CAD 从工作效率和准确性、便捷性等方面为业主带来了切实的效益，而目前 BIM 能为业主带来的效益非常有限。尽管市场上充斥着各式各样的 BIM 应用，但它们并不都能为业主带来收益。所以不论全生命周期的概念多么迷人，私人业主更多倾向于选择局部应用，如在施工招标前根据施工图建立 BIM 模型，检查图纸问题和碰撞问题，分析净高并进行管线综合协调、优化净高。这是建筑行业信息化、数字化转型的巨大的痛点。

2. BIM 应用问题分析

国内建设工程项目管理方面的 BIM 应用现状有两大问题：一是 BIM 模型中的信息，项目各方无法直接使用；二是建设工作流程中缺少 BIM 的必要性环节。只有解决了这两个问题，才能活化 BIM 在建设工程中的角色和作用。

问题一是工具、软件方面的问题。当前 BIM 软件、BIM 平台在项目管理方面的功能还不成熟，市面上的 BIM 软件和平台，主要是为设计和施工方提供技术支持，但是业主和项目管理人员的主要工作是管理。此外，BIM 软件和平台在数据承载和数据处理方面的功能还不成熟，还在落实需求、探索开发阶段。

开发全流程的 BIM 项目管理软件或平台的难点在于，需要考虑不同项目阶段下，项目各方在不同的项目类型、条件下的使用需求，这需要大量全流程 BIM 项目实践经验。比如，在施工阶段，如果需要用模型指导施工，现场工人拿到 BIM 模型后要想知道梁底距离结构底板的高度，还需要在模型中手动测量，无法直接读出数据，还是需要回到传统的方法，查看施工深化图纸；管理人员拿到模型后，也无法直接从中获取管理需要的数据，如材料设备信息、是否已安装、是否已通过验收等，还是需要通过传统的材料表、验收报告等文件获取相关信息。现有的建模软件可以通过创建参数为构件写入信息，但是仍然缺少简便的操作和读取界面。创建 BIM 模型需要复杂的构型工具、大量的功能按键，但在应用 BIM 模型时，需要被包装成上手简单的使用友好界面。

问题二是工作流程和工作习惯方面的问题。在传统的工作模式下，建设行业已经有非常成熟的一套工作流程和体系，要想调整并不容易。应用 BIM，绝对不是在传统工作流程下并行或插入 BIM 工作这么简单。比如碰撞检查，是否为 BIM 留出时间和权力审查施工图纸，在验证碰撞问题均已解决后，方能按图施工？又如 BIM 管线综合，BIM 是否有权力让施工方按照 BIM 输出的管线综合图纸施工，如未按图、模施工，是否有权力让施工方整改？在 BIM 介入的项目环节中，需要落实 BIM 工作的权责和时间节点，BIM 工作紧密围绕项目管理流程开展，否则 BIM 在项目过程中依然是和既有工作流程脱节的，依然是可有可无的角色，无法真正发挥 BIM 的作用。

除了工作流程和体系中需要引入 BIM，在实际工作中，相关专业的工作习惯都需要根据 BIM 的介入而改变。原本查看纸质图纸、文件及线下沟通的工作将转变为在网页端、手机端、移动端上查看模型、使用平台进行批注沟通等，需要大量的培训和实操来实现这一转变。

软件和平台是工具、手段，工作流程和习惯则是自上而下决定整个项目 BIM 应用的占比、应用落地程度的重要因素。这两者缺一不可，相辅相成。在实际项目中，想改变工作流程和工作习惯，往往会依赖于软件和平台是否"好用"，包括界面是否友好、是否能提供有效的整合后的数据信息、是否能解决实际工作问题等。开发出"好用"的软件和平台，会成为改变工作流程和工作习惯的巨大推力。

3. BIM 项目管理平台

相较于软件，平台在 BIM 项目管理方面的优势在于它可以不受限于 PC 端，可以在移动端上访问，适应项目的多种应用场景。

国内市场上常见的 BIM 平台有两大类，一类是广联达 5D、品茗 BIM5D、斯维尔 BIM5D、鲁班工厂等针对施工阶段的项目管理平台，基本都具备模型集成、施工模拟、进度控制、成本控制、质量管理、物料管理等功能，对于项目前期策划、设计阶段多个设计团队的协同工作、施工交底等工作，还未有相应的、成熟的功能模块；另一类如中设数字技术股份有限公司研发的 CBIM 平台，以及广东省建筑设计研究院有限公司研发的装配式建筑轻量化协同管理平台 GDAD-PCMIS 系统等，主要是针对设计阶段的 BIM 平台，一般具备多方协作、沟通、深化设计、设计进度及模型版本管理等功能及应用，对于施工阶段的项目管理功能较为薄弱。

国外常见的 BIM 平台有 BIM360、3D Experience 平台等。BIM360 平台支持多方协作文档及模型工作，支持自定义项目流程，也具备成本、进度、质量安全问题及合同管理模块，但由于服务器在国外，在国内使用起来并不流畅；3D Experience 平台除了上述功能，还支持物料的管理，真正做到全流程的项目管理，但是没有专门针对建筑行业的模板和功能，现有功能是和机械制造行业共同使用的。这两个国外平台都是比较成熟的，共同的特点是功能强大但操作相对繁琐，界面更适合专业化人员使用，施工交底、智慧验收等流程并没有能直接对应的功能面板，还需二次开发。

综上所述，目前 BIM 项目管理平台的开发，在功能上需要满足以下三个要求：

（1）紧密结合项目管理流程：设置对应的功能模块，提供能与线下项目管理流程相融合的工具、数据信息，这样才最有可能让相关方愿意使用这个平台，能最快速地推广开来；

（2）使用难度低：兼容不同阶段、不同格式的 BIM 模型，实现在平台上统一查看不同格式模型，简化查看模型的操作，降低使用难度；

（3）具备强大的后台数据处理能力：线下的建模软件能处理的数据信息非常有限，而且是分散的。平台需要将这些数据集中起来处理，针对不同的使用方、使用场景，从上传到平台中的模型、图纸及相关文件中提取出相应的数据信息，以简化的、友好的界面呈现出来，提供项目各方切实所需的数据支持。

针对上文讨论的行业痛点和对平台提出的要求，在华南理工大学广州国际校区一期工程项目中，由 EPC 管理团队牵头，开发项目 EPC 信息化管理平台的 BIM 模型管理、进度管理、施工交底管理、材料管理、样板引路、质量安全管理、变更管理以及文档管理八大模块（图 4.1-58），为相应的项目管理工作提供平台和数据支持，实现前文提出的三大功能要求。

图 4.1-58　八大模块

1）平台应用紧密结合项目管理流程

华南理工大学广州国际校区一期工程，占地约 33 万 m^2，总建筑面积达 50 万 m^2，分为实验楼、宿舍区、五大学院、设备区等 8 个地块。8 个地块由不同的设计、施工团队负责，其建设管理工作分别开展。因此，平台区分了 8 个子项目，对应 8 个地块，分别进行模型、数据的管理。区分不同用户的角色、部门和相应权限，每个用户需要绑定真实姓名、手机号等信息，方便项目任务、责任落实到个人。

在项目进度管理方面，由于施工阶段使用无人机倾斜摄影技术进行进度监控，"BIM 模型管理"模块增加了"航拍模型管理"功能，能够将无人机获得的现场数据转化得到的 BIM模型整合到平台中，并在"进度管理"模块实现计划进度模型与实际进度模型的对比。除此之外，在项目过程中，对于各方都非常关注的进度计划调整，开发了多个进度相关的功能。项目管理者可使用"项目计划管理"功能将进度计划上传至平台，并通过"模型绑定计划"（图 4.1-59）功能，将模型分层级、分构件类型与进度计划中的任务进行绑定或解绑。还可通过"项目计划对比"（图 4.1-60）的功能，直观地通过模型来查看两版进度计划的区别。

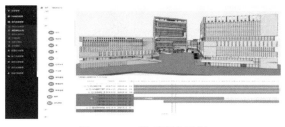
图 4.1-59　模型绑定计划

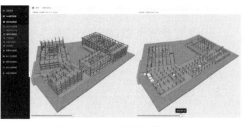
图 4.1-60　项目计划对比

针对项目过程中 BIM 碰撞检查，开发"项目变更管理"模块，BIM 团队可以在平台中绑定模型与图纸，在线标注出有问题的区域，提给设计方进行答疑或变更图纸（图 4.1-61）。各方也可以同时在平台上查看、标注模型，实现直观的、云端的多方问题沟通。

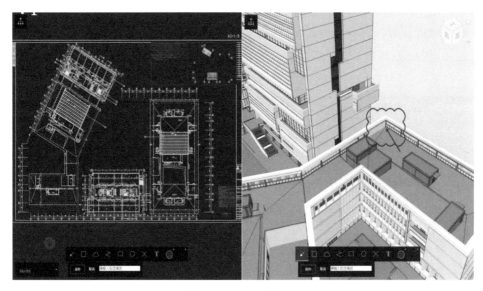

图 4.1-61　变更管理

在施工交底环节，针对现场施工查阅交底文件、回顾交底会议内容的需求，开发"施工交底管理"模块（图 4.1-62）。将需要交底的相关图纸、文件与模型构件进行绑定。施工方可在现场通过检索查阅相应的文件和与之对应的模型，确定现场施工注意事项及做法。如此一来，对施工注意事项的控制手段就不仅仅是线下的交底会议，项目管理的精度和流程都能得到优化。

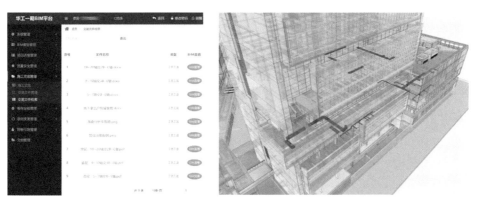

图 4.1-62　施工交底管理

针对质量安全管理环节现场巡检的问题记录、责任人远程查看、协调解决问题，开发了质量安全管理模块（图 4.1-63）。落实问题登记、问题整改和问题验收闭环的质量安全管理流程。现场巡检人员可通过移动端找到问题构件，登记问题，上传现场照片，指定整改责任部门、责任人，明确整改要求等，问题将直接发送到责任人的账户。责任人处理完现场问题后，上传整改情况，发送给质检人员。质检人员在现场结合平台，查看问题及整改情况，确认整改是否通过，如不通过，则问题将重新发送给整改责任人。通过该流程，可以实现无纸化的质量安全管理：一方面，问题绑定模型相应的构件，可节省现场查找、定位问题的时间；另一方面，问题责任到人，由系统及时发送通知、提醒相关各方，监督管理人员也可以通过问题列表，第一时间掌握项目问题的概况及整改进程。

图 4.1-63　质量安全管理

2）平台界面及操作简单友好

项目 BIM 平台可同时供 PC 端和移动端使用，界面设计力求简洁明了，尽可能避免繁琐的操作，让使用者以最短的路径访问到所需的信息。

图 4.1-64　快速查看模型

模型作为平台数据的构架和载体，查看模型在 BIM 平台的所有功能中尤为重要（图 4.1-64）。该平台不仅可以兼容多种数据格式的模型，还可实现在 PC 端、移动端上旋转、放大、多方向剖切、测量、漫游模型，在模型中漫游时，可以调出对应的导航平面图，还可以快速调整模型的投影、背景、线框等显示设置，满足多种场景下快速查看模型的需求。

在质量安全管理、看样定板、样板引路等环节填写问题或信息、上传文件的操作已大大简化，直接选中相关构件，右键即可跳转到相应填写、登记的界面。通过问题、样板条目查看相应的模型时，还设置了"炸层""突显""定位"等功能，极大方便了各种场景下、各类构件的查看，避免构件被遮挡、旋转模型时丢失视角等问题。

3）平台后台数据处理能力强

实际项目中，BIM 模型会根据各版本图纸的调改不断更新，项目管理团队往往会关心不同版本的模型间更新了哪些内容。平台可以利用后台数据处理能力对模型进行批量处理和标记。本项目 BIM 平台开发了"模型对比"功能（图 4.1-65），可用不同颜色区分出两版模型中新增、删除和修改过的构件，还可以通过树状列表的形式锁定到具体的构件。对比结果保存在平台上，可随时查看。便于不同版本的 BIM 模型提交后，管理人员快速掌握模型的调改情况，各版本的对比结果也作为记录存档。

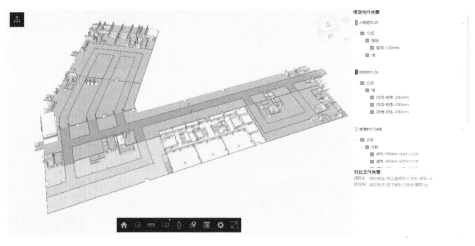

图 4.1-65 "模型对比"功能

由于项目采用装配式设计，平台专门开发了"装配式物流"功能（图 4.1-66），通过在 Excel 表格中填写相应构件的当前状态信息（如设计、开模、生产、到场、安装、验收等），将表格导入平台后，即可将模型按照不同的状态标记不同的颜色，直观地呈现装配式工作进展。

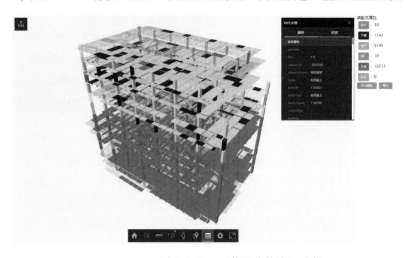

图 4.1-66 "装配式物流"功能

　　由于 BIM 模型携带信息的能力，项目管理方往往希望能将材料信息写入到 BIM 模型中。但是由于 BIM 建模软件中原生的创建参数功能操作较为繁琐，加之还未有能将模型中的材料信息转变为项目管理方可以便捷查阅、使用数据的工具，这一愿望迟迟未能在项目中实现。基于这一现状，开发了"看样定板管理"模块（图 4.1-67）和"样板引路管理"模块，可按 BIM 模型族、族类型进行批量选择，绑定对应的样板信息、工艺信息和附件文件，项目各方即点选相应模型构件，即可在属性信息中查询到这些信息了。还可通过检索样板信息，跳转到使用该样板的模型构件位置。基于 BIM 平台后台强大的数据处理能力，为项目管理人员提供专门的、对应需求的模型参数，极大方便了项目管理工作。

图 4.1-67　"看样定板管理"模块

　　华南理工大学广州国际校区一期项目研发的 EPC 信息化管理平台实践有以下三大亮点：一是结合实际项目管理流程，开发多项功能模块，在传统 BIM 平台兼容多格式模型的基础上，增加了对航拍模型、进度计划的整合管理，提供线上核对图模、模型绑定交底文件、绑定质量安全问题等功能，更好地满足项目实际使用需求，极大提高了进度管理的精度与效率，有效保障了工期，使项目投资最小化；二是简化了界面和操作，提供能满足多场景下快速查看模型、开展相关工作的工具，降低 BIM 平台使用门槛，使更多项目工作能在 BIM 平台上开展和落实；三是利用 BIM 平台强大的后台数据处理能力，将模型信息分类整合成管理人员切实所需的信息，如多版本模型对比结果、进度计划对比、装配式构件生产安装情况、显示模型关联的图纸、问题、样板及工序工艺信息等功能，极大提高了 BIM 模型的信息承载能力和各方人员对 BIM 模型的使用率。

　　基于上述模块功能的开发经验，造价模块和运维模块的实现已经不再遥远。结合造价团队对工程量的需求，梳理建模原则后，有望在平台上处理得到构件的工程量，套定额生成计价清单；通过梳理运维团队对 BIM 模型的需求（几何的、信息的），该平台将与运维平台建立接口，提供相应的基础数据。

4.2　智慧代建关键技术的组织与实施

4.2.1　项目特点与施工组织

4.2.1.1　工程概况和特点

1. 工程概况

本工程包括 A 地块、B 地块、C 地块、D 地块、E 地块、S1 学生宿舍、T 公共实验楼、Q 设备区，其中 B 地块、C 地块、E 地块、S1 学生宿舍采用装配式建筑。项目设计总平面见图 4.2-1。

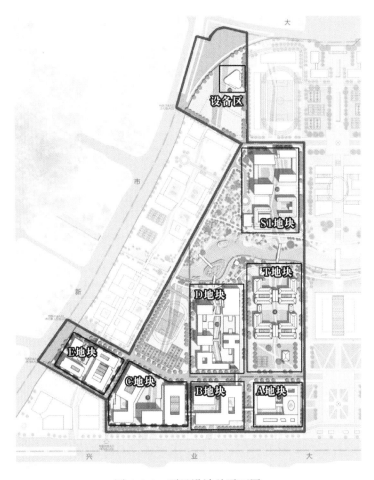

图 4.2-1　项目设计总平面图

1）A 地块

A 地块包括吴贤铭智能工程学院及广州智能工程研究院，地下 1 层，地上 5 层，总用地面积为 25732.6m²，总建筑面积为 42517.6m²，其中地上建筑面积为 33415.9m²，地下室面积为 9101.7m²，建筑最大高度 23.90m。该建筑设有大型高端制造实验室、200 人报告厅、机器人及智能实验室、图书阅览室、院士团队办公室、教授办公室及会议室、其他通用实验室、门厅交通空间及附属配套等组成，结构体系为框架结构。

2）B 地块

B 地块包括生物医学科学与工程学院及生物医药与再生医学联合研究所，地下 1 层，地上 5 层（裙楼）和 13 层（塔楼），总用地面积 20543m²，总建筑面积 62479.3m²，其中地上建筑面积 52630.5m²，地下建筑面积 9848.8m²，建筑最大高度 62.95m。该建筑设由行政服务用房、教学实验用房、科研实验用房、实验动物中心、人防地下车库及设备用房等组成。结构体系为框架-剪力墙结构，塔楼采用装配式建筑，PC（混凝土预制）构件有预制混凝土柱、梁、叠合板、楼梯，装配率 64.5%。

3）C 地块

C 地块包括材料基因工程产业创新中心和大数据与网络空间安全学院（含餐厅和厨房），地下 1 层，地上 14 层，总用地面积 33015m²，总建筑面积 99976m²，其中地上建筑面积 52630.5m²，地下建筑面积 14717m²，建筑最大高度 64.45m。该建筑设有餐厅、科技展示厅、多功能厅、其他通用实验室研究室、人防地下车库及设备用房等。结构体系为框架结构，A 塔楼采用装配式建筑，PC 构件有预制混凝土柱、梁、叠合板、楼梯，装配率 60.7%。

4）D 地块

D 地块主要包括网络中心、先进材料国际化示范学院、华南软物质科学与技术高等研究院，地下 1 层，地上 9 层。总用地面积 16125m²，总建筑面积 75499.1m²，地上建筑面积 58655.1m²；地下建筑面积 16844m²，建筑最大高度 41.9m。该建筑设有网络中心、会议室、办公室、课室、其他通用实验室、人防地下车库及设备用房等。采用框架结构。

5）E 地块

E 地块包括华南岩土工程研究院、华工-港科大联合研究院，地下 1 层，地上 5 层（裙楼）和 15 层（塔楼），总用地面积 21532m²，总建筑面积 66576.4m²，地上建筑面积 56079.4m²，地下建筑面积 10496.9m²，建筑最大高度 69.1m。该建筑设有咖啡厅、会议室、办公室、其他通用实验室、人防地下车库及设备用房等。采用框架结构和框架-剪力墙结构，A 塔楼、B 塔楼为装配式建筑，PC 构件有柱、梁、叠合板、楼梯，装配率分别为 64.9% 和 64.8%。

6）Q 地块（设备区）

Q 地块为设备区，地上 1 层，总用地面积 6248m²，总建筑面积 1525m²，建筑高度 5.7m。结构体系为框架结构。

7）S1 地块

S1 地块为学生宿舍（一期），共设有 6 栋宿舍楼，地下 1 层，地上 18 层，总用地面积 55834m²，总建筑面积 96283.2m²，其中：地上建筑面积 78073.5m²，地下建筑面积 18209.7m²，建筑最大高度 69.35m。S1 地块 A1、A2、B1、B2 宿舍楼为装配式建筑，采用了预制混凝土柱、梁、叠合板、楼梯、梁墙一体，装配率分别为 63.6%、65.7%、66.7%、65.3%。

8）T 地块

T 地块主要包括公共实验楼、附属建筑、灯塔，地下 1 层，地上 5 层，总用地面积 29250m²，总建筑面积 54999m²，其中地上建筑面积 46100m²，地下建筑面积 8899m²，建筑最大高度 23.84m。该建筑设有智慧教室、实验室、实训室、多功能室、其他通用实验室、人防地下车库及设备用房等，结构体系为框架-剪力墙结构。

2. 工程施工条件

1）施工场地

地块东侧为暨南大学南校区，北侧、西侧和南侧主要为城中村、企业和工厂等。项目地块形状较规整，地块内无建筑物。但场地内有 4 个大水塘，需对地块内存在大量淤泥的地方进行淤泥换填。施工道路可接通新业大道、市新路和南大干线市政道路，交通方便。

2）地质水文

场地岩土层按成因类型从上至下可划分为：人工填土层、第四系坡积层、第四系冲积层、残积层、燕山期花岗岩。场地地下水主要赋存在冲积砂层和基岩裂隙中，地下水的补给来源为大气降水，排泄方式主要为地下抽水和大气蒸发。

3）施工用电用水

项目用电引自 500kV 广南变电站，从曾边村供电站引入双回路电源对一期工程进行供电，项目场地周边均敷设市政给水管网。

3. 项目特点

1）广州市第一个基于国家重点课题研究的绿色建筑项目

本工程基于国家自然科学基金资助课题"适应夏热冬暖气候的绿色公共建筑设计模式示范"，在大数据与网络空间安全学院、材料基因工程创新中心实验楼开展实验研究。以遮阳通风等为关键问题，设计总体布局上采用岭南特色的梳式布局，建筑体量上开设通风洞口，利用双屋面形成空间、立面遮阳设计、拔风井热压通风设计等，探讨适应珠三角气候的绿色建筑的实现。

2）广州市第一个城市街区式大学校园

以融入城市的开放式、街区式高校建设模式，与周边的科研、商贸发展、居住等功能协同发展，形成产、学、研、城一体化发展格局，建造一个创新、协调、绿色、开放、共享的校园，打造南岸国际一流科学新区。校园整体规划以街区式布局模式，以 150～180m 为街区尺度，校园被"划分"为街区尺度下的适宜场所，营造街区空间感。街区内部组团自由与理性格局叠加，错落变化，生动丰富而又理性控制。

3）广州市装配式建筑面积最大且达到国家 A 级评价标准项目

积极响应国家对装配式建筑的鼓励，本工程 B 地块塔楼、C 地块塔楼、E 地块塔楼、S1 地块塔楼采用装配式，装配式建筑面积达到 15.2 万 m²，装配率最大达到 66.7%，装配率达到国家标准 A 级，成为广州示范性的装配式建筑。

4）广州市第一个设计、施工、运维全过程 BIM 应用项目

为提高设计、施工效率和运维的管理水平，本项目设计、施工和运维均要求应用 BIM 技术，为设计优化、施工模拟、使用运维的全面管理提供先进的技术保证。

4.2.1.2 项目重难点及对策

1. 项目重点

1）设计牵头的 EPC 工程总承包模式

本工程以设计牵头的 EPC 工程总承包项目是一种创新模式，在设计阶段投入额外成本建立模型，实现设计施工并行的 EPC 工程总承包模式。

2）项目全过程信息化管控

EPC 项目信息量大、信息共享难、各专业协同难、设计缺陷、管理复杂等问题时有发生，在有限的工期条件下，项目需要采用全过程信息化管控技术，提高设计施工效率与运维管理水平，为设计优化、施工模拟、运维管理提供先进、高效、便捷的技术保证。

2. 项目难点

1）体量大工期紧

本工程共有 8 个地块、28 栋单体建筑，建筑面积约 49.98 万 m^2，项目于 2018 年 8 月 1 日开工，2019 年 11 月 30 日竣工，历时 487 日历天，工期紧张，尤其是对于采用装配式建筑的楼栋，需要较多的时间进行前期的深化设计。

2）施工协调难度大

本工程工期紧、涵盖工程总承包项目各专业，包括土建、装修、机电设备、智能建筑等，协调难度非常大。

3）装配要求高

项目装配式要求高，需达到国家 A 级评价标准，但现有装配式建筑体系不完善，设计、施工、监理全方位协同经验不足，装配式产业施工技术不足，装配式人才团队紧缺，为项目建设带来挑战。

4）资源投入大

各地块同步组织施工，需分别投入足够数量的塔式起重机、施工电梯、周转材料和劳动力，易造成人员窝工和材料浪费。

3. 应对措施

1）提前介入设计

（1）提前介入设计，按照施工总体部署和各专业穿插计划分阶段、分专业提供设计施工图。

（2）建筑、结构、机电和装修、园林绿化同步一体化设计，减少土建与机电、装修等专业之间的冲突。

（3）运用全过程 BIM 管理、多媒体和网络技术等工具，各专业集成化设计，达到信息集成和过程集成，实现建筑生命周期数字化。

（4）PC 构件深化设计和全过程 BIM 设计团队与施工图设计团队同时开展设计工作，节省深化设计时间，减少各专业设计之间的冲突。

（5）提出设计合理化建议，通过减少地下室层数和建筑面积，采用管桩代替灌注桩、地下室膨润土防水取代柔性防水层和保护层等合理化设计建议，达到节省工期、确保工程质量的目的。

2）高效决策协调

（1）抽调专业的具有丰富 EPC 项目管理经验的决策管理人员，组建高效的 EPC 决策管理团队。

（2）制定简洁、实用、能执行的决策机制和流程。

（3）建立分级分层采购决策机制，减少 EPC 决策层采购物资，缩短采购流程，加快采购供货进度。

（4）制定专项资金管理收支审批制度，过程协助、配合财审的各项工作，加快资金落实。

3）现场一次看样定板

通过组织一次大规模的现场会议，召集各方代表，将项目施工中所涉及材料的样品汇集到现场，供各方查看，一次确定材料设备样板，避免多次看样定板，节约人力和时间投入。

4）重视技术创新

施工过程重视技术创新，强调创新意识，鼓励现场技术人员开展技术研发，通过对现有技术进行优化，研发新技术、新工艺，提升施工效率，保证施工质量；在装配式建筑构件设计、生产、安装中研发新产品、新工艺，提升建筑装配率。

5）完善总承包管理

建立完善的总承包管理体系，基于 BIM 的全过程管理技术，以公正、科学、统一、控制、协调的管理原则，实现项目整体利益最大化。利用 BIM 5D 技术、全过程 BIM 管理技术、智慧工地管理平台等先进手段强化总承包管理。每周召开总承包管理协调会议，及时解决工程管理中遇到的实际问题，制定计划，落实措施。

6）全过程质量安全监管

利用项目构建的信息化管控平台，根据现场施工进度，对施工质量和安全进行全过程监管，一旦发现存在质量及安全问题，立即在平台上下发整改任务包，并拍照上传至平台，直观跟踪事项整改进度，做到发现一例处理一例。

4.2.1.3 施工总体部署

1. 施工技术路线

本项目具有占地面积大（33.15 万 m²）、工程量巨大（总建筑面积 49.98 万 m²）、结构体系多样、工期短（487 日历天）、资源投入大的特点，项目确定了工程建设施工总体技术路线——"技术先行、精心策划、见缝插针、统筹协调、大兵团作战、质量保证、安全可靠"。以群体建筑主体结构施工为主线，机电设备、室内外装饰装修、室外工程等专业工程合理插入、相互配合施工，并针对技术路线采取以下切实可行的措施，确保项目施工顺利进行。

（1）技术先行：派遣经验丰富的技术人员组建技术部，在施工前对本项目进行施工总体策划和部署，编制施工组织设计及方案编制计划。根据设计施工图的要求和结构体系多样（框架-剪力墙结构、框架结构、装配式建筑）的特点，及时制定各分部工程的专项施工技术和安全方案，为项目顺利开展打下基础。

（2）精心策划：根据占地面积大、工期短的特点，将本项目分成 8 个地块同步组织实施，在各单体建筑施工中，各分部分项工程采取分段平行流水、立体交叉统筹组织施工，通过对各地块投入大量的材料、机械设备、施工人员，加快工程的整体进度。

（3）见缝插针：根据工程量巨大、工期短、专业多的特点，除分地块同步组织施工外，在确保施工安全的前提下，还要合理组织各专业穿插交叉作业，有工作面就要有人施工。同时为确保施工安全，制定相应的安全技术措施。

（4）统筹协调：采用由"宏观调控层、项目决策层、总包管理层、施工作业层"组成的四级项目管理机构，由设计单位牵头，施工单位提供强力的技术支持，针对架构配备有经验的管理人员，将项目实施责任分解至具体岗位。施工前制定整个项目的统筹协调措施，合理布置施工道路，配备足够的运输车辆和吊装设备，通过编制交通疏解组织方案，统筹协调解决道路运输、装配式预制构件安装的水平和垂直运输、材料运输车辆和吊装设备施工交叉等重大难题。

（5）大兵团作战：本项目施工过程中需投入大量的施工人员，预计高峰期需投入约5000 多人同时施工作业。

（6）质量保证：根据项目建设要求和特点，建立质量管理体系，提前制定材料送检计划，编制质量保证方案及措施，实行样板引路，设置施工质量监控点，严格把控施工过程的质量，并做好成品保护措施。

（7）安全、可靠：定期实施安全检查工作，全面掌握现场的安全生产状况，加强对重点部位（危大工程及其他重大危险源）、关键环节的安全控制，做到建设全周期跟踪、监督，及时消除隐患。

2. 施工阶段划分

为保证项目的顺利推进，结合工程的内容和特点，将本工程分为八个阶段施工（图 4.2-2），有利于对整个工程项目的管控。

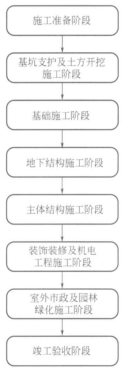

图 4.2-2　阶段划分图

3. 地块划分

由于本项目规模大、工期紧张，且建筑物分布广，将本项目的施工划分为 8 个地块同步组织实施（图 4.2-1）。

4. 施工总体流程

施工总体流程如图 4.2-3 所示。

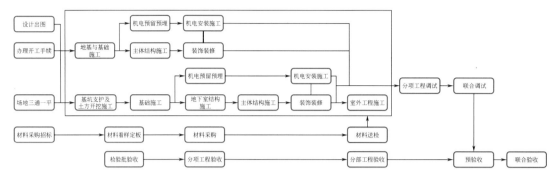

图 4.2-3　施工总体流程图

5. 施工总体安排

为加快工程进度，A、B、C、D、E、S1、T 地块采用同步平行组织施工，Q 地块待 S1 地块桩基础施工完成后再进行施工。各地块再划分施工段，采用自流水、立体交叉组织施工。

1）施工准备阶段

组织施工人员、机械、材料生产加工进场，按照设计好的施工平面布置图进行现场布置，在施工现场搭设办公用房、临时设施，铺设现场施工用水用电线路和排水管网。

2）基坑支护及土方开挖施工阶段

接收场地后，A、B、C、D、E、S1、T 地块同步采用放坡开挖的形式进行分区分层土方开挖，随土方开挖进度进行护坡喷锚面施工，土方开挖至距离坑底约 2m 标高，进行桩基础施工。待桩基础施工完成后，继续开挖至坑底标高，施工垫层并硬化基坑底。土方开挖采用 51 台 PC200 挖掘机配合 127 台 10m³ 土方车进行场地内土方转运堆放及部分外运。

3）工程桩施工阶段

工程桩采用 AB 型预应力管桩，桩径为 500mm，壁厚 125mm，桩端支承岩为强风化花岗岩。土方开挖至距离坑底约 2m 处，进行管桩施工，待桩基础施工完成后，继续开挖基坑至坑底标高，切除桩头。S1 地块桩基础施工完成后，再进行 Q 地块桩基础施工。基础施工阶段共投入 18 台环保型打桩机、2 台静压桩机，各地块施工流向见图 4.2-4～图 4.2-10。

4）地下室结构施工阶段

桩基检测合格后进行底板及地下室结构施工，塔式起重机基础也同步组织行施工。本阶段共投入 27 台塔式起重机进行钢筋、模板的垂直和水平运输，采用混凝土拖泵和混凝土输送泵车进行混凝土浇筑施工。

A 地块分 3 个施工区，施工顺序由 A1 区至 A3 区，见图 4.2-4。B 地块分 3 个施工区，施工顺序由 B1 区施工至 B3 区，见图 4.2-5。C 地块分 5 个施工区，由 C1 分别向 C2 至 C3 和 C4 至 C5，见图 4.2-6。D 地块分 7 个施工区，其施工流向分为 D1 至 D2，D3 至 D4、D6、D5 至 D7，见图 4.2-7。E 地块分 4 个施工区，其施工流向分为 E1 至 E2、E4 至 E3，见图 4.2-8。T 地块分 6 个施工区，分别由 T4 南至 T3 和 T1 南至 T2，见图 4.2-9。S1 地块分 6 个施工区，分别由 A1 区至 A2 区、B1 区至 B2 区、C 区至 D 区，见图 4.2-10。

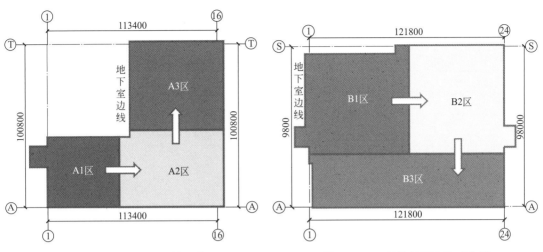

图 4.2-4 A 地块地下室施工分区

图 4.2-5 B 地块地下室施工分区

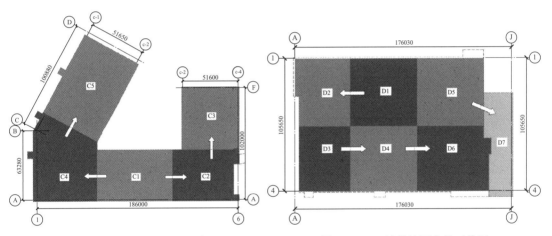

图 4.2-6 C 地块地下室施工分区

图 4.2-7 D 地块地下室施工分区

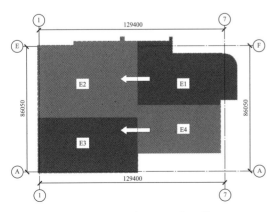

图 4.2-8 E 地块地下室施工分区

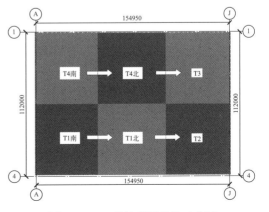

图 4.2-9 T 地块地下室施工分区

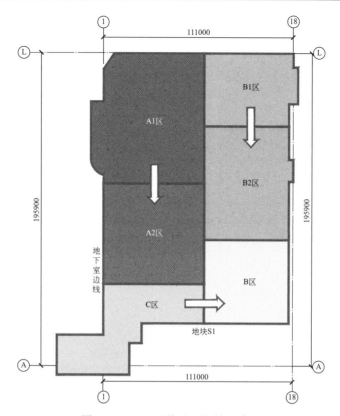

图 4.2-10　S1 地块地下室施工分区

5）主体结构及装饰装修施工阶段

A、B、C、D、E、S1、T 地块地下室结构完成后，进行±0.000 以上结构施工。每个地块按照楼栋划分施工区域，每个区域进行流水施工。本阶段共投入 27 台塔式起重机、33 台双笼施工升降机进行材料的垂直和水平运输。

A 地块：主体结构分为 4 个施工区，2 个施工流水段，分别为 A-1→A-2 及 A-3→A-4 段进行流水施工，见图 4.2-11。设置 2 个钢筋加工场，投入 2 台塔式起重机用于物料垂直和水平运输，投入 2 台泵机浇筑混凝土，配置 3 台 SC200 施工升降机用于砖砌体等装饰装修材料的运输。

B 地块：主体结构分为 4 个施工区，2 个施工流水段，分别为 B-1→B-2 及 B-3→B-4 段进行流水施工作业，见图 4.2-12。设置 2 个钢筋加工场，1 个装配式构件堆场；投入 3 台塔式起重机用于物料垂直和水平运输；投入 2 台泵机浇筑混凝土，配置 3 台 SC200 施工升降机用于砖砌体等装饰装修材料的运输。

C 地块：主体结构分为 5 个施工区，2 个施工流水段，分别为 C-1→C-4、C-2→C-3 段进行流水施工，见图 4.2-13。设置 2 个钢筋加工场，2 个装配式构件堆场；投入 4 台塔式起重机用于物料垂直和水平运输；投入 4 台泵机浇筑混凝土，配置 5 台 SC200 施工升降机用于砖砌体等装饰装修材料的运输。

D 地块：主体结构分为 5 个施工区，3 个施工流水段，分别为 D-1→D-2、D-3→D-4 及 D5 段进行流水施工，见图 4.2-14。设置 2 个钢筋加工场，投入 4 台塔式起重机用于物料垂直和水平运输；投入 4 台泵机浇筑混凝土。配置 5 台 SC200 施工升降机用于砖砌体等装饰装修材料的运输。

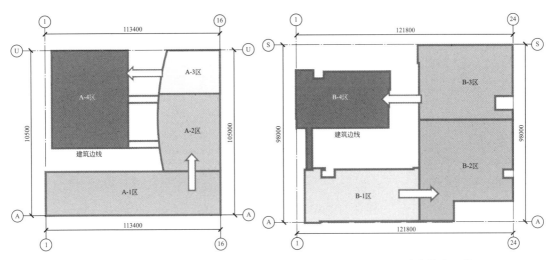

图 4.2-11　A 地块主体施工分区　　　　图 4.2-12　B 地块主体施工分区

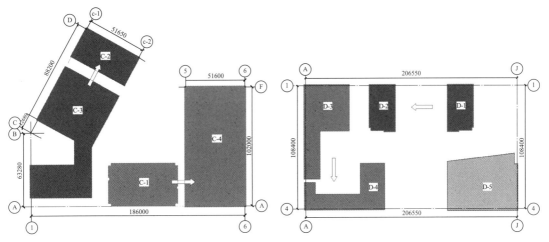

图 4.2-13　C 地块主体施工分区　　　　图 4.2-14　D 地块主体施工分区

S1 地块：主体结构分为 6 个区段，3 个施工流水段，分别为 S-A1→S-A2、S-B1→S-B2 及 S-C→S-D3 段进行流水施工作业，见图 4.2-15。本阶段设置 3 个钢筋加工场，4 个装配式构件堆场；投入 8 台塔式起重机用于物料垂直和水平运输；投入 4 台泵机浇筑混凝土。配置 10 台 SC200 施工升降机用于砖砌体等装饰装修材料的运输。

E 地块：主体结构分为 4 个施工区，2 个施工流水段，分别为 E-1→E-4、E-2→E-3 段进行流水施工，见图 4.2-16。设置 2 个钢筋加工场，2 个装配式构件堆场；投入 3 台塔式起重机用于物料垂直和水平运输，投入 3 台泵机浇筑混凝土。配置 3 台 SC200 施工升降机用于砖砌体等装饰装修材料的运输。

T 地块：主体结构分为 4 个施工区，2 个施工流水段，分别为 T-1→T-2、T-3→T-4 段进行

图 4.2-15 S1 地块主体施工分区

流水施工，见图 4.2-17。设置 3 个钢筋加工场；投入 3 台塔式起重机用于物料垂直和水平运输；投入 4 台泵机浇筑混凝土，配置 4 台 SC200 施工升降机用于砖砌体等装饰装修材料的运输。

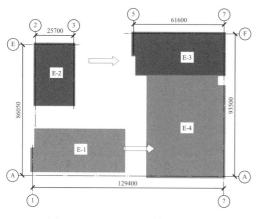

图 4.2-16 E 地块主体施工分区

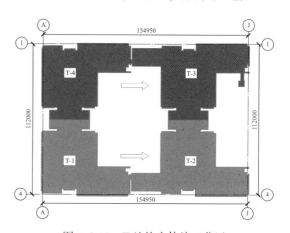

图 4.2-17 T 地块主体施工分区

Q 地块：为 1 栋单层建筑。Q 地块加工场采用集中加工运输的方式加工钢筋，根据材料需求利用汽车式起重机进行材料的垂直运输。投入 1 台混凝土输送泵车浇筑混凝土。

6）装饰装修及机电工程施工阶段

装饰装修及机电工程施工阶段均不划分施工区，合理穿插组织施工。比如地下室后浇带施工完成后即可插入地下室二次结构、装饰装修及机电安装施工；在结构施工完成 5 层以后可插入二次结构、装饰装修及机电安装施工。

每一单体完成机电安装后，进行机电单体调试，缩短综合调试的工期。土建施工和各专业工程密切配合，机电安装、配套设施（含配套管线）工程与土建工程紧密配合，按工程内容和投入的资源，每个单项项目工程均按前期施工阶段、全面施工阶段和调试验收阶段进行分段验收。

7）室外市政施工阶段

室外市政工程主要包括机电安装、园林绿化、市政人行道、市政道路等施工内容。该阶段根据施工条件穿插进行施工，施工时充分考虑土方开挖及回填的情况，避免重复开挖，浪费资源。施工时要结合单体的土建、机电安装的进度进行界面的接驳。

8）竣工验收阶段

在室内装修工程完成后、机电及其他专业联合验收完毕，即进行项目竣工验收。为保证项目的竣工验收顺利进行，计划在工程开始时，在项目现场设置有经验的资深资料员，负责工程进行中各阶段的各种资料的收集、整理，保证工程的竣工资料在竣工验收中顺利通过。

4.2.1.4　施工总平面布置

1. 布置原则

施工总平面布置应充分考虑施工现场的各类用地与工程的进度、材料周转、进场之间的协调要求，在保证施工顺利进行的前提下，以尽量少占施工用地、减少临时设施的用量、最大限度地缩短在场内的运输距离、满足技术安全和消防要求和合理组织场内交通作为布置原则。

2. 基坑支护及土方开挖施工阶段

本阶段各地块平面布置见图 4.2-18～图 4.2-24。

3. 桩基施工阶段

本阶段各地块平面布置见图 4.2-25～图 4.2-33。

4. 地下结构施工阶段

本阶段各地块平面布置图见图 4.2-34～图 4.2-40。

5. 主体结构施工阶段

本阶段各地块平面布置见图 4.2-41～图 4.2-48。

4.2.2　科学谋划工期

工期是项目计划的核心部分，反映了项目的优先事项和最佳顺序，对项目团队行动具有指导意义。科学谋划工期，首先要清楚关键的里程碑节点，特别是项目的完成日期，结合业主期望的交付时间，考虑影响项目进展的多种因素，兼顾质量控制和进度安排，明

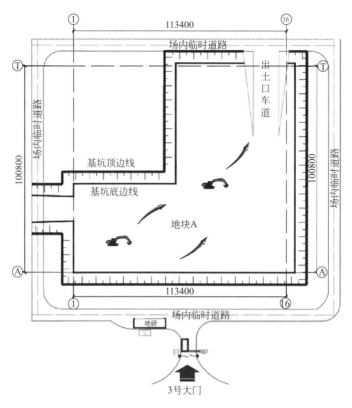

图 4.2-18　A 地块土方施工平面布置图

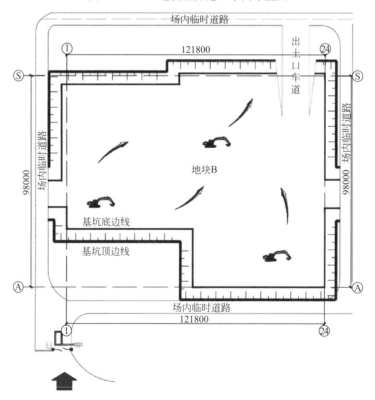

图 4.2-19　B 地块土方施工平面布置图

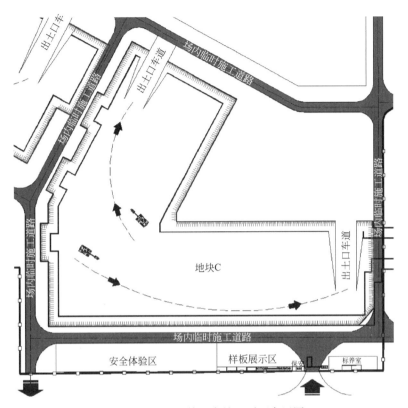

图 4.2-20　C 地块土方施工平面布置图

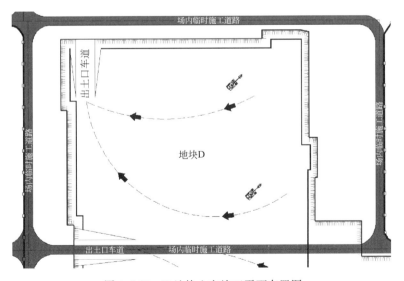

图 4.2-21　D 地块土方施工平面布置图

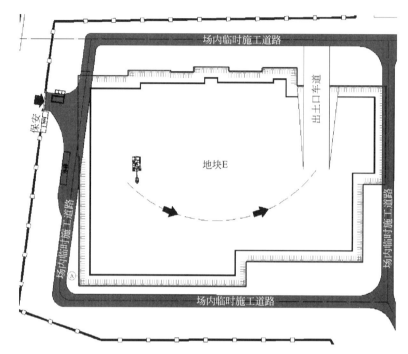

图 4.2-22　E 地块土方施工平面布置图

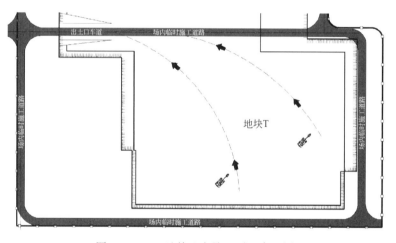

图 4.2-23　T 地块土方施工平面布置图

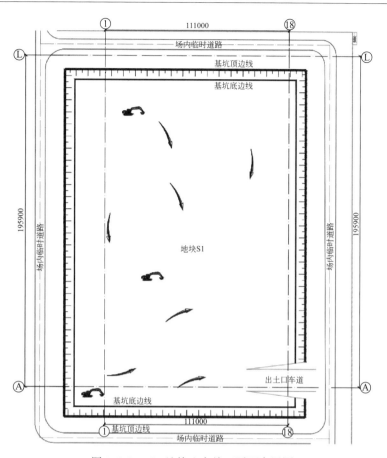

图 4.2-24　S1 地块土方施工平面布置图

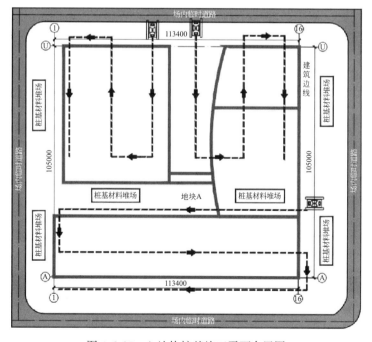

图 4.2-25　A 地块桩基施工平面布置图

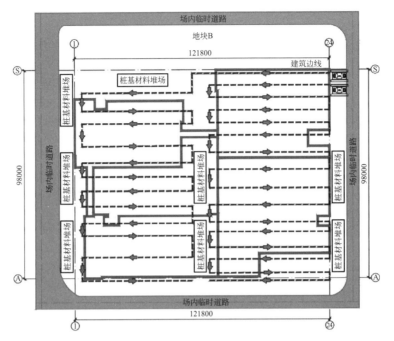

图 4.2-26　B 地块桩基施工平面布置图

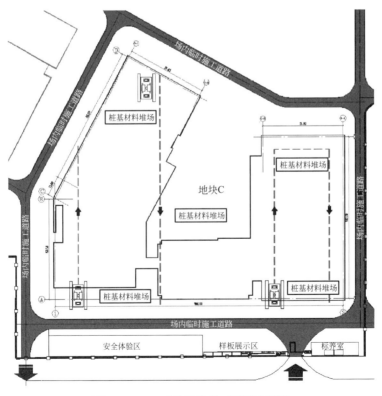

图 4.2-27　C 地块桩基施工平面布置图

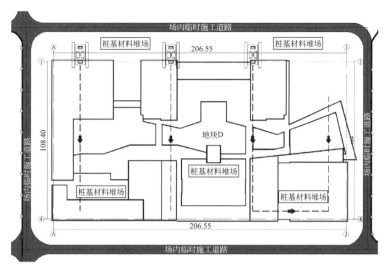

图 4.2-28　D 地块桩基施工平面布置图

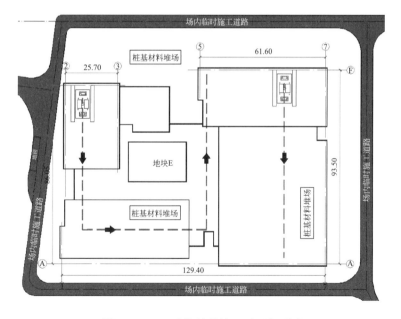

图 4.2-29　E 地块桩基施工平面布置图

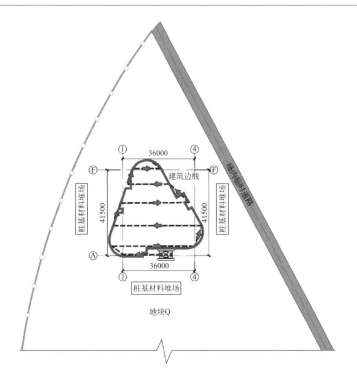

图 4.2-30　Q 地块桩基施工平面布置图

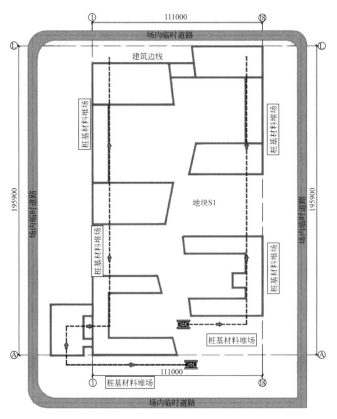

图 4.2-31　S1 地块桩基施工平面布置图（锤击桩）

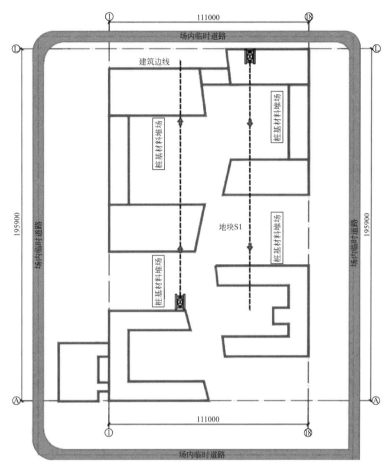

图 4.2-32 S1 地块桩基施工平面布置图（静压桩）

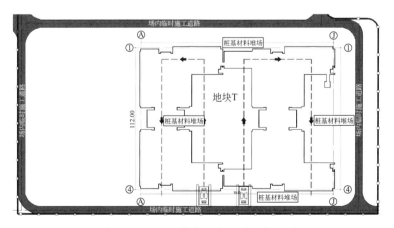

图 4.2-33 T 地块桩基施工平面布置图

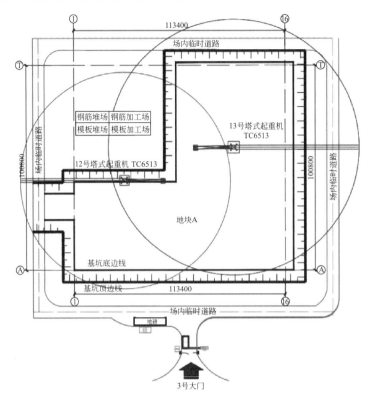

图 4.2-34　A 地块地下结构施工平面布置图

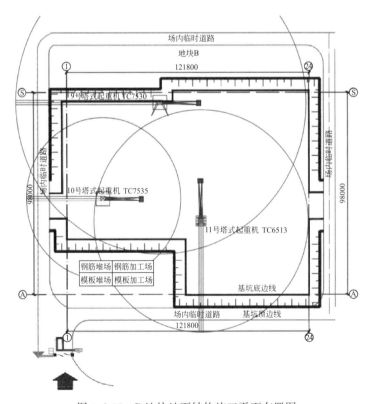

图 4.2-35　B 地块地下结构施工平面布置图

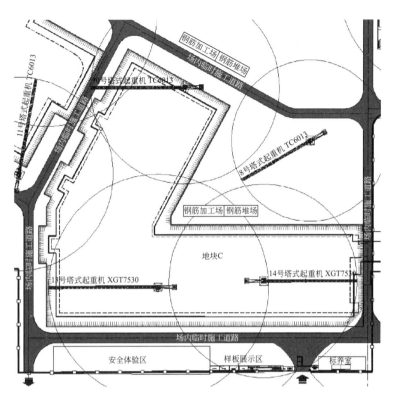

图 4.2-36　C 地块地下结构施工平面布置图

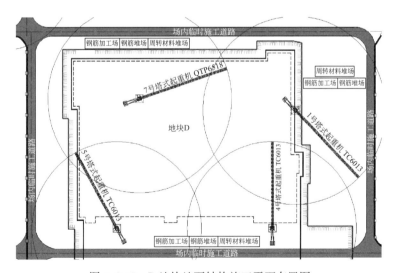

图 4.2-37　D 地块地下结构施工平面布置图

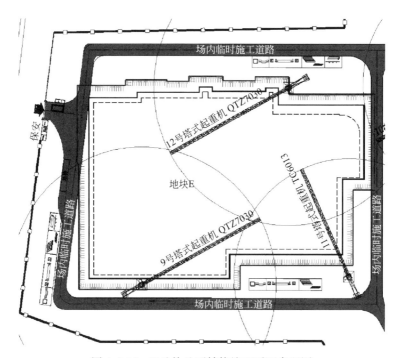

图 4.2-38 E 地块地下结构施工平面布置图

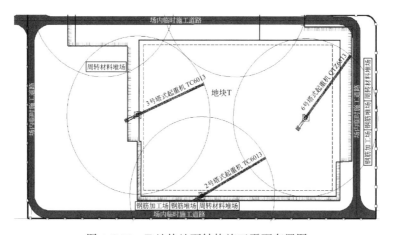

图 4.2-39 T 地块地下结构施工平面布置图

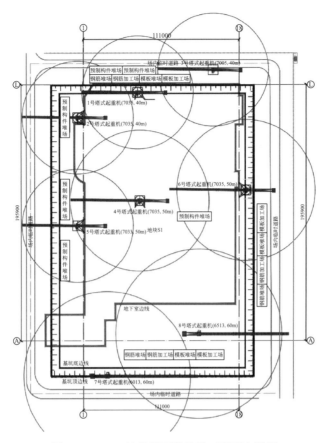

图 4.2-40　S1 地块地下结构施工平面布置图

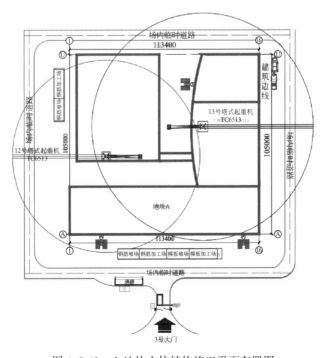

图 4.2-41　A 地块主体结构施工平面布置图

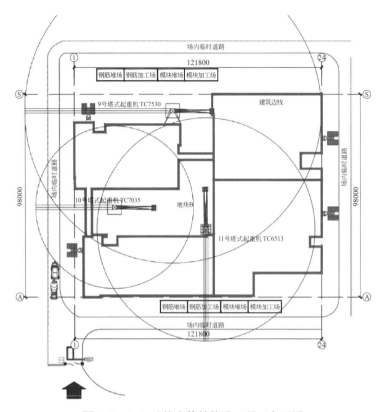

图 4.2-42　B 地块主体结构施工平面布置图

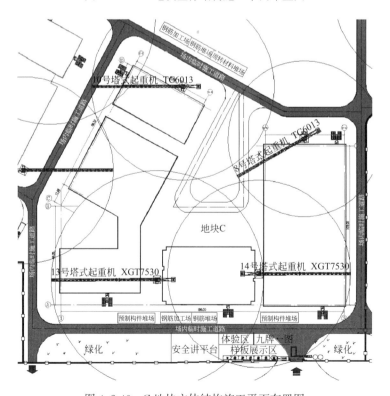

图 4.2-43　C 地块主体结构施工平面布置图

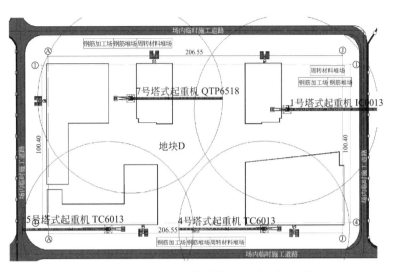

图 4.2-44　D 地块主体结构施工平面布置图

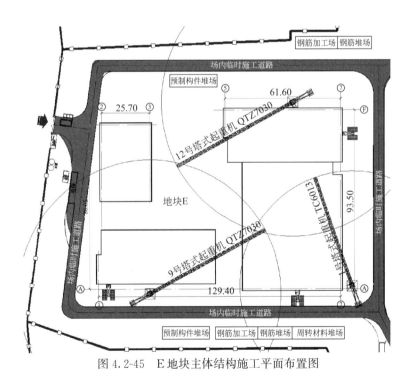

图 4.2-45　E 地块主体结构施工平面布置图

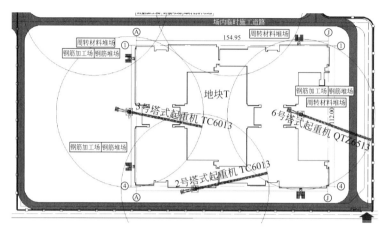

图 4.2-46 T 地块主体结构施工平面布置图

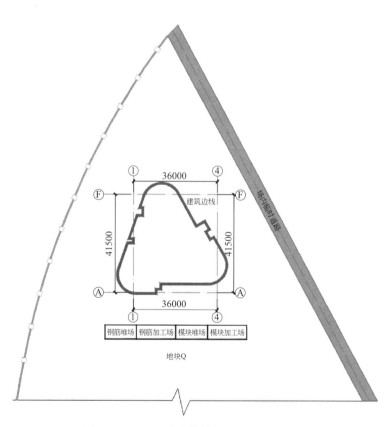

图 4.2-47 Q 地块主体结构施工平面布置图

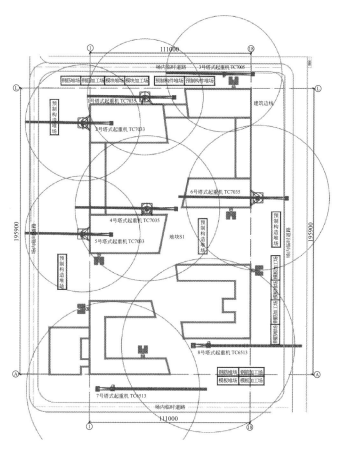

图 4.2-48　S1 地块主体结构施工平面布置图

确优化思路。然后，根据各里程碑节点，反推施工技术方案、大型机械设备布置、专业分包分判、材料采购的时间，并以工作任务包的形式下发给对应负责人，由对应负责人将工作任务逐步细分，形成工作包，并对相应工作包提出完成的时间节点。专业负责人完成专业工作包，提高工作效率，并以点带面，全面覆盖，从而达到科学谋划工期的目的。最后，制定具体措施，保证在有限的时间内完成建设任务。

4.2.2.1　项目施工进度安排

1. 总体进度目标

华南理工大学广州国际校区一期工程共分为 2 批交付。

第 1 批工程（A、D、S1、Q、T 地块）计划开工时间为 2018 年 8 月 1 日，2019 年 5 月 23 日起配合华南理工大学提供设备设施安装、调试场地，计划竣工时间为 2019 年 8 月 31 日，第 1 批工程工期 396 日历天。

第 2 批工程（B、C、E 地块）计划开工时间为 2018 年 8 月 1 日，2019 年 8 月 30 日起配合华南理工大学提供设备设施安装、调试场地，计划竣工时间为 2019 年 11 月 30 日，第 2 批工程工期 487 日历天。

2. 里程碑节点计划

表 4.2-1 为第 1 批工程里程碑节点计划，表 4.2-2 为第 2 批工程里程碑节点计划。

第 1 批工程里程碑节点计划

表 4.2-1

序号	主要任务名称	开始时间	完成时间
1	方案设计	2018-6-17	2018-7-31
2	地质勘探	2018-8-6	2018-8-12
3	初步设计审查	2018-8-21	2018-8-30
4	取得施工许可证(临时)	2018-8-30	2018-8-30
5	土方开挖及基坑支护施工	2018-8-17	2018-9-25
6	桩基工程	2018-8-27	2018-9-30
7	±0.000 结构封顶	2018-10-14	2018-12-6
8	主体结构施工	2018-10-21	2019-4-16
9	装修工程施工	2018-12-21	2019-5-29
10	机电安装工程	2019-12-1	2019-5-31
11	室外工程施工	2018-12-27	2019-6-21
12	联合调试、试车	2019-5-23	2019-8-30
13	实体完工	—	2019-8-30
14	竣工验收并移交	—	2019-8-31

第 2 批工程里程碑节点计划

表 4.2-2

序号	主要任务名称	开始时间	完成时间
1	方案设计	2018-6-17	2018-7-31
2	地质勘探	2018-8-6	2018-8-12
3	初步设计审查	2018-8-21	2018-8-30
4	取得施工许可证(临时)	2018-8-30	2018-8-30
5	土方开挖及基坑支护施工	2018-8-11	2018-9-30
6	桩基工程	2018-8-30	2018-10-7
7	±0.000 结构封顶	2018-10-19	2019-11-27
8	主体结构施工	2018-11-14	2019-9-20
9	装修工程施工	2019-4-13	2019-10-4
10	机电安装工程	2019-2-25	2019-9-30
11	室外工程施工	2019-3-14	2019-10-31
12	联合调试、试车	2019-8-30	2019-11-2
13	实体完工	—	2019-11-29
14	竣工验收并移交	—	2019-11-30

3. 施工进度计划横道图

1）A 地块主要节点进度计划表见表 4.2-3，施工进度计划见图 4.2-49。

A 地块主要节点进度计划表

表 4.2-3

序号	主要任务名称	开始时间	完成时间
1	土方开挖及基坑支护施工	2018-8-11	2018-9-30
2	桩基工程	2018-8-30	2018-10-7
3	±0.000 结构封顶	2018-10-9	2018-11-27

续表

序号	主要任务名称	开始时间	完成时间
4	主体结构施工	2018-11-27	2019-4-25
5	装修工程施工	2019-3-7	2019-8-1
6	机电安装工程	2019-2-27	2019-7-12
7	室外工程施工	2019-4-6	2019-8-30
8	联合调试、试车	2019-8-4	2019-8-30
9	实体完工	—	2019-8-30
10	竣工验收并移交	—	2019-8-31

图 4.2-49　A 地块主要施工进度计划

2）B 地块主要节点进度计划表见表 4.2-4，主要施工进度计划见图 4.2-50。

B 地块主要节点进度计划表　　　　　　　　　　　　　　　表 4.2-4

序号	主要任务名称	开始时间	完成时间
1	土方开挖及基坑支护施工	2018-8-11	2018-9-30
2	桩基工程	2018-8-30	2018-10-7
3	±0.000 结构封顶	2018-10-9	2018-12-5
4	主体结构施工	2018-11-14	2019-4-25
5	装修工程施工	2019-1-10	2019-6-21
6	机电安装工程	2019-1-16	2019-5-26
7	室外工程施工	2019-3-14	2019-9-27
8	联合调试、试车	2019-9-8	2019-10-7
9	实体完工	—	2019-11-29
10	竣工验收并移交	—	2019-11-30

图 4.2-50　B 地块主要施工进度计划

3）C地块主要节点进度计划表见表4.2-5，主要施工进度计划见图4.2-51。

C地块主要节点进度计划表　　　　　　　　　　　　　　　　　表4.2-5

序号	主要任务名称	开始时间	完成时间
1	土方开挖及基坑支护施工	2018-8-11	2018-9-30
2	桩基工程	2018-8-30	2018-10-7
3	±0.000结构封顶	2018-10-19	2018-11-27
4	主体结构施工	2018-11-14	2019-6-10
5	装修工程施工	2019-4-13	2019-10-4
6	机电安装工程	2019-2-25	2019-9-30
7	室外工程施工	2019-3-14	2019-10-31
8	联合调试、试车	2019-8-30	2019-11-2
9	实体完工	—	2019-11-2
10	竣工验收并移交	—	2019-11-30

图4.2-51　C地块主要施工进度计划

4）D地块主要节点进度计划表见表4.2-6，主要施工进度计划见图4.2-52。

D地块主要节点进度计划表　　　　　　　　　　　　　　　　　表4.2-6

序号	主要任务名称	开始时间	完成时间
1	土方开挖及基坑支护施工	2018-8-17	2018-9-25
2	桩基工程	2018-8-27	2018-9-30
3	±0.000结构封顶	2018-10-14	2018-12-7
4	主体结构施工	2018-10-21	2019-4-15
5	装修工程施工	2018-12-21	2019-7-11
6	机电安装工程	2018-12-1	2019-7-15
7	室外工程施工	2018-12-27	2019-6-30
8	联合调试、试车	2019-5-23	2019-7-20
9	实体完工	—	2019-7-20
10	竣工验收并移交	—	2019-8-20

图 4.2-52　D 地块主要施工进度计划

5）E 地块主要节点进度计划表见表 4.2-7，主要施工进度计划见图 4.2-53。

E 地块主要节点进度计划表　　　　　　　　　　　　表 4.2-7

序号	主要任务名称	开始时间	完成时间
1	土方开挖及基坑支护施工	2018-8-11	2018-9-30
2	桩基工程	2018-8-30	2018-10-7
3	±0.000 结构封顶	2018-10-19	2018-11-27
4	主体结构施工	2018-11-14	2019-6-20
5	装修工程施工	2019-4-13	2019-10-4
6	机电安装工程	2019-2-25	2019-9-30
7	室外工程施工	2019-3-14	2019-10-31
8	联合调试、试车	2019-8-30	2019-11-2
9	实体完工	—	2019-11-2
10	竣工验收并移交	—	2019-11-30

图 4.2-53　E 地块主要施工进度计划

6）Q 地块施工阶段总工期 115 个工作日，开始时间 2018 年 12 月 27 日，完成时间 2019 年 4 月 30 日，主要节点进度计划表见表 4.2-8，主要施工进度计划见图 4.2-54。

Q 地块主要节点进度计划表　　　　　　　　　　　　表 4.2-8

序号	主要任务名称	开始时间	完成时间
1	主体结构施工	2018-12-27	2019-2-9
2	装修工程施工	2019-3-22	2019-4-10
3	机电安装工程	2019-3-2	2019-3-21

续表

序号	主要任务名称	开始时间	完成时间
4	室外工程施工	2018-12-27	2019-6-21
5	联合调试、试车	2019-7-9	2019-7-20
6	实体完工	—	2019-8-30
7	竣工验收并移交	—	2019-8-31

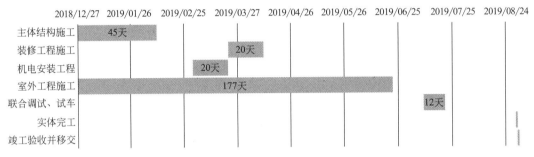

图 4.2-54　Q 地块主要施工进度计划

7）S1 地块施工阶段总工期 369 个工作日，开始时间 2018 年 8 月 6 日，完成时间 2019 年 8 月 19 日，主要节点进度计划表见表 4.2-9，主要施工进度计划见图 4.2-55。

S1 地块主要节点进度计划表　　　　　　　表 4.2-9

序号	主要任务名称	开始时间	完成时间
1	土方开挖及基坑支护施工	2018-8-17	2018-9-25
2	桩基工程	2018-8-27	2018-9-30
3	±0.000 结构封顶	2018-10-14	2018-12-6
4	主体结构施工	2018-11-5	2019-4-16
5	装修工程施工	2018-12-30	2019-7-17
6	机电安装工程	2018-12-20	2019-7-17
7	室外工程施工	2018-12-27	2019-6-21
8	联合调试、试车	2019-7-9	2019-7-20
9	实体完工	—	2019-8-30
10	竣工验收并移交	—	2019-8-31

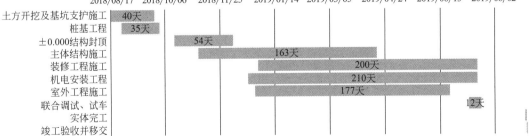

图 4.2-55　S1 地块主要施工进度计划

8）T 地块主要节点进度计划表见表 4.2-10，主要施工进度计划见图 4.2-56。

T 地块主要节点进度计划表　　　　　　　　　　表 4.2-10

序号	主要任务名称	开始时间	完成时间
1	土方开挖及基坑支护施工	2018-8-17	2018-9-25
2	桩基工程	2018-8-27	2018-9-30
3	±0.000 结构封顶	2018-10-14	2018-12-7
4	主体结构施工	2018-10-21	2019-4-5
5	装修工程施工	2018-12-21	2019-7-10
6	机电安装工程	2018-12-1	2019-6-30
7	室外工程施工	2018-12-27	2019-7-20
8	联合调试、试车	2019-5-23	2019-7-20
9	实体完工	—	2019-6-30
10	竣工验收并移交	—	2019-8-20

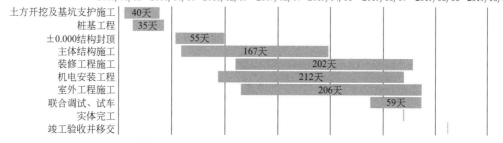

图 4.2-56　T 地块主要施工进度计划

4.2.2.2　工期谋划思路及措施

1. 总体思路

1）合理安排关键线路上的工作及各项关键工作之间的搭接

关键线路上的工作持续时间决定了施工工期，合理安排关键工作及各项工作之间的搭接，是控制工程施工进度的核心内容。

2）合理安排非关键线路上的工作插入

在进度计划安排中，对于非关键线路上的工作要考虑尽早插入，以提供较为富余的作业时间，否则非关键线路上的工作一旦出现了延误并且延误的时间超过了自由时差，非关键线路将转变为关键线路，势必会造成总工期的延误。

3）充分考虑必要的技术间歇

在进度计划编排中充分考虑各工序与上一道工序的技术间歇时间，避免因上道工序完成却不能按计划要求及时转入下一道工序施工，造成进度盲区。

4）充分考虑供货和制作周期等施工准备工作

进度计划安排中，工作持续时间的长短，必须充分考虑到该项工作施工准备所需要的时间。

5）台风暴雨等恶劣天气对工期的影响

本工程施工恰逢雨期，故工期谋划应考虑台风暴雨等恶劣天气对工期的影响，制定雨

113

期施工的各项针对性的措施。

6）考虑节假日对工期的影响

本工程施工需跨越元旦春节等节假日，春节停工时间在 20 天左右（一般为年前 5 天，年后 15 天），进度计划编制必须考虑节假日对工期的影响。

2. 工期策划

1）施工技术方案

根据设计要求、施工图纸等设计文件，对土建、机电、装饰装修、市政专业所采用的施工工艺进行方案比选，根据其施工工期择优选择，并制定方案编制计划，保证方案先行。

2）大型机械布置

根据施工总平面布置图，依据大型机械设备的工作效率，以最大限度利用的原则，合理规划大型机械设备的布设，从而保证工期。

3）专业分包分判

专业分包应在施工执行计划中明确分包范围、专业分包人的责任和义务。根据施工计划，提前 90 天完成专业分包的分判。

4）材料采购

根据施工图纸，在项目开工前，对影响工期的土建主材、机电主材、装饰装修主材、市政专业主材编制需要用量计划，按施工计划提前 90 天完成商务合同谈判及看样定板，提前 60 天完成材料生产下单，提前 10 天完成材料进场。

3. 优化措施

1）细化分解计划

一是将施工总体流程拆解为各个分部分项工程；二是将分部分项工程细化分解为每个工序；三是将每个工序拆解为每天要完成的工作量，结合"EPC 项目全过程信息化管控关键技术"，创建 WBS 工作包，明确定义项目每日的计划工作任务，项目经理根据每日的计划工作任务，提前规划相应的招采计划、合同策划等，按日安排人、机、料的投入，每日按照相应的工作任务及完成情况向项目经理汇报，分析具体工作量完成情况，及时通过工序搭接等进行项目纠偏。

2）优化吊装次序

本工程是一个装配率达 60% 以上的项目，构件吊装顺序会影响施工的总体进度，提前规划是关键。需提前与构件厂对接，按照构件安装顺序生产相应构件，将构件依次摆放。构件运输车到达构件厂后，能够直接装车，并合理规划构件的到货顺序及车次，避免因构件无序生产和摆放混乱带来的时间增加。

3）优化工种配合

装配式施工需要多工种配合。在设计之初，对装配式构件的数量、节点进行优化，尽量减少现场的模板封堵。装配式吊装的过程中，同步插入木工的相关收边收口人员，木工完成相应节点以后，开始局部钢筋绑扎，通过多工序交叉作业，减少每层构件安装的施工时间。在施工过程中，临时支撑搭设、PC 构件吊装、木工对构件的局部模板封堵、混凝土浇筑等各工序的衔接必须紧密。

4）紧抓质量把控

工程质量是影响工期的一大重要因素。以预制柱安装质量为例：预制柱安装后，伸出的柱筋有一定的摆幅，若不对其安装位置进行调整并固定好，当浇筑完梁板混凝土，吊装下一条预制柱时，极易出现预制柱被顶住而无法安装的窘境，预制柱的施工质量直接影响其施工效率。为此，柱筋利用隔网箍进行定位精度控制，主要采用 9mm 圆形钢棒焊接连接，使用时置于定位用底座钢棒上端，铁网最外侧采用四根 9mm 钢棒后焊，待箍筋及上层筋安装完成，需对定位铁网作校正，此时需用经纬仪由控制点测量校正，完成后利用工作筋及主筋点焊固定，确保混凝土浇筑过程中，混凝土的流动及振捣棒的移动均不影响柱筋的定位。精准的柱筋定位能加快下一层预制柱的就位时间，每根预制柱安装用时由 60min 减少至 10～15min。

4.2.2.3　工期保证措施

1. 组织措施

1）工期管理组织机构

为确保本工程进度，成立华南理工大学国际校区 EPC 项目管理委员会，下设决策层、总承包管理层、施工作业层。决策层下设计划管控部门，负责建设工期管控。总承包管理层选派具有类似工程管理经验和业绩的施工项目负责人，同时还配备一批经验丰富、精力充沛的项目管理、技术人员。项目管理人员提前做好就位工作，要求主要骨干成员参与投标过程，熟悉工程特点，在最短时间内进入角色；普通人员在投标期间着手工作移交，中标后立即就位。

2）专业工程分包模式

在选择专业工程分包商及劳务作业层时，根据不同的专业特点和施工要求，采取不同的合同模式，在合同中明确保证进度的具体要求。且选用素质高，技术能力强的土建、安装、装饰装修等劳务队进行施工。

3）合同管理

施工前与各施工单位签订施工合同，规定完工日期及不能按期完成的惩罚措施。在合同中明确专款专用制度，防止施工中因为资金问题影响工程进展，保证劳动力、机械的配备充足，材料的及时进场。随着工程各阶段节点计划的完成，及时支付各作业队伍的劳务费用，为施工作业人员的充足准备提供保证。按工期节点设立奖罚制度，提前或按期完成给予奖励，延期给予处罚。

4）专题例会制度

项目部每周四召开施工生产协调会议，检查计划的执行情况，提出存在的问题，分析原因，研究对策，采取措施。计划管理人员定期进行进度分析，掌握当期指标的完成情况，研判是否影响总目标；劳动力和机械设备的投入是否满足施工进度的要求。通过分析、总结经验、暴露问题、找出原因、制定措施，确保进度计划的顺利进行。

2. 管理措施

1）计划编制

依据合同总工期要求编排合理的总进度计划，确定主要施工阶段（地基基础、主体结构、机电设备安装调试、装修、验收等）的开始时间及关键线路、工序，对生产诸要素（人力、机具、材料）及各工种进行计划安排，在空间上按一定的位置，在时间上按先后顺序，在数量上按不同的比例，合理地组织起来，在统一指挥下，有序地进行，确保达到预定的目的。

2）工期月报

各施工单位每月 30 日向项目经理部提供当月分包工程执行情况、下月施工进度计划、资源与进度配合调度情况。

3）深化设计及设计变更

本工程在施工前进行深化设计，根据施工进程中遇到的实际问题及时合理地进行设计变更。施工中认真学习图纸，及时掌握设计变更项目。对于某些工艺复杂、技术不成熟、材料成本高的设计项目或材料，本着降低造价、缩短工期的原则，建议业主尽早变更为工艺成熟、施工速度快的设计方案。

4）方案比选

通过多方案比选确定施工方案，且应体现资源的合理使用、工作面的合理安排，并应有利于提高建设质量、有利于文明施工和合理地缩短建设工期。

5）项目法施工

严格按照项目法施工管理，实行项目施工负责制，对本工程行使计划、组织、指挥、协调、控制、监督六项基本职能，实行全方位全过程的有效管理。通过发挥综合协调管理的优势，以合约为控制手段，以总控计划为准绳，调动各施工队的积极性，确保各项目标的实现。

6）模块销项制度

实行每周进度协调销项和每日碰头会制度，对比进度计划，限时销项整改，若专业分包单位未按时完成，需专业分包单位负责人驻场解决。

7）进度控制

严格坚持落实每周工地施工协调会制度，做好每日计划安排，确保各项计划落实。实施中的施工进度每月（或周）按时填写并上墙，包括施工进度对比，存在的问题及处理措施、下月（或周）计划安排。成立施工进度检查小组，每天早上 8：00 定时对现场的人、机、料等进行清点，确保每日投入的资源能满足现场施工要求。

8）工序质量管理

严格控制工序施工质量，确保一次验收合格，杜绝返工，并加强成品保护工作，达到缩短工期的效果。

9）提前确定样板

在结构施工阶段对选定装修材料，确定样板。每道工序施工之前，先进行样板施工，通过验收再进行全面施工，减少施工期间技术问题的影响。

10）总平面管理

加强总平面管理，尤其是机械停放、材料堆放等不得占用施工道路，不得影响其他设备、物资的进场和就位，实现施工现场秩序化。根据主体结构、装饰装修、设备安装等不同阶段的特点和需求，进行施工总平面布置，各阶段的现场平面布置图和物资采购、设备订货、资源配备等辅助计划相配合，对现场进行宏观调控，施工现场秩序井然，保证施工进度计划的有序实施。

11）后勤服务

制定严格的卫生管理制度，避免出现突发性卫生事件影响工期。准时、保质、保量为现场作业工人提供饮食，按时供应茶水，为晚上加班的人员另行安排夜宵，以提高作业工人的工作效率。

12）夜间、农忙、节假日施工安排

提前做好扰民安抚工作，现场围墙、门口、道口等显要位置张贴夜间施工告示。施工照明与施工机械设备用电各自采用一条施工线路，防止因大型施工机械偶尔过载后跳闸导致施工照明不足。夜间施工时，加强安全设施管理，重点检查作业层四周安全围护、临边洞口防护等，确保夜间施工安全。

采取合同约束、超前计划、经济补偿、便利措施等措施应对休假及传统节日导致劳动力短期返乡流动、采购困难等不利情况。

3. 技术措施

1）进度重量管理法

将工程中的各专业换算为"重量单位"进行进度管控，以周为单位统筹管理。基于广联达 BIM 5D，在施工模型基础上加上进度时间轴，各工序用材换算成重量录入 BIM 系统，将进度管理精确到每天每公斤。以工程进度为主线，考核重量的预算值和实际值并形成考核进度管理乃至项目管理的体系。该管理方式与奖罚制度有效结合，可以对各分包进行管控，推动施工管理水平提升，增加信息化应用深度。

2）装配式建筑

采用叠合板、高精度模板、清水混凝土工艺，机电、装修采用装配化施工，在场外进行半成品的预制，现场组装，有效节省工期。

3）成立专家团队

针对项目重难点，进行项目技术工作的详细策划，结合知名专家、学者，成立专家团队。将所有施工难点在现场实施前进行逐一攻关细化，保证现场实施顺利。

4）核心技术应用

应用已获得省部级科技奖的 20 多项核心技术，确保工程快速、优质、高效完成。

5）工业化设计能力

施工单位设有国家首批装配式建筑产业基地，拥有设计院、构件厂（构件生产、运输、安装）、周转材料、临设工厂（箱式房、塑料围挡）、采购中心等贯穿装配式建筑全产业链的各个实体，在装配式建筑全生命周期具备丰富的经验。

6）全过程、全专业 BIM 技术应用

（1）设计 BIM 应用

在项目前期组织设计、施工单位编制 BIM 实施策划。设计 BIM 模型完成后，移交给施工单位进行施工深化，形成施工 BIM 模型。

（2）施工总承包 BIM 应用

成立专门的施工 BIM 工作组负责 BIM 施工阶段工作的开展，充分沟通设计，确保在设计、施工、运维阶段 BIM 模型数据传递有效、完整。

（3）工厂预制 BIM 应用

工厂预制方面运用 BIM 计划进行构件深化设计，确保构件尺寸精准无误，杜绝现场无法安装而返厂的现象。

（4）运维阶段 BIM 应用

施工阶段将设计变更及现场实际工程信息，逐步整合至 BIM 模型，最终形成竣工模型，交付业主方，供运维阶段使用。

7）其他技术措施

（1）外脚手架采用悬挑脚手架，从二层楼面开始悬挑，第一段悬挑设在第二或第三层，悬挑层做好封闭处理，提供多个作业面，加大成品保护力度，实施多个班组交叉作业。充分利用平面、空间和时间，组织平面、立体流水交叉作业，及早插入砌体、装修和各专业施工，避免出现装修高峰，做到均衡施工、科学管理，每道工序为下道工序创造足够的工作面。

（2）地下室顶板后浇带和防水施工前先拆除裙楼落地脚手架，完成室外管网和回填工作，再搭设落地脚手架进行裙楼装饰施工。

（3）定期对工人进行技术培训，做好新进场工人和新工序施工前的技术交底，提高工人的素质和技术水平，加快施工进度。

（4）在大体积和竖向剪力墙结构混凝土施工中，采取防止混凝土裂缝的有效措施。

4. 资源措施

1）人力资源

（1）制定劳动力计划。对劳务作业层实行专业化组织，穿透性动态管理。

（2）人员合理调配。每道工序施工完成后，及时组织工人退场，给下道工序工人操作提供作业面，做到所有工作面均有人施工。加强班组建设，做到分工和人员搭配合理，提高工效，既要做到不停工待料，又要调整好人员的安排，不出现窝工现象。合理调配劳动力，如钢筋工在绑扎钢筋的间歇，投入钢筋的制作成形工作以及钢筋的场内二次倒运。

（3）劳动力组织安排。提前组织好劳动力，挑选技术过硬、操作熟练的施工队伍，按照施工进度计划的安排，分批进场。通过综合比较，挑选技术过硬、操作熟练、体力充沛、实力强悍打硬仗的施工队伍。做好后勤保障工作，安排好工人生活休息环境和伙食质量，尤其安排好夜班工人的休息环境。确保现场劳动力前提下，计划储备一定数量劳动力作为资源保障措施。

2）机械设备

（1）数量保证。发挥施工单位在经营布局方面的雄厚综合实力优势，迅速在广州市内或周边调集能满足施工需要的各类机械设备及器具。配备足够的机械设备和必需的备用设备。配备足够的易损件和消耗材料，制定机械操作规程，严格管理，配备机修小组对机械进行保养和维修。

（2）性能保证。选用优质品牌（厂家）生产的施工机械；选择新购、适龄、新型的机械，避免老化、淘汰的机械。

（3）机械配备计划。精心编制详细准确的机械计划，明确机械名称、型号、数量、能力及进场时间等，并严格落实计划。进场后立即组织塔式起重机基础施工和安装，确保其在底板施工阶段投入使用。

3）物资材料

（1）供货平台。充分利用政府采购平台及施工单位集采平台进行采购，调动完善的物资分供网络及大批重合同、守信用、有实力的物资分供商，确保本项目物质材料供应的优先。

（2）材料进场。对工程中使用的物资材料编制详尽的总需求计划、月计划、周计划，以便及时准备，保证按时进场，满足施工需要。

（3）材料检验。对进场的物资材料及时取样送检，并将检测结果及时呈报监理工程师，确保不因物质材料的质量问题延误施工。

（4）专业分包物资。施工单位根据总体进度计划，要求专业分包单位编制相应的物质材料进场计划，并督促其主要物质材料及时进场。

4）机械器具

（1）周转材料

① 根据项目生产进度对各项材料需求，选择多家交通便利的周转材料租赁公司作为储备，在周转材料出现问题时及时租赁调配，保证不耽误施工生产需求。

② 根据周转材料投入总计划和工程进度计划，结合工程实际情况，编制切实可行的周转材料供应计划，按计划组织分批进场，确保周转材料供应及时、适量。

③ 地下室阶段各片区根据实际情况划分施工区段，一层地下室应有 1 层模板及相应支撑体系，本工程不考虑周转使用。

④ 主楼首层配全套模板，每栋主楼标准层配备两套（层）模板和支撑体系，每栋主楼标准层卫生间沉箱必须配备不少于 1 层定型组合钢模板，用于卫生间返坎混凝土与结构混凝土同时浇筑。

（2）工程材料

① 项目自购材料

a. 在全国各地建立大宗材料信息网络，不断充实更新材料供应商档案；

b. 随施工进度不断完善材料需用计划；

c. 在保证质量的前提下，按照"就近采购"的原则选择供应商，尽量缩短运输时间，确保及时完成大宗材料的采购进场；

d. 严把材料采购过程、进场验收的质量关，避免因材料质量问题影响工期。

② 业主提供材料、设备及分包商采购材料

a. 协助业主、分包商超前编制准确的甲供材料、设备计划，明确、细化进场时间、质量标准等，必要时提供供货厂家和价格供业主参考。

b. 及时细致做好业主提供或分包商采购材料、设备的质量验收工作，填写开箱记录，办理交接手续。

c. 做好甲供材料、设备的保管工作，对于露天堆放的材料、设备采取遮盖、搭棚等保护措施。

d. 根据施工安排，制订合理的用款计划和材料供应计划，避免停工待料现象发生。

5）资金

（1）资金保障措施

① 工程资金专款专用，严禁挪作他用。

② 项目部财务每月月底制定下月资金需用计划，报项目商务管理部审核，并报项目经理审批；工程所需资金由财务管理调拨，确保各种材料设备款按时支付、劳务工人工资及时发放，绝不发生拖欠现象，以保障各种材料如期进场、劳务人员的稳定。

③ 调动所有资源，对项目资金给予全面支持。

（2）资金监管措施

① 项目资金专门账户受招标人及公司监控。

② 财务严格按资金需用计划监督资金的使用情况，出现偏差及时追查原因并形成报告，严格控制财务资金的流入与流出。

（3）专款专用

设立针对本工程的专门银行账户，保障项目款项专款专用。所有款项支付由各分包分供单位提交资金使用计划和资金支付申请表，经过项目各部门、项目经理审核、报公司领导审批后统一支付，提高资金使用效率。

（4）预算管理

执行严格的预算管理：施工准备期间，编制项目全过程现金流量表，预测项目的现金流，平衡使用项目资金，以丰补缺，避免资金无计划管理。

（5）资金压力分解

在选择分包商、材料供应商时，提出资金部分支付的需求，向同意部分支付又相对资金雄厚的合格分包商、供应商倾斜。

4.2.2.4 特殊季节施工措施

1. 雨期施工保障措施

1）信息准备措施

雨期施工期间，项目经理部应指定专人收听收看天气预报，做好记录，并及时传达给有关人员，同时传达当地政府部门的防汛要求。

2）技术准备措施

（1）根据以往雨期施工的不同特点，提前编制有针对性和切实可行的雨期施工方案，报请业主及监理单位审批，审批合格后，对现场管理人员及施工人员、项目各班组进行交底，及时落实方案内容，加强项目的演练计划。

（2）根据施工要求及施工方案编制材料需求计划、配备足够的防雨防潮材料和设备，包括潜水泵、彩条布、雨衣、雨鞋等（图 4.2-57）。

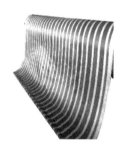

图 4.2-57　防雨工具

3）生产准备措施

（1）成立项目经理部项目负责人为组长，包括土建和各安装专业在内的防汛领导小组，负责本工程施工过程中雨期施工技术措施的落实和日常工作的检查。

（2）成立防洪防汛抢险队，备齐防洪工具及设备，做好防洪准备工作。

（3）项目部应按材料计划在雨期施工前准备好相关施工材料。

（4）雨季前将临时排水系统与现场排水系统连通，对原有的排水系统进行清理，使施工现场排水系统畅通。

（5）雨期施工之前，雨期施工领导小组对工程和现场进行全面检查，特别是塔式起重机、脚手架、电气设备、机械设备等检查，现场道路、排水沟的形成、人防出入口和通道的封堵、仓库等施工用房的防漏防淹均应提前做好，发现问题及时解决，防止雨期施工期间发生事故。

（6）夜间设专职的值班人员，保证昼夜有人值班并做好值班记录，同时设置天气预报员，负责收听和发布天气情况，防止台风、暴雨突然袭击，合理安排每日工作。

（7）做好施工人员雨期培训工作，组织相关人员定期全面检查施工现场的准备工作，包括临时设施、临时用电、机械设备等的防护工作。

（8）积极主动与当地街道办事处，派出所、交通、环卫等政府主管部门协调联系，取得他们的支持理解，为施工提供便利条件。

（9）由项目经理部技术负责人专门负责，做好施工扰民问题的细致工作，积极热情地与当地居民联系沟通，取得周围单位和居民的理解和支持，做到必要时能全天候施工，保证施工进度要求，准备要求详见表 4.2-11。

生产准备措施准备要求　　　　　　　　　　　　　　　表 4. 2-11

准备项	准备要求
临时道路	(1)现场临时道路应做好面层及排水沟、排水涵管等设施,确保雨季道路循环通畅,不淹不冲、不陷不滑。 (2)按照施工总平面布置,在雨季到来前修整好排水沟,并检查临时道路,及时检修。 (3)场地排水坡度应不小于3‰,并能防止四邻地区的水流入。排水沟坡度应不小于5‰,其断面尺寸应按暴雨公式和汇水面积参数确定
临时设施	(1)现场临时设施的搭设应严格按照各有关规定实施,防洪器材要备齐并按有关规定发放。 (2)雨期施工前,应对各类仓库、变配电室、机具料棚、宿舍(包括电器线路)等进行全面检查,加固补漏,对于危险建筑必须及时处理,及时做好相应防护和加固措施
材料储存及保管	各种材质及其配件等应存放在能够避免风吹雨淋日晒的干燥场所。雨期施工期间宜水平放置,底层应搁置在调平的垫木上。垫木应沿边框和中格部位妥帖布置,距地不小于400mm,防止受潮和变形。叠放高度不宜超过1.8m。采用靠架存放时,必须确保不变形
机械设备	(1)雨期施工期间应加强教育和检查监督,塔式起重机应设置避雷针,接地装置要进行全面检查,遇6级以上大风应停止作业,并打开旋转装置,暴风雨到来时应将现场电源切断。 (2)现场(包含钢筋加工区)机械操作棚(如电焊机、木工机械、钢筋机械等),必须搭设牢固,防止漏雨和积水。 (3)现场机械设备,要采取防雨、防潮、防淹没等措施。周围布置好水泵和排水管道,用电的机械设备要按相应规定做好接地或接零保护,还要经常检查和测试可靠性。电动机械设备和手持式电动机具,都应安装漏电保安器,漏电保安器的容量要与用电机械的容量相符,并要单机专用
电气设备	在雨期施工前,应对现场所有动力及照明线路、供配电电气设施进行一次全面检查,对线路老化、安装不良、瓷瓶裂纹、绝缘能力降低以及漏跑电现象,必须及时修理和更换,严禁迁就使用。配电箱、电闸箱等,要采取防雨、防潮、防淹、防雷等措施,外壳要做接地保护
装饰工程	(1)施工涂刷腻子时,要保持室内恒温,室内相对湿度不得大于80%;刷油质涂料时环境温度不得低于10℃。 (2)饰面砖施工时,砂浆温度不得低于5℃,并掺入一定量防冻剂。饰面砖施工完成后采取覆盖保温措施

4）雨期施工准则

小雨不停工，大雨停工，尽量降低风雨对施工进度的影响。对大体积结构混凝土和不允许留设施工缝的重要结构混凝土，大雨不停工，但要采取有效的防雨措施，确保混凝土施工质量。对于一般性的混凝土（如垫层混凝土），大雨允许停工，但必须做好已完成工作面的遮雨措施；如遇暴风雨需经监理同意在适当位置留置施工缝，方可停工。

5）分部分项工程雨期施工管理措施

（1）施工测量

① 雨天不宜进行室外测量放线，若雨后进行施工测量，投放轴线之前应先将工作面积水扫除干净，确保投放的轴线清楚准确。

② 严禁雨中使用仪器，若雨天必须在室外操作时，应有足够的挡雨措施。仪器用后要进行保养，保持其良好状态。

③ 采取措施测量点保护，如不在雨水冲刷部位设置标识、利用物品遮盖、利用不易被雨水冲刷的明显材料标示。

（2）回填土工程

① 回填土进行雨期施工时。回填土前必须清除槽内积水淤泥，回填土应在晴天进行，机械碾压要连续操作、尽快完成。施工中严禁地面水流入槽内，一方面要保护基坑边的挡水坎，同时在未进行地上结构施工的地下室顶板上砌挡水墙。

② 土方回填时按回填土施工要求进行，当不能连续回填时，应重新修出排水沟和集水井。

（3）混凝土工程

① 混凝土雨期施工前应检验原材料，及时根据材料检验含水率对混凝土配合比进行调整。

② 混凝土施工前应及时、详尽了解未来几天天气情况，尽量避免雨期施工，如无法避开雨期施工，应待雨量较小时进行混凝土施工。混凝土雨期施工时，必须边浇筑边覆盖塑料薄膜，尽量避免雨水冲刷混凝土表面，防止混凝土水泥浆流失。

（4）模板工程

模板堆放应严格按规定进行。模板堆放场地必须坚实可靠，排水通畅，防止积水；木制模板堆放不宜过高，底部应有垫木；无支腿模板须放在已搭设好的模板插架中，插板架必须支搭合理牢靠。模板拆下后必须清理修复，涂刷油性脱模剂。合模后未能及时浇筑的混凝土部位，要及时覆盖模板，下部留出水口。

（5）钢筋工程

钢筋绑扎前，要清除污物、锈蚀，雨天要对绑扎完毕未浇筑混凝土的钢筋进行覆盖，防止其生锈。室外钢筋加工场处的钢筋也要进行必要的覆盖。雨中不宜进行焊接作业。

（6）装修工程

堆放在现场的各种装修材料，必须有可靠的覆盖，防止雨淋。已安装好的门窗必须有专人负责，风雨天必须关闭，防止损坏，避免室内抹灰和装饰面淋湿冲刷。室内装饰工程必须在屋面和楼地面完成后进行，防止漏水。雨天不宜进行外装修施工。

（7）机电工程

施工用机械设备需经常检查接零、接地保护；机械棚要搭设严密，防止漏雨；随时检查漏电装置是否灵敏有效。

（8）防水工程

① 雨天不进行室外防水作业。

② 做好防水材料的覆盖工作。

③ 雨后及时清理作业面，防水面表层达到干燥程度要求之后方可继续进行防水工程施工作业。

（9）吊装工程

① 构件堆放地点要平整坚实，周围要做好排水工作，严禁构件堆放区积水、浸泡，防止泥土粘到预埋件上。

② 雨天可能会影响起重机司机的视线，应尽量避免雨天吊装。

③ 由于构件表面及吊装绳索被淋湿，导致绳索与构件之间摩擦系数降低，可能发生构件滑落等严重的质量安全事故；此时进行吊装工作应加倍注意，必要时可采取增加绳索与构件表面粗糙度等措施来保护吊装工作的安全进行。

④ 雨天吊装应扩大地面的禁行范围，必要时增派人手进行警戒。

⑤ 六级以上风力或暴雨天气停止一切吊装作业。

（10）焊接工程

① 根据工程的特点，设计基本封闭的焊接操作平台，设置防风、防雨措施。遇到大雨一般不进行焊接工作，有小雨或焊接时碰到阵雨利用封闭操作平台保证焊接的连续性及焊缝质量。

② 在湿度较大时，焊前要有加热、去湿措施。

③ 焊工戴好绝缘手套。

④ 焊接件表面有脏物、积水、油污时，应清除干净。

2. 台风季节施工保障措施

因广州地区受台风影响频繁，工程施工过程中经历夏季施工，可能遇到台风等恶劣天气，为确保工程质量、施工进度及施工安全要求，特制定相应保障措施。

1）信息收集措施

台风预警信号分四级，分别以蓝色、黄色、橙色、红色表示，另外一种白色预警为广东省特有（表 4.2-12）。

台风分级防御指南　　　　　　　　　　　　　　　　　　　　　表 4.2-12

序号	图例	含义	防御指南
1	蓝 BLUE	24 小时内可能或者已经受热带气旋影响，沿海或者陆地平均风力达 6 级，或者阵风 8 级并可能持续	(1)关好门窗，加固围板、棚架、广告牌等易被风吹动的搭建物，妥善安置易受大风影响的室外物品，遮盖建筑物资。 (2)行人注意尽量少骑自行车，刮风时不在广告牌、临时搭建物等下面逗留。 (3)现场当采取保障措施，注意防火

序号	图例	含义	防御指南
2	黄 YELLOW	24 小时内可能或者已经受热带气旋影响,沿海或者陆地平均风力达 8 级,或者阵风 10 级并可能持续	(1)停止露天活动和高空等户外危险作业,危险地带人员和危房居民尽量转到避风场所避风。 (2)切断户外危险电源,妥善安置易受大风影响的室外物品,遮盖建筑物资。 (3)现场当采取保障措施,注意防火
3	橙 ORANGE	12 小时内可能或者已经受热带气旋影响,沿海或者陆地阵风 12 级并可能持续	(1)房屋抗风能力较弱的单位应当停业,人员减少外出。 (2)切断危险电源,妥善安置易受大风影响的室外物品,遮盖建筑物资。 (3)现场应当采取保障措施,注意防火
4	红 RED	6 小时内可能或者已经受热带气旋影响,沿海或者陆地平均风力达 12 级以上,或者阵风达 14 级以上并可能持续	(1)人员应当尽可能停留在防风安全的地方,不随意外出。 (2)塔式起重机等设备采取积极措施,妥善安排人员留守或者转移到安全地带。 (3)切断危险电源,妥善安置易受大风影响的室外物品,遮盖建筑物资。 (4)现场应当采取保障措施,注意防火
5	白 WHITE	热带气旋 48 小时内可能影响本地	(1)防台防汛办公室负责通知公司各部门经理、各参建单位负责人,由各部门及项目部组织按照防台防汛预案检查防台防汛物资器材,确保到位;检查港区内所有设备、住所是否安全,并采取保护措施。 (2)技术保障组、事故抢险队、工程协调组各就各位,全面检查港区内所有设备、人员是否进入安全防护,措施是否已全部执行。 (3)工程协调组负责督促检查各参建单位防台措施执行情况。 (4)公司值班人员加强现场巡视,部门值班人员随时待命

2）防范准备措施

（1）蓝色台风信号发布时：停止一切高空施工作业；妥善堆放、安置建筑材料；检查、加固在建工程的脚手架、安全网、围板等设施；检查塔式起重机、施工电梯等现场施工机械，及时消除安全隐患；检查、加固办公室、员工宿舍、仓库等临时建筑物；

（2）黄色台风信号发布时：停止一切户外施工作业，切断户外施工用电电源；检查起重机，将回转机构的制动器完全松开，起重臂能随风转动；对于轻型俯仰变幅起重机，应将起重臂落下，并与塔身结构锁紧在一起；

（3）橙色或红色台风信号发布时：所有人员留在确保安全的室内，必要的时候撤离项目，将人员转移至附近的安全场馆内；同时项目派人不间断进行值班，发现险情及时报告和处理。

3）防台风安全措施

（1）施工现场需进行防护部位（表 4.2-13）

防护部位及防护方法 表 4.2-13

序号	防护部位	防护方法
1	施工过程中的建(构)筑物,如在安装过程中的预制外墙、预制内墙、预制楼梯钢等	加固处理
2	施工脚手架	加固处理
3	施工机械,包括现场使用的塔式起重机、施工电梯等	加固处理或降低高度
4	高空悬挂物,悬挑防护棚	加固处理或落地回收
5	临建设施,包括临时工棚、仓库、加工场及施工过程中使用的各种标识牌、警示牌、宣传栏等	加固处理或回收
6	现场办公区办公楼,生活区住宿楼,食堂等	加固处理

（2）重点部位防台风措施（表 4.2-14）

重点部位防台风措施 表 4.2-14

部位	防台风具体措施
塔式起重机、施工电梯等防台风措施	(1)当风力达到 6 级以上(含 6 级)时,停止所有起重吊装作业。 (2)台风来临前做好塔式起重机、施工电梯的加固。 (3)当台风达到 10 级以上时,考虑降低塔式起重机、施工电梯高度。 (4)塔式起重机控制器挂零挡,吊钩收起,靠塔身放置,并制定专项检查措施
施工过程中建筑物防大风措施	(1)控制每层施工高度,柱与梁板分开浇筑,缩短上升周期,降低遇到台风的可能性。 (2)彻底检查脚手架各杆件连接情况,及时清理脚手架上堆放的模板、木枋等施工材料。 (3)台风来临前,检查脚手架连墙件设置是否可靠,发现问题及时整改加固。 (4)已就位的梁柱模板及时使用立杆或斜撑进行加固,严禁随意挂在柱子上或架空。施工平台上的模板采取可靠加固措施或转运至室内安全的地点。 (5)除考虑常规临时支撑措施外,还制定防台风、防阵风的吊装措施
内外墙预制构件	(1)当风力达到 6 级以上(含 6 级)时,停止所有预制构件吊装及安装作业。 (2)台风来临之前,做好内外墙预制构件的加固。 (3)当风力达到 10 级以上时,对内外墙墙体加设斜撑或者进行整体性加固措施。 (4)安排专人看护施工中的顶层内外墙预制构件,并在塔楼周围设置防护安全网,防止预制外墙高空坠落对人员造成伤害

4）台风后管理措施

台风过后，对各类安全防护设施，建（构）筑物、预制构件、脚手架、施工机械及安全标识牌等做一次全面排查，出现松动或变形的及时进行加固、调整、更换处理。并做好以下三点工作：

（1）做好灾后的重建工作，尽快组织人员投入生产。

（2）做好灾后统计工作，并向上级汇报受灾情况。

（3）做好灾后汇总工作，为以后的抗灾工作积累经验。

3. 高温季节施工保障措施

1）高温季节施工准备措施

（1）高温预警

密切关注天气预报，气象部门发布高温警报，管理人员注意收听并及时通报。

（2）材料准备

提前制定易燃、易爆物品进场计划，防止高温天气进场，安排晚上或者早上进场。

（3）现场准备

① 现场设置茶水间，并不间断提供解渴降暑的凉茶供工人使用。

② 现场设置急救中心，第一时间救助因夏季高温中暑的工人，并定期宣传中暑应急小知识。

③ 调整工人作息时间，避开中午高温施工阶段。

2）高温季节施工措施

（1）施工现场措施

① 施工现场及生活区均设置茶水供应点，每天提供清热、降暑的凉茶供施工人员饮用；

② 现场准备急救包，并为现场施工人员发放解暑药品，如清凉油、风油精、人丹、藿香正气水等。

（2）管理措施

① 夏季露天作业，应合理安排作业及休息时间。各分包单位可根据具体情况，在气温较高的条件下，适当调整作息时间，早晚工作，中午休息，尽可能白天做"凉活"，晚间做"热活"，并适当安排工间休息制度。

② 浇筑混凝土应避开中午时段，选择较为凉爽的下午或晚上进行。浇混凝土前应对模板、施工缝浇水冲洗，充分润湿。混凝土浇捣后应及时采用草包覆盖，指派专人进行浇水养护，防止混凝土被晒裂。

③ 砌砖时，应采取措施湿润砖块，砂浆应随伴随用，防止砂浆脱水后不能正常水化。

④ 做好夏季预防中暑的宣传工作，施工作业人员应了解中暑的症状及急救方法。

⑤ 发现有人中暑时应及时采取措施，遇情况严重的，应立即进行急救并拨打120急救电话（注意：拨打120急救电话时应清楚地报知伤者所在地、病因及程度，并派人到约定路口接应），同时报告项目部相关管理人员，或现场组织车辆立即送往医院救治。

⑥ 安全部应经常检查防暑降温措施落实情况、并对突发情况进行提前演练。

4.2.3 新工法和新工艺

4.2.3.1 装配式榫卯预制混凝土景观围蔽设计与施工工法

1. 概述

施工围蔽是指将施工区域和外界隔离的措施，为施工现场管理及财产安全提供保障，具有美化、整洁施工内外环境的功能。常用的形式有砖砌体、彩钢板装配式围蔽，目前存在两点不足之处：一是砖砌体围蔽的整体刚性差，在外力作用下易发生坍塌、易沉降开裂、施工成本高、工效低、不可循环使用；二是彩钢板围蔽可回收利用，但质轻刚度不足，需增设斜支撑，若不加设斜支撑，在大风作用时易发生倒塌和弯曲变形，钢材也容易锈蚀。

装配式榫卯预制混凝土景观围蔽针对传统围蔽的不足进行了改进，利用硅胶薄定型膜在工厂生产标准件时塑造表面艺术图案及标志，增加围蔽的景观性。构件均为标准件，工厂批量生产，现场采用榫卯结构快速进行安装和拆卸。构件利用制作时预留的竖向螺杆、圆孔进行竖向连接，横向通过榫卯结构连接，全程干作业，实现快速安拆。本技术也具有多种角度的转角连接件，适用不同围蔽的多种施工工况，标准件可多次循环利用，符合绿色施工要求，技术安全可靠、先进。本技术获评广东省省级工法。

2. 技术特点

1）硅胶薄定型膜塑造图案

利用硅胶薄定型膜，在工厂生产标准件时塑造表面艺术图案及标志，增加围蔽的景观性。

2）榫卯结构干作业施工

构件横向采用榫卯连接，竖向采用预埋螺杆及预留圆孔连接，干作业施工，快速便捷。

3）围蔽自重抗风

利用混凝土耐久性能高、自重大的特点，围蔽抗风性能好、重复利用率高、节材环保。

3. 关键技术措施

1）艺术图案制作

采用预先印有艺术图案的硅胶薄膜，在预制构件模具拼接好以后，将硅胶薄膜印有艺术图案的反面一侧紧贴于模具的侧模，在混凝土浇筑拆模后，撕下薄膜，注意在拆薄膜时采取保护措施，以便重复利用。由于混凝土在浇筑时具有流动性和可塑性，图案通过薄膜上的图形留于混凝土表面。在工厂内生产，利用可循环的硅胶定型薄膜塑造混凝土表面艺术图案及标志，且围蔽构件上带有种植花槽，增强围蔽的景观性，改变混凝土表面的呆板、灰冷形象（图 4.2-58）。

2）榫卯连接设计

根据木制品中的榫卯结构原理，利用传统榫卯结构的设计原理，减少建筑材料的种类，简化施工工序。构件通过榫卯结构进行横向连接，竖向采用非灌浆干式锚栓连接。

3）标准件固定和吊装技术

（1）测量放线

进场后，根据建设单位提供的平面控制点或基线，用经纬仪定出主轴线，用墨线弹出，测定围蔽四边廓各大角的标点，作为围蔽位置的基本依据。

（2）基础施工

围蔽采用（高 600mm×宽 600mm）混凝土基座作为基础，按场地地质条件验算基础地基承载力。

（3）底部及转角标准件防线

放线预埋定位锚栓，螺栓定位误差±5mm（图 4.2-59）。

（4）底部构件安装

利用 16t 汽车式起重机进行构件吊装，预埋螺杆作为吊点，吊具与预埋螺杆进行固定。所有预埋螺杆、锚栓吊装前均应涂刷防锈剂，最上一层的构件预埋锚栓除了涂刷防锈剂以外，还需进行防锈密封包裹。施工时，先施工转角构件。

图 4.2-58 榫卯式预制混凝凝土装配式围蔽
艺术图案

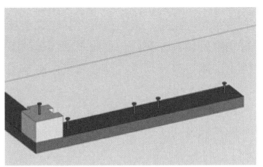

图 4.2-59 装配式围蔽基础底板

（5）转角构件调整及安装

先安装转角构件，再安装普通构件。转角构件与普通构件通过榫头与榫眼进行连接固定（图 4.2-60）。

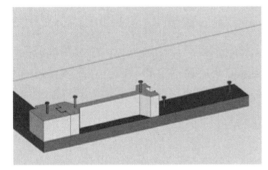

图 4.2-60 装配式围蔽转角构件
与普通构件连接示意图

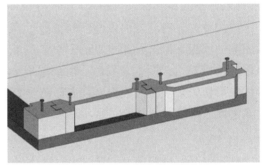

图 4.2-61 装配式围蔽相邻普通构件
连接示意图

（6）相邻构件安装

普通构件通过榫头、榫眼与相邻构件连接安装（图 4.2-61）。

（7）上层构件安装定位

下层构件通过预留圆孔与上层构件预埋锚栓进行套插连接。外露锚栓设在上层的构件下方，上层构件上部设有圆孔，安装时上层构件的锚栓插入下层构件的预留孔匹配连接（图 4.2-62）。预埋孔和预埋件均在工厂进行预埋制作，减小误差，施工时根据测量放线安装底层构件，上层构件通过预埋的锚栓精确定位，减小施工误差。围蔽安装完成后如图 4.2-63 所示。

4）喷淋系统设置

构件在工厂内生产时设有种植花槽，现场施工时可根据不同要求在花槽内种植，增强混凝土围蔽的景观性。围蔽顶部可设置喷淋头，喷头采用专用喷雾喷头，喷头喷雾直径 2mm，大小为 DN15。喷淋头的设置应根据花槽位置，测试喷淋水飘落的位置是否尽量多地落入花草内，实现对植被免浇水，节省人工，节约资源（图 4.2-64 和图 4.2-65）。

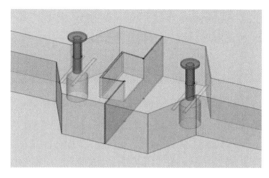

图 4.2-62　装配式围蔽构件锚栓连接示意图

图 4.2-63　榫卯式预制混凝土装配式围蔽

图 4.2-64　围墙绿化

图 4.2-65　装配式围蔽整体效果

4. 实施效果

本技术应用于 A 地块和 B 地块的施工围蔽。本技术装配式榫卯预制混凝土景观围蔽重复利用率高、安装便捷、绿色环保，实现了施工围蔽的快速施工和精品施工。自带花池可做绿化，围蔽表面可做景观艺术，自稳能力强，且抗风承载能力高，能有效应对各种台风天气。围蔽安装所需工人少、施工快捷、节省工期、降低施工成本，取得较好的经济效益和社会效益。

4.2.3.2　装配式联体沉箱制作与安装施工工法

1. 概述

本项目作为广州市装配式建筑面积最大且达到 A 级评价标准的项目，装配率高，装配式建筑面积大。项目施工过程中，技术人员充分调动施工创新的积极性，围绕沉箱施工方法，针对传统方法存在的不足，研发了装配式联体沉箱制作与安装施工技术，本技术获评广东省省级工法。

本技术利用模块化钢模板制作卫生间沉箱，沉箱四个角预埋牛担板，与四周结构预留的凹槽形成支承连接，解决了传统工艺沉箱位置支模凌乱、阴阳角模板拼接困难、表观质量控制难的问题。本技术可以减少木模板和支撑材料的使用，节约材料、绿色环保，制作安装快捷简单，加快施工进度，节省工期。

2. 技术特点

1）并联式沉箱一次预制成型

预制沉箱结构及套管采用并联式一次预制成型，减少了构件分块数量，提高装配生产、运输及安装效率。沉箱采用L形收口与周边梁板叠合部分混凝土一次浇筑成型，避免了沉箱与梁板、两个沉箱之间出现水平施工缝，抗震体系及防水性能得到保证。

2）模块化钢模板

预制沉箱利用模块化钢模制作，以高精度、少构件、重复率高的模块化理念进行钢模具深化设计，拼装快捷，改善传统木模刚度差、成品表观差、模具误差大的质量问题，减少后续的返修工序，保证了装配式构件的高精度要求。

3）预埋牛担板一对一匹配

预制沉箱四个角预埋牛担板，安装时利用结构预留的凹槽，一对一匹配安装，达到快速定位、安装简单、减少支撑材料使用的目的。

3. 关键技术措施

1）联体沉箱一次性浇筑

两个沉箱并联整体一次性浇筑成型，包括沉箱范围内的梁、板和预埋套管。沉箱边梁采用L形收口，现浇部分的钢筋与周边梁板叠合部分混凝土一次浇筑成整体，避免了两个沉箱、沉箱与结构梁板之间出现水平施工缝（图4.2-66和图4.2-67）。

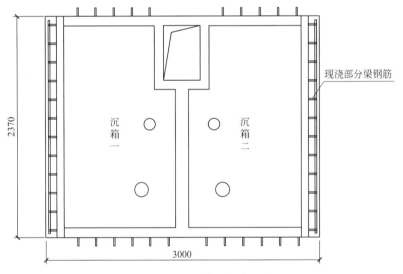

图4.2-66　预制沉箱平面图

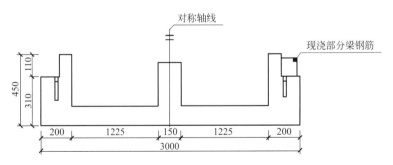

图4.2-67　预制沉箱剖面图

2）优化钢模板

通过深化设计，整套模具主要由4块条形槽钢（边模）和10块L形槽钢拼接而成，连接构件有连接架、连接钢片和螺栓等，槽钢之间通过钢片和螺栓进行连接，上部连接架增强整套钢模的整体性，而外侧边模则利用方钢和螺栓与地面固定和定位，每侧边模有三条方钢与之连接，见图 4.2-68。

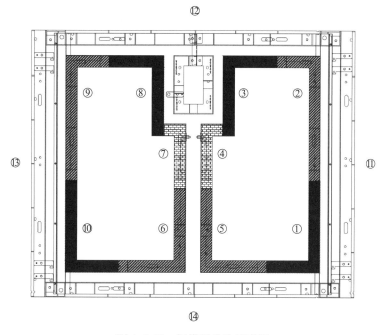

图 4.2-68　钢模板分块示意图

3）四角预埋牛担板

预制沉箱四个角预埋牛担板（图 4.2-69 和图 4.2-70），钢板的厚度 18mm，伸出梁边

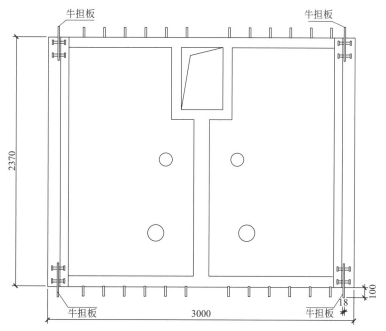

图 4.2-69　牛担板平面布置图

100mm，牛担板通过栓钉与沉箱梁固定，安装时利用结构预留的凹槽，一对一匹配安装，达到快速定位、安装简单、减少支撑材料使用的目的；解决了传统工艺沉箱位置支模凌乱、阴阳角模板拼接困难、表观质量控制难的问题。

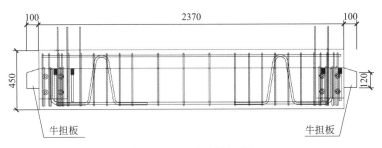

图 4.2-70　牛担板剖面图

4）装配式沉箱构件制作

（1）沉箱钢筋绑扎

① 绑扎钢筋时，四周两行钢筋交叉点应每点绑扎牢固，中间部分交叉点可相隔交错扎牢，但必须保证受力钢筋不位移，见图 4.2-71。

② 钢筋的弯钩应朝上，不要倒向一边，双钢筋网的上层钢筋弯钩应朝下。

③ 钢筋连接的接头宜设置在受力较小处，接头末端至钢筋弯起点的距离不应小于钢筋直径的 10 倍。

④ 当钢筋的直径 $d>16$mm 时，不宜采用绑扎接头。

⑤ 纵向受力的钢筋采用机械连接或焊接时，连接区段的长度为 $35d$ 且不小于 50mm。

⑥ 钢筋绑扎时，受力钢筋的品种、级别、规格和数量必须符合设计要求。

⑦ 钢筋绑扎完成后，应采取保护措施，防止钢筋的变形、位移。

（2）钢模板安装

① 严格控制好钢模板之间的拼接及安装质量，确保拼缝宽度满足规范要求，防止漏浆。

② 螺栓安装必须紧固牢靠，安装到位。

③ 钢模安装之前应除锈，涂刷隔离剂。

④ 控制好钢模的平整度、垂直度。

⑤ 混凝土强度达到 1.2N/mm^2 方可拆模，应按照顺序拆除：后安装的先拆除，先安装的后拆除。

（3）混凝土浇筑

① 混凝土浇筑按一般现浇作业的要求，浇筑时须注意消除气孔，震动棒操作时维持在饰材上 5cm 以上，以免因振动而移动饰材或导致饰材破裂。浇筑时应特别注意预埋铁件及边线角隅处均需充分振动密实，但应防止钢筋、预埋铁件移动。

② 根据混凝土浇筑环境控制混凝土浇筑温度，降低入模温差；浇筑完毕后加强养护，降低水化热影响，减小混凝土内外温差。

③ 混凝土找平收面。当混凝土振捣完成后，表面要按工程要求处理，用铁抹子或木抹子在混凝土表面反复压抹，直到表面光洁，见图 4.2-72。

图 4.2-71　沉箱钢筋绑扎

图 4.2-72　沉箱完成图

（4）混凝土养护

① 以热模养生为主（非蒸气直接加热），利用蒸气管加热模具，以间接方式提升混凝土养护温度，达到早强效果。

② 热模养护前混凝土至少已浇筑两小时，升温速率应在 20℃/h 以下，因此法属间接加热，升温速率较缓。

③ 养护的温度应设定在 50～60℃，最高温度勿超过 65℃，相对湿度应维持在 95% 以上。

④ 养护时间以能使脱模强度超过 15MPa 为准。

⑤ 脱模时构件与室外气温差不得超过 20℃，并不得对构件施以任何方式的强制冷却。

5）装配式沉箱构件运输与安装

（1）沉箱构件运输

① 运输流程：构件保护→装载上平板车→检查固定构件→平板车运输过程→现场进场验收（交接验收文件）→平板车进入吊装区域→构件吊入堆场→平板车回程

② 预制沉箱构件出厂应覆一层塑料薄膜，到现场吊装时不得撕掉。

③ 构件运输工具为 30t 平板运输车（图 4.2-73），构件装车后须保证构件平稳，用钢丝绳把沉箱构件和车体连接牢固。钢丝绳与墙板接触面应垫上护角工具（如抹布、胶皮、木方等），避免构件磨损。

④ 车间安排专人负责运输，对运输司机做好专项交底，确保 PC 构件安全运输。

⑤ 进入现场的预制构件必须进行验收，其外观质量、尺寸偏差及结构性能应符合标准图和设计的要求，并按批检查数量。

⑥ 构件到达现场后，由塔式起重机或汽车式起重机运至指定堆放点。指定堆放点设置专用支架用于支撑构件。运输时应根据现场施工安装进度及型号计划按顺序装运，避免现场积压或二次倒运。

（2）沉箱构件安装

① 沉箱构件吊装前，应按设计要求在构件和相应的支承结构上标记中心线、标高等控制尺寸，按标准图或设计文件校核预埋件及连接钢筋等，并作出标记。

② 沉箱构件吊装前，应确定构件吊装方向准确。

③ 沉箱构件应按标准图或设计要求吊装。起吊时绳索与构件水平面的夹角不宜小于

45°，否则应采用吊架或经验计算确定。

④ 沉箱构件安装时，预埋牛担板应对准结构凹槽进行安装，见图 4.2-74。

图 4.2-73　预制沉箱运输

图 4.2-74　预制沉箱安装

4. 实施效果

本技术应用于 S1 地块，装配式联体沉箱制作与安装施工工法对传统的沉箱制作安装施工进行了创新。利用模块化钢模板制作卫生间沉箱，沉箱四个角预埋牛担板，与四周结构预留的凹槽形成支承连接，解决了沉箱位置支模凌乱、阴阳角模板拼接困难、表观质量控制难的问题；减少木模板和支撑材料的使用，节约材料，绿色环保；制作安装快捷简单，加快了施工进度，节省工期，对工期、结构质量及成本均有所改进；得到业主、监理的充分肯定，取得较好的经济效益和社会效益，具有推广价值。

4.2.3.3　装配式混凝土柱组合式封仓防回流套筒灌浆连接施工工法

1. 概述

节点连接是装配式建筑施工质量的重难点，节点连接质量存在问题，易出现构件裂缝。在装配式建筑技术研究过程中，该问题需被重点关注。钢筋套筒灌浆连接是装配式混凝土建筑中目前应用最广泛的竖向构件连接方式，也是最安全最可靠的连接方式，但其施工中常碰到灌浆回流的问题。为此，本项目 B 区生物实验楼装配式混凝土柱安装连接施工过程中，项目技术人员通过创新，研发了装配式混凝土柱组合式封仓防回流套筒灌浆连接施工技术，本技术获评广东省省级工法。

2. 技术特点

1）缩短灌排浆管道长度

通过优化灌浆孔、排浆孔的布置，缩短了灌排浆管道长度，解决了管道过长导致的灌浆孔或排浆孔堵塞、灌浆不畅等难题。

2）"鹅颈式"防回流设计

跨越排气管道出气口设计了"鹅颈式"防回流管段，有效解决了因漏浆、浆料收缩等情况所产生的浆料回流，保证了灌浆密实度。

3）"外井内十"型抗剪键槽

装配式混凝土柱底部抗剪键槽采用了"外井内十"的造型，增强了灌浆料的流动性，漏斗中部排气，进一步提高了套筒灌浆连接质量。

4）组合式封仓

采用四边铝合金角钢加少量坐浆料组合的方式封堵柱脚灌浆连通腔，保证注浆密实度。

3. 关键技术措施

1）灌排浆孔四向设置

利用 Revit 对装配式混凝土柱的灌浆套筒排布进行优化设计。优化前（图 4.2-75a）：所有灌浆套筒的灌浆孔、排浆孔均设计在装配式混凝土柱的相邻两面，柱内套筒灌出浆管道过长，构件厂加工生产时容易出现弯折而堵塞管道，且灌出浆孔排布不合理，纵横交错，无法判断对应的灌浆套筒出浆情况，如果某灌浆套筒堵塞，将导致整个构件连接失败，甚至报废。

优化后（图 4.2-75b）：将灌浆套筒的灌浆孔、排浆孔设在装配式混凝土柱的四个面，按灌浆套筒下部为灌浆孔，上部为排浆孔进行排布，缩短了灌排浆管道流动距离，能够更加直观有效地观察每个套筒的出浆情况，避免了套筒灌排浆管道过长而出现弯折，导致在套筒灌浆过程中出现灌浆孔或排浆孔堵塞、灌浆不畅等情况。

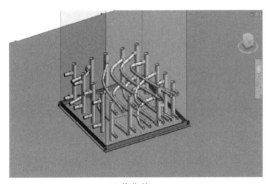

(a) 优化前

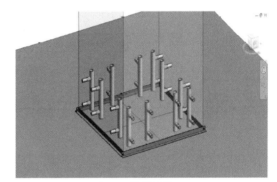
(b) 优化后

图 4.2-75　套筒灌排浆孔优化前后对比图

2）装配式混凝土柱"鹅颈式"出气孔

装配式混凝土柱连通腔内排气管道优化设计"鹅颈式"防回流管段，"鹅颈式"管道出气孔设置比出浆孔要高，在灌浆料自身收缩或最后封堵初始灌浆口的瞬间灌浆料会出现流失，可利用"鹅颈式"管道内灌浆料补充，达到了防回流的效果（图 4.2-76）。

3）装配式混凝土柱底部抗剪键槽优化设计

装配式混凝土柱底部抗剪键槽采用"外井内十"的设计，增强了连通腔内灌浆料的流动性，提高了套筒灌浆连接施工质量（图 4.2-77）。

4）四边铝合金角钢加少量坐浆料组合封仓

灌浆施工前，柱脚四边采用螺栓连接铝合金角钢加少量坐浆料组合进行封仓，封仓后平均 2～3h 可满足灌浆施工要求，在标准层装配式混凝土柱吊装完成后进行灌浆施工（图 4.2-78、图 4.2-79）。

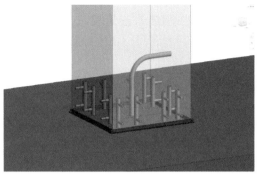
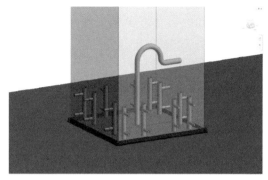

(a) 优化前　　　　　　　　　　　　　　　　　　　　(b) 优化后

图 4.2-76　装配式混凝土柱出气孔优化前后对比图

(a) 优化前　　　　　　　　　　　　　　　　　　　　(b) 优化后

图 4.2-77　柱底键槽优化前后对比

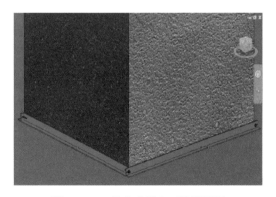

图 4.2-78　组合式封仓三维模型图　　　　　图 4.2-79　组合式连通腔封仓施工效果

4. 实施效果

本技术采用组合式封仓，节约了大量材料，且大部分材料均可重复使用或回收再利用，有效降低了施工成本。在 B 地块塔楼 3～13 层的框架柱施工中应用组合式封仓，平均每层构件安装的工期可以缩短 1～2d（单层建筑面积 1800m²），提高了施工效率，有效提高构件连接施工效率和质量，减少返工现象的产生，取得较好的经济效益和社会效益。

4.2.3.4　梁-墙一体式复合构件生产及安装工法

1. 概述

针对本项目装配式施工要求，项目技术人员围绕装配式结构梁-墙构件的施工，研发了一种梁-墙一体式复合构件生产及安装工法，将梁和墙组合成复合构件的预制单元，实现叠合梁与夹芯外墙的一体成型，减少了预制构件吊装次数，提高了施工效率。其中构件分隔缝采用挤压防水、构造防水和封堵防水三道防水工艺，保证了板缝防水效果。

梁-墙一体式复合预制构件采用定制的模具体系生产，保证了钢筋的精准定位和构件的防渗性能。通过对复合构件进行优化设计，保证了复合构件从脱模、储存、运输工序的安全。结合 BIM 技术、构件吊装过程的钢筋避让技术和构件快速安装技术，形成了一套快速、精准的构件安装工艺，本技术获评广东省省级工法。

2. 技术特点

1）复合构件一体化成型

针对复合构件的单元构造、防水技术和机电一体化技术进行设计研究，实现预制复合构件的一体化成型。

2）优化模具设计及浇筑方法

通过对复合构件配套模具进行优化设计，保证钢筋精准定位，避免漏浆，采用分层浇筑法解决复合构件生产浇筑的工艺难点，提高生产效率。

3）优化构件设计生产及储运

通过对复合构件临时加强铁件、储存架及运输架的设计优化，保证了复合构件脱模—储存—运输全过程工序的安全。

3. 关键技术措施

1）梁-墙一体式复合构件设计

（1）构件单元设计

预制构件的构造形式对其生产及安装效率均有着重要的影响，为了提高构件生产、安装效率，缩短项目工期。该梁-墙一体式复合构件上部为预制混凝土叠合梁，下部为预制混凝土夹芯外墙。主要有两种复合构件，分别是 M 形一体式复合墙板构件（图 4.2-80）和 T 形一体式复合墙板构件（图 4.2-81）。

M 形一体式复合构件由框架主梁与夹芯外墙板结合而成，其主梁两端通过伸出钢筋锚固于梁柱现浇节点。T 形一体式复合构件由框架次梁与夹芯外墙板结合而成，其次梁两端预埋钢企口（牛担板）（图 4.2-82），通过钢企口与框架主梁连接（图 4.2-83）。

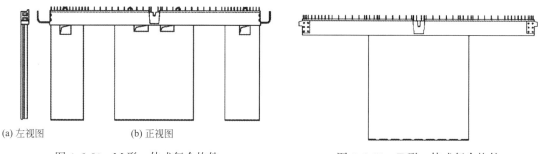

(a) 左视图　　　　　(b) 正视图

图 4.2-80　M 形一体式复合构件　　　　　图 4.2-81　T 形一体式复合构件

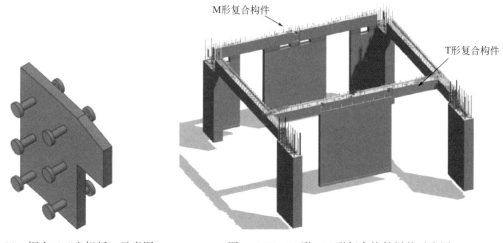

图 4.2-82　钢企口（牛担板）示意图　　　　图 4.2-83　M 形、T 形复合构件拼装示意图

（2）防水设计

梁-墙一体式复合构件的板缝采用了三道防水处理，如图 4.2-84 所示，由室外至室内依次是：室外板缝的填缝剂封堵式防水（第一道防水）、墙体中部外低内高的构造防水（第二道防水）和室内板缝的防水胶条挤压式防水（第三道防水）。

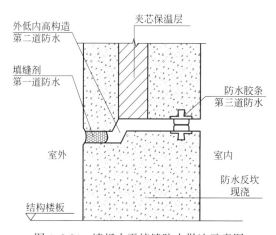

图 4.2-84　墙板水平接缝防水做法示意图

138

第一道防水为利用外墙填缝剂（耐候密封胶）封堵（图 4.2-85）。

第二道防水为防水反坎的构造防水。预制梁-墙一体式复合构件室外一侧为阳台（或外走道），为保证室外雨水不漫入室内，在构件墙体下部设置 120mm 高的防水反坎，防水反坎与现浇楼板整体浇筑，形成内高外低构造，使得室外雨水不易侵入室内，达到拦水阻水的目的（图 4.2-86 和图 4.2-87）。

图 4.2-85　打胶填缝示意

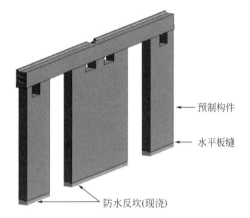

图 4.2-86　复合构件下部设置 120mm 防水反坎

第三道防水采用了防水胶条挤压防水工艺，该防水胶条是一种带空腔的 T 形黑色橡胶材料（图 4.2-88），材质为氯丁橡胶（neoprene）或三元乙丙（EPDM），安装时要事先把防水胶条预嵌在墙板下部以及防水反坎的相对位置上，通过上下胶条的挤压，达到密封防水的目的。

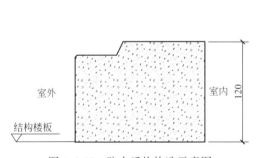

图 4.2-87　防水反坎构造示意图

图 4.2-88　防水胶条断面图

（3）机电一体化设计

装配式住宅机电的关键技术就是做好预制结构体内管线的预留预埋。设计人员需要在设计阶段精确定位设备管线并与土建构件一起生成 BIM 模型，提供给预制构件厂，预制生产人员按照图纸，根据统一标准对各预制板、墙中的线、盒、箱、套管、洞等进行定位精确的预留预埋。

本技术梁-墙一体式复合预制构件中的机电管线、线盒、洞口及强弱电箱等采用了"一体化设计，精准化预埋"的原则，进行了全面、精确的预留预埋（图 4.2-89）。

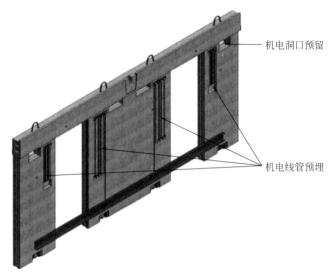

图 4.2-89　机电一体化预留预埋 3D 示意图

预埋线管定位于构件内的钢筋；预埋线盒和强弱电箱采用外部定位法进行固定，采用专门的定位钢管、钢板及木板等辅助工具进行外部固定（图 4.2-90、图 4.2-91）。

图 4.2-90　线管定位

图 4.2-91　风管洞口预留

2）梁-墙一体复合构件生产

（1）模具配套设计

梁-墙一体式复合构件高度约为 3.46m，长度约为 7m。由于复合构件高度较高，上部叠合梁占了构件的大部分重量，造成整体构件重心较高，加上构造复杂，难以直立生产，须采用平躺式生产方法，但由于复合构件上部叠合梁需外露箍筋，且需保证箍筋定位准确，若采用平躺生产则存在较大的漏浆风险。为解决该问题，采取以下优化措施：

① 协调设计院，减少复合构件种类，尤其保证上部叠合梁箍筋出筋定位统一，以减少开模套数；

② 联系模具厂对复合构件模具进行了深化设计，构件上部采用梳齿形封边模板（图 4.2-92），保证上部叠合箍筋定位的准确性，避免叠合梁箍筋与叠合楼板钢筋碰撞。

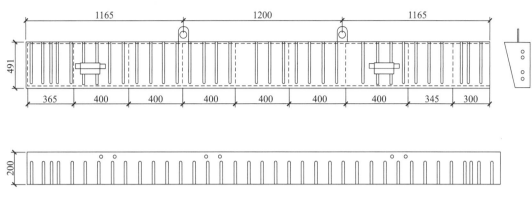

图 4.2-92　梳齿形封边模板图

③ 在叠合梁钢筋入模后使用胶带做封堵处理，以防漏浆。

（2）分层浇筑工艺

梁-墙一体式复合构件必须采用平躺式的浇筑方法，而墙体部分为夹芯外墙（图 4.2-93），存在混凝土分层的现象。平躺浇筑时，若采用先预埋保温板后浇筑的方法，则存在下层水泥浆液难以充盈的问题。因此，浇筑混凝土时，先浇筑墙体部分的下层混凝土，然后放置夹芯保温板，再浇筑上层混凝土。

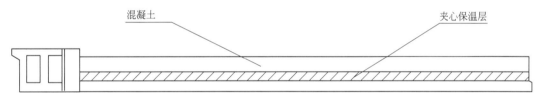

图 4.2-93　复合构件构成示意图

为保证复合构件墙体部分的整体性，采用纤维增强复合筋保温连接件（图 4.2-94），以连接内、外钢筋混凝土墙板和保温层，提高和改善夹芯保温墙体性能。保温连接件作为一种新型复合材料，不仅导热系数低 $[0.03\sim0.20\text{W}/（\text{m}\cdot\text{K}）]$、耐腐蚀性好、抗拉强度高（742~908MPa）、耐久性好，还具有热膨胀系数与混凝土相近以及自重轻等优点。保温连接件的导热系数低，可以避免预制夹芯保温墙体在连接件和墙体连接部位发生热

图 4.2-94　保温连接件

（冷）桥效应，从而提高了墙体的保温性能。保温连接件在混凝土碱性环境中耐腐蚀性能好，增强了夹芯保温墙体的耐久性能。热膨胀系数与钢筋混凝土相近可以避免保温连接件与内、外钢筋混凝土墙板发生相对较大的滑动。

（3）复合构件生产工艺

① 清模、组模

使用手持抛光机进行打磨抛光处理，将模具内腔表面杂物、浮锈清理干净。组模时，应注意不要暴力安装，一定要将各个螺栓对准与之对应的螺母试拧，发现丝扣摆放不正时应及时卸下重新安装紧固。模具安装完毕后需检查验收，检查合格后喷洒脱模油，脱模油比例为 1：5；用棉布把脱模油擦均匀，要达到看似无油，摸上去有油的效果。

② 钢筋加工及入模

梁-墙一体式复合构件钢筋箍筋应分成三部分进行制作，分别是叠合梁钢筋笼及上、下层夹芯保温墙板钢筋网。三部分钢筋绑扎制作完毕后，应按叠合梁钢筋笼→上层夹芯保温墙板钢筋网→下层夹芯保温墙板钢筋网安排入模。

③ 预埋件定位

a. 预埋件安装定位

严格按照图纸设计位置安装预埋件、线盒、预留孔洞配件等。预埋件安装定位完毕后，依质检表对构件进行浇筑前的全面检查。

b. 预埋件在混凝土施工中的保护

浇筑混凝土前，用透明胶带缠绕固定，同时起到防污及保护的作用。混凝土在浇筑过程中，振动棒应避免与预埋件直接接触，在预埋件附近需小心谨慎，边振捣边观察预埋件，如出现偏差需及时校正，保证其不产生过大位移。

c. 养护

混凝土光面处理完成后，构件完成面应覆盖帆布。混凝土养护应根据天气条件和生产进度要求选择采用自然养护或蒸汽养护。

d. 脱模

在构件脱模起吊前，应对相同养护条件下的试块进行强度试验，预制柱的脱模起吊强度应根据设计要求或具体生产条件确定，脱模时标准立方体抗压强度一般不应小于15MPa，按照实践经验，20MPa 以上强度脱模构件不容易破角。

在吊点位置安装起吊环，选择合适的钢丝绳，起吊前拉紧钢丝绳，确定四条钢丝绳长短一致，控制龙门式起重机，使构件缓慢往上移动，脱离底模后，构件在空中静止 5s，观察吊具及构件强度是否足够，确定安全后再移动构件。将构件移至修补区，移动过程中，构件下方不得有人。

3）梁-墙一体复合构件储运与安装

（1）复合构件储运

① 临时加强铁件的设置

由于建筑需要在 M 形一体式复合构件上开了 2 个门洞，将其墙体部分分成了两边小中间大的 3 个部分，3 块墙板分别与上部叠合梁连接，且由于连接部位还有开洞，造成了梁板连接处的应力集中。为了保证构件脱模和起吊施工的安全性，采用槽钢作为临时加强铁件，把一体式复合构件墙板部分连成一体（图 4.2-95）。

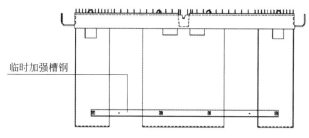

图 4.2-95　临时加强槽钢

② 存放架设计

由于梁-墙一体式复合构件起吊翻转困难，为了保证构件存放及起吊安全性，提高起吊速率，同时节省存放场地面积，需要将复合构件进行直立式存放，但复合构件尺寸大、重心高、无法自行站立，故需设置一种可用于梁-墙一体式复合构件直立存放的构件存放架（图 4.2-96）。

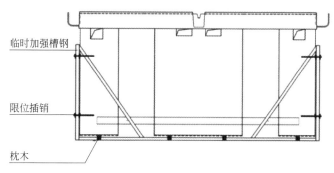

图 4.2-96　构件存放架结构图

该存放架主体由槽钢和角钢焊接而成，架体两侧均设置了上下两道限位插销。复合构件存放时，首先在架子内部适当位置放置枕木，构件经龙门式起重机从存放架上部吊入存放架内，放稳后保持垂直；然后，在构件左右两侧分别插上限位插销，限位插销起到限位稳固、保持构件直立的作用。

③ 运输架设计

梁-墙一体式复合构件采用平板车运输，由于平板车宽度仅有 2.5m 左右，而复合构件高度约为 3.46m，长度约为 7m，并不适合平躺式运输，否则超过车身宽度，存在安全隐患，且若采用平躺式运输，在构件出厂上车和到达卸车时均需要进行构件翻转作业，增加起吊工序，又存在安全隐患，为此，我们选用直立式运输方案，并设计制作了专用运输架（图 4.2-97）。

（2）梁柱节点避让技术

由于 M 形梁-墙一体式复合构件由框架主梁与夹芯外墙板结合而成，其主梁两端通过伸出钢筋锚固于梁柱现浇节点，造成了梁柱节点钢筋密集交汇，需要采取钢筋避让措施才能保证构件的顺利吊装。在图纸深化设计阶段，提前对梁柱节点钢筋进行避让优化，结合预制构件吊装顺序，以后浇节点区施工简单为第一原则，对梁柱节点采用了错位排筋法进行钢筋避让（图 4.2-98～图 4.2-100）。

图 4.2-97　复合构件专用运输架

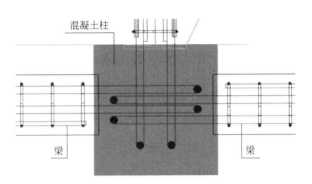

图 4.2-98　同向梁纵筋之间的避让

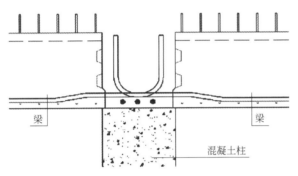

图 4.2-99　不同向（相交）梁纵筋之间的避让

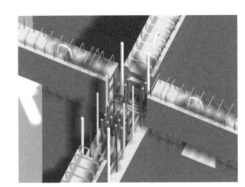

图 4.2-100　梁柱节点错位排筋 3D 示意图

（3）复合构件快速安装调平

① 自平衡吊架研制

因梁-墙一体式复合构件的构造形式特别，纵向跨度较大，且重力分布不均匀，经计算分析，该构件吊装需采用 4 点吊。为了保证受力均匀，实现 4 个吊点同步工作，特研制一种带滑轮组的梁-墙一体式复合构件自平衡吊架。该自平衡吊架上部主体为型钢焊接而成的钢扁担，扁担下面连接着 4 个固定滑轮，形成 2 套固定式滑轮组，每套滑轮组各自引出 2 个吊钩。吊装时，通过 2 套滑轮组的调节作用使得 4 个吊点受力均匀，达到自平衡的目的。但应注意保持 2 套滑轮组的滑轮间距一致，2 组吊索长度也应相同（图 4.2-101 和图 4.2-102）。

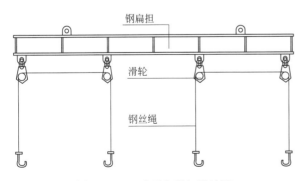

图 4.2-101　自平衡吊架设计图

图 4.2-102　自平衡吊架实物图

② 可调式承重铁件设置

传统预制外挂墙板或预制剪力墙安装调平时，多采用钢垫片进行构件承压和标高确定，这种方法需要多层不同厚度的钢垫片合理组合才能获得正确的基准高度，这个过程需要使用水准仪多次复核垫片高度，工序繁琐，构件标高的精确性不易保证，且构件安装就位后的标高复核调整较为困难。为此，结合梁-墙一体式复合构件构造的特点，设置了一种可调式承重铁件（图 4.2-103）。可调式承重铁件主要由临时承重螺栓组件、永久承重钢板组件和水平承压钢板组成（图 4.2-104）。

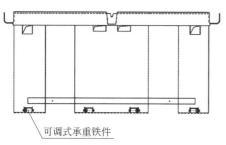

图 4.2-103　可调式承重铁件位置

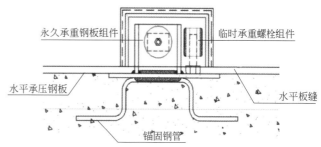

图 4.2-104　可调式承重铁件大样图（立面）

③ 临时承重螺栓组件

临时承重螺栓组件由一个高强度螺栓和一个螺栓套筒组成，螺栓套筒焊接固定在预埋钢板上。复合构件吊装时，高强度螺栓起到临时承重作用，同时，通过调节高强度螺栓进出丝牙数量来实现复合构件的快速调平（图 4.2-105、图 4.2-106）。

图 4.2-105　临时承重螺栓组件

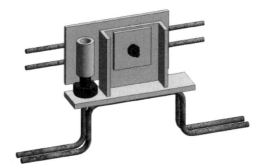

图 4.2-106　可调式承重铁件 3D 图

④ 永久承重钢板组件

永久承重钢板组件主体是一块槽钢，复合构件安装调平后，把槽钢紧固于预埋钢板的中部螺栓上，并保证槽钢下端紧贴水平承压钢板，然后把槽钢与承压钢板焊接在一起，通过槽钢把复合构件的重力传递到水平承压钢板上（图 4.2-107、图 4.2-108）。

⑤ 水平承压钢板

水平承压钢板由普通钢板切割而成，用以承受复合构件的重量，应在叠合层浇筑时预埋在防水反坎上部。

图4.2-107　复合构件调平作业

图4.2-108　可调式承重铁件安装完成图

4.实施效果

本技术在 B 地块的塔楼装配式结构部分得到应用，采用一体化设计，实现构件的整体预制生产。墙板采用的三道防水工艺，可降低防水引起的返工及维修，有效提高了防水效果。梁-墙一体式复合构件整体吊装，运用梁柱节点错位排筋法、BIM 施工模拟和设置可调式承重铁件等多项技术，提高了吊装效率，减少了劳动力和机械设备等生产资源的消耗，本技术节能环保，取得较好的经济效益和社会效益。

4.2.3.5　一笔箍式预制框架柱生产施工工法

1.概述

为了应对华南理工大学广州国际校区一期工程体量大工期紧的施工难点，项目技术人员在预制框架柱制作过程中，对传统复合箍的做法进行优化，采用了一笔式箍筋的工艺，大大提高了钢筋加工及绑扎立钢筋笼的效率；同时，考虑到预制框架体系常常需要另外明敷防雷引下线，工序较为繁琐，且维护不便，采取了一种预制框架柱主筋兼做防雷引下线的连接装置，简化了施工步骤，提高了施工效率；在采取这两个措施的基础上，还通过优化生产工艺，经过整合，研发了一笔箍式预制框架柱的施工技术，本技术获评了广东省省级工法。

2.技术特点

1）一笔式箍筋

应用一笔式柱箍筋技术代替传统复合箍筋做法，提高了组立钢筋笼的效率；

2）主筋兼做防雷引下线

预制柱防雷引下线连接装置，保证了主筋兼做防雷引下线时的电气连续性，可减少现场作业量，节约生产成本；

3）预制框架柱标准化、精细化生产

总结了一套成熟的预制框架柱制作工艺，通过优化生产作业工序流程，提高构件生产质量，实现了预制框架柱的标准化、精细化生产。

3.关键技术措施

1）预制框架柱一笔式箍筋

（1）优化设计

对于传统矩形混凝土柱，当柱截面短边尺寸大于 400mm 且各边纵向钢筋多于 3 根，或当截面短边尺寸不大于 400mm、各边纵向钢筋多于 4 根时，采用复合箍筋（图 4.2-109），即"大箍"套"小箍"的方式。如果肢数是偶数。则用几个两肢"小箍"来组合；如果肢数是奇数，则用几个两肢"小箍"再加上一个"拉筋"来组合，通过交替叠加绑扎而成。

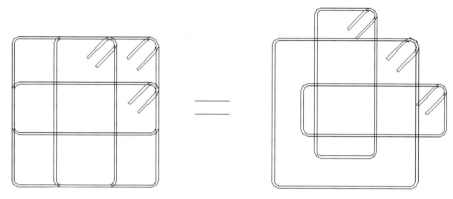

图 4.2-109　传统复合箍筋做法示意图

传统复合箍由外箍及多个内箍或拉筋组成，内外箍筋（拉筋）需要分类加工，组合钢筋笼时内箍和拉筋又需要铁丝进行绑扎定位，工序上相对繁琐，花费的人工多，钢筋笼成品稳定性受人为因素影响大，效率也较低，且其约束效果常因绑扎不到位而有所降低。

一笔式柱箍筋就是以一根钢筋弯折成形的连续型箍筋（图 4.2-110）。在加工一笔式箍筋前，先根据图纸确定好每一弯折段的长度和弯折角度，再把这些参数输入到数控弯箍机中，通过连续弯折，最终形成一笔式箍筋（图 4.2-111）。在绑扎柱组立钢筋笼时，只需将加工好的箍筋套到主筋上，即可进行绑扎。

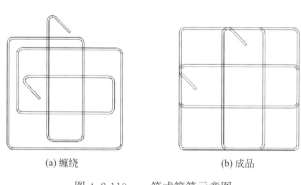

(a) 缠绕　　　　　　　(b) 成品

图 4.2-110　一笔式箍筋示意图

图 4.2-111　一笔式箍筋开料示意

（2）约束性能分析

为了验证一笔式箍筋的约束性能，对传统复合箍筋及一笔式箍筋的试件柱进行了试验分析和比较（图 4.2-112）。

由图 4.2-113 可以看出，在同等压力条件下，一笔式箍筋的围束强度更高。

(a) 传统复合箍筋笼件　　　　　　　　　　　(b) 一笔式箍筋试件

图 4.2-112　传统箍筋与一笔式箍筋试件对比图

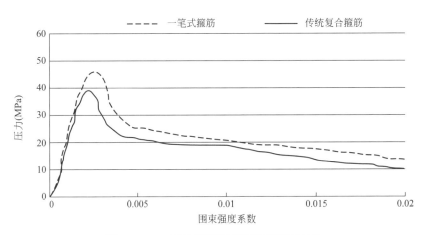

图 4.2-113　不同钢筋笼试件围束强度对比

（3）一笔式箍筋的缠绕方式

① 保持最外层箍筋的整体性，以确保外箍的约束性。

② 箍筋肢数应符合设计要求。

③ 路径最短，减少重叠，以节省材料。

一般而言，由内箍开始绕制，依据事先设定的角度、长度以及弯折次数，通过连续弯折，直至外层箍筋完整，同时满足肢数要求（图 4.2-114～图 4.2-116）。

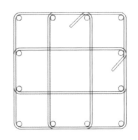

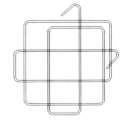

图 4.2-114　四肢箍缠绕方式示意

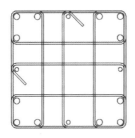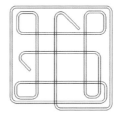

图 4.2-115　五肢箍缠绕方式示意

图 4.2-116　一笔式箍筋绑扎效果示意

2）预制柱防雷引下线连接装置

（1）技术原理

接流棒一端与柱对角主筋分别焊接，另一端与连接钢板 1 焊接；接流棒接引电流后，通过钢棒把电流导连接钢板 1，并通过传递棒把电流导到连接钢板 2 上；再由放流棒分别与对应的下部主筋连接，以此保证电流能顺利传导到下部主筋（图 4.2-117～图 4.2-119）。连接装置各部件间的连接，以及部件与柱主筋的连接，均采用焊接形式。

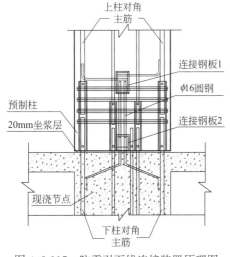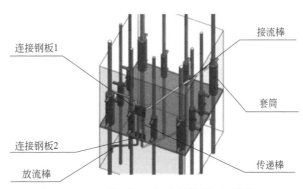

图 4.2-117　防雷引下线连接装置原理图　　　图 4.2-118　防雷引下线连接装置 3D 效果图

（2）材料构成

由 ϕ16 圆钢和 10mm 钢板两种材料构成。包含接流棒、连接钢板 1、传递棒、连接钢板 2 及放流棒（图 4.2-120）。

图 4.2-119　防雷引下线连接钢板示意

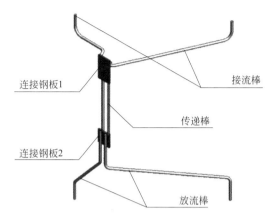

图 4.2-120　引下线连接装置构成图

3）预制框架柱生产加工

（1）一笔箍预制柱钢筋绑扎要点

预制柱钢筋笼箍筋分成两类，分别为套筒区箍筋和非套筒区箍筋，两个区域的一笔箍尺寸大小及构造会有所不同，应根据图纸及设计要求配置绑扎。

① 一笔箍绑扎成型：先用扎丝把加工好的一笔箍绑扎成型，以方便后期主筋穿插，提高笼体绑扎效率。

② 端板固定：按图纸选择上下端板刷脱模剂，端板三个边嵌入止水胶条，将上下端板固定在工作架上，依照图纸柱的长度定位准确。

③ 套筒安装：将钢筋灌浆套筒定位胶塞按要求安装在底部端模上，再把灌浆套筒套在定位胶塞上，把套筒安装好后，安装套筒端的一笔箍筋。

④ 绑扎成型：把图纸对应的箍筋放在升降平台上，用喷漆标示主筋插入套筒深度，穿入上排套筒的主筋。然后用横架将上层主筋担起，避免升降平台下降后下垂，按间距分配箍筋，穿入其余主筋入套筒内，直到全部主筋穿入套筒且位置正确。

⑤ 预埋件处理：按图放入吊环埋件，开始绑扎箍筋，安排套筒出浆口装上 PVC 管，用泡棉条沾 502 胶水封堵 PVC 管口，再用封箱胶布把管口位置密封好。钢筋笼下面绑好混凝土垫块，侧面放置塑胶垫块。注浆端板面留置夹纱软管作为灌浆透气孔。

⑥ 钢筋孔吊入

采用龙门式起重机将验收合格的钢筋笼成品吊至模具内，钢筋骨架应整体吊装。吊装过程中保证钢筋笼水平平行，并采用有效措施防止钢筋笼变形。钢筋笼按放样位置吊入模具，用手拉葫芦调整端板位置，确保构件尺寸正确。检查出筋长度，按图数据进行调整，出筋口堵防漏胶环并用玻璃胶封堵；安装钢筋固定端头板，出筋端板与钢筋固定端板用手拉葫芦拉紧，防止移位。

4. 实施效果

一笔箍式预制框架柱生产技术的应用保证了预制柱构件质量，箍筋和预制构件一体化生产，减少了现场作业量。一笔箍钢材用料比传统多肢箍少，材料损耗降低，节能环保，取得较好的经济效益和社会效益。

4.2.3.6　基于高抗震性能要求的装配式主次梁节点施工工法

1. 概述

在装配式建筑中，各个构件之间通过节点连接而成，选择恰当的连接方式不仅能使施工更加快速、便捷，更能有效保证结构的安全稳定性。基于高抗震性能要求的装配式主次梁节点施工技术围绕梁节点这一装配式抗震性能研究的重点与难点，在满足高抗震性能的前提下，通过将主次梁节点处的钢筋优化为 90°弯折锚固，形成一种新型主次梁节点连接方式，本技术获评广东省省级工法。

2. 技术特点

1）施工简单易操作

施工过程无须使用水平套筒灌浆或钢结构连接，易于操作。

2）连接节点抗震性能好

将现浇段设于次梁梁端而不是主次梁相交处，将主次梁钢筋搭接段优化为 90°弯折锚固，节点牢靠，抗震性能优。

3）构件预制率高

现浇段长度仅为 400mm，在满足抗震性能的同时大幅度地提高了梁构件的预制率。

3. 关键技术措施

项目建筑设计要求结构抗震等级达到一级标准，主次梁应刚接连接，即采用后浇节点。预制主梁为完整预制构件，主梁构件的侧面预留了两个连接端面用于安装接头钢筋，接头钢筋于一楼平面通过螺纹套筒做现场安装，90°弯折段待安装好后再用液压钢筋弯折机做弯折，水平搭接长度为 370mm。

1）次梁梁端受压区现浇

常规装配式主次梁现浇节点做法（图 4.2-121、图 4.2-122），现浇区域位于主次梁相交处，此时节点位于主梁的受拉区。与之相比，本技术所提出的新型主次梁接头施工方法中现浇段位于次梁梁端，即现浇节点位于次梁的受压区域，充分利用混凝土的受压性能。该受力条件下对钢筋要求更低，更偏保守。本技术的新型接头施工工艺中使用到的主梁皆为完整的预制构件，整体性更好，减少预制和现浇混凝土间的界面问题，避免在主梁的现浇节点中产生弱面，抗震性能更强。

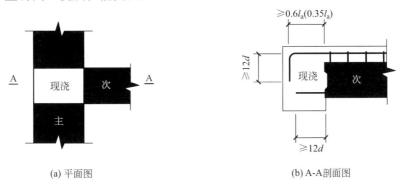

(a) 平面图　　　　　　　　　(b) A-A 剖面图

图 4.2-121　常规主次梁连接节点端部做法示意图

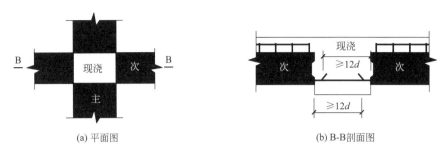

(a) 平面图　　　　　　　　　　(b) B-B剖面图

图 4.2-122　常规主次梁连接节点中部做法示意图

图 4.2-123 为装配式主次梁节点常规做法中次梁端现浇段的做法，这种做法的次梁梁底纵向钢筋采用水平套筒灌浆连接。由下列公式（1）、（2）、（3）可知，若将该常规做法应用于华南理工大学广州国际校区一期工程，则次梁端部的现浇长度需≥1586.25mm。相比之下，本技术所提出的新型主次梁接头施工方法中利用梁支座处受压的力学特征，改进预制主梁和预制次梁的连接方式，通过上部受压钢筋连续贯通、下部钢筋弯折锚固和现浇混凝土构成的节点连接形式（图 4.2-124），使得现浇段长度缩短为 400mm，降低为传统做法的 1/4，大幅度地提高了预制率。根据《装配式建筑评价标准》GB/T 51129—2017 中的评分计算表中计算出该项目的装配率达到 60.2％，处于 60％～75％的区间，达到 A 级标准。而且，施工过程中无须使用到水平套筒做灌浆连接，比常规做法施工更加简单快捷。

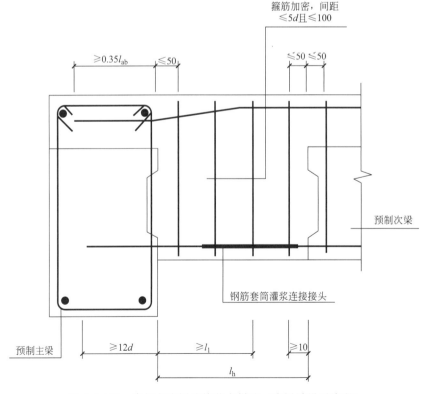

图 4.2-123　常规主次梁连接节点做法（次梁端设后浇段）

图 4.2-124　新型主次梁连接节点

$$l_{aE} = \zeta_{aE} l_{ab} = 1.15 \times 33d = 948.75 \text{mm} \tag{1}$$

式中　ζ_{aE}——抗震锚固长度修正系数；

　　　l_{ab}——受拉钢筋基本锚固长度；

　　　l_{aE}——抗震锚固长度。

$$l_1 = \zeta_1 l_{aE} = 1.4 l_{aE} = 1328.25 \text{mm} \tag{2}$$

式中　ζ_1——纵向钢筋搭接长度修正系数；

　　　l_1——纵向钢筋搭接长度。

$$l_h \geqslant l_1 + 230 + 10 = 1586.25 \text{mm} \tag{3}$$

式中　l_h——次梁端现浇长度。

2）安装、弯折接头钢筋

主梁为完整预制构件，且主梁构件生产时已在梁侧预留连接端口。至施工现场首层加工场处安装接头钢筋并用弯折机弯折（图 4.2-125）。

3）支撑搭设

预制梁安装前，应根据构件的重量、尺寸、标高等参数在梁底设置联排式支撑架防止施工过程中梁发生过大变形导致的构件损坏。为避免支撑搭设过程中支撑位置偏差引起的应力集中，本项目采用联排式支撑而非独立支撑（图 4.2-126），提高支撑之间的整体性，降低因受力不均而对支撑和构件造成不利影响的可能。

图 4.2-125　主次梁节点安装、弯折接头钢筋　　　　图 4.2-126　支撑搭设
　　　　　　　　　　　　　　　　　　　　　　　　　　　现场照片

4）预制梁吊装

根据梁构件的重量、长度以及安放位置等选择起重吊装机械。起重吊点应与构件上设置的吊点一致，不得直接在构件钢筋上进行施吊，吊装时钢丝绳与构件夹角不小于 45°，若现场无法满足夹角要求应设置吊装扁担。图 4.2-127、图 4.2-128 为预制梁构件吊装、吊运现场照片。

图 4.2-127　预制梁吊装

图 4.2-128　预制梁吊运

5）预制梁定位

如图 4.2-129 所示，预制梁安放前需对梁底高程进行复核，通过放置垫片和调节支撑架顶层的可调螺杆，保证与设计高程一致。将次梁端部出筋位置与主梁侧面的出筋位置对中，确保安装位置准确无误。

图 4.2-129　预制梁高程复核

图 4.2-130　主次梁接头钢筋及支模

6）绑扎主次梁接头钢筋及支模

如图 4.2-130 所示，当主次梁吊装完成后，按照设计图纸的配筋信息在接头处放置箍筋，安放完毕后，在主次梁连接节点处以木板封模。

7）浇筑混凝土

清理主次梁接头处模板内的杂物、润湿模板、浇筑混凝土、充分振捣、保湿养护混凝土。

8）拆除模板支撑

待浇筑的混凝土达到设计强度后拆除支撑和模板。拆除模板时应遵循规范要求，严禁硬砸硬撬。拆除的模板和支撑应轻拿轻放，分类码放。

4. 实施效果

高抗震性能装配式主次梁节点施工技术结合了次梁端部的受力特点并在满足高抗震性能的前提下，改进了预制主梁和预制次梁的连接方式，通过上部受压钢筋连续贯通、下部钢筋弯折锚固的节点连接形式，使预制主次梁连接性能达到等同于现浇结构的效果，节点连接牢靠，无须水平套筒灌浆连接，节省材料，降低造价，施工简单快捷。本技术应用于B地块的塔楼装配式结构部分，不仅能减少人力投入，还能提高结构的抗震性能，取得较好的经济效益和社会效益。

4.2.3.7　装配式连续次梁节点二次浇筑迅速拼拆模板体系施工工法

1. 概述

装配式建筑发展日益加快，在施工时长不断缩减的情况下，由于受到支撑架的搭设时间及二次浇筑的模板封堵时间的影响，需要耗费较长的时间，在装配式构件的整体性越来越强，吊装安装时间固定化，二次浇筑的模板封堵时间成为影响施工速度的最大因素。为此，项目技术人员经过技术研发，通过预制横竖模板以及连接槽，形成了装配式连续次梁节点二次浇筑迅速拼拆模板体系施工技术，实现了简易快拆、免于支撑、可循环利用、施工效率高的效果，本技术获评广东省省级工法。

2. 技术特点

1）新型节点封模体系

采用了一套两平行设置的封模板以及连接件，形成免支撑快速安拆的装配式主次梁节点封模体系。

2）减少现场施工

定型化的装配式节点二次浇筑的模板体系，节约了传统木材模板，避免了现场的模板切割，安全隐患少，现场整洁，绿色施工，节材节能环保。

3）免支撑架搭设

装配式连续次梁节点二次浇筑迅速拼拆模板体系设置在空中，减少了架体的搭设和施工场地的占用。

3. 关键技术措施

1）新型封模体系

采用了一套两平行设置的封模板以及连接件（图4.2-131、图4.2-132），封模板包括一竖板和一横板，竖板与横板固定连接组成L形结构；竖板的一端设有用于与预制主梁拆卸连接的第一竖筋板，第一竖筋板与横板分别位于竖板的两侧；第一竖板设有主梁连接槽，通过螺栓与主梁连接；竖板的另一端设有次梁连接槽，通过螺栓与次梁连接；连接板连接两横板，两封模板组成凹状的夹持部，封模完成。

2）快速安拆技术

区别于传统的模板形式，该模板体系通过下固定件和立固定件与预制主、次梁上预埋的螺栓连接（图4.2-133～图4.2-135），将底模板和立模板夹持在预制次梁上并与预制主梁连接，形成完整的封模体系。封模板可根据现浇段长度进行定制，适用于多种工况。模板安装采用螺栓固定，拆除仅需拆除约束用的螺母，拼装迅速、拆除简易、占用空间小、可重复利用，还可提高现场的容错能力。

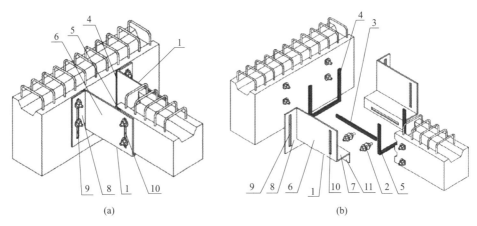

(a)   (b)

图 4.2-131　免支撑主次梁节点封模体系示意图

1—封模板；2—连接件；3—第一密封件；4—第二密封件；5—第三密封件；6—竖板；7—横板；

8—第一竖筋板；9—主梁连接槽；10—次梁连接槽；11—第二竖筋板

图 4.2-132　装配式连续次梁
节点二次浇筑模板

图 4.2-133　模板体系螺
栓固定

图 4.2-134　模板体系
侧模安装过程

图 4.2-135　模板体系安装完成

3）免支撑技术

当现浇段不超过 800mm 时，该模板体系可不搭设支架，减少了施工场地的占用，实现绿色施工，同时混凝土浇筑以后，梁梁节点现浇部分下部其他专业可插入施工，加快了施工进度。

4）工厂定制生产

定型化模板体系构件采用工厂定制生产，节约木材，避免现场切割模板，绿色施工，节材节能环保。

4. 实施效果

本技术应用于 B 地块塔楼 3 层以上梁的施工，与原位拼装对比，减少了对吊装设备的有效吊装范围的高要求，降低机械台班费用，加快施工进度。本技术安装拆除便捷、占用空间小、可重复利用的模板体系，实现装配式连续次梁的免支撑，大大提高施工的灵活性。免支撑减少空间占用，实现上部钢结构与下部其他专业提前插入施工，取得较好的经济效益和社会效益。

4.2.3.8　预制柱四面出浆施工工法

1. 概述

随着经济的发展和施工工艺水平的提高，推广绿色建筑已成为行业共识。传统建筑业质量问题多、生产效率低、高能耗高污染，而装配式建筑因其效率高、精度高、质量高、绿色环保等优点，在建筑行业得到了广泛的推广与应用。

作为装配式竖向连接构件，预制柱的安装速度与质量直接影响着整个项目的工期与成本。预制柱灌浆工序优劣，是决定装配式建筑结构是否稳定的重要评定。传统灌浆工艺是预制柱两面灌浆两面出浆，这种工艺易造成灌浆管封堵，影响灌浆施工。针对此问题，在本工程建设过程中，项目技术人员对现有技术进行优化，研发了预制柱四面出浆施工技术，本技术获评广东省省级工法。

2. 技术特点

1）四面灌浆四面出浆

预制柱两面灌浆两面出浆的施工方法会导致灌浆料导管过长，且弯曲过多，易造成堵塞。浪费灌浆料，增加施工成本。本技术将两面灌浆两面出浆优化为四面灌浆四面出浆，大大的缩短了导管长度，缩短了灌浆料流动路径，有效降低了堵管概率。

2）PVC 灌浆导管

传统灌浆导管为波纹管，材质软易变形、波折处多，不利于灌浆的顺利完成。本技术改为四面灌浆四面出浆后，灌浆无须引流，导管无须弯折。采用 PVC 管代替波纹管，其内壁更为光滑，能明显减少堵塞的概率，提高灌浆效率。

3）定制钢模板预留灌浆管孔位

预制柱在预制厂生产时定制了钢模，钢模根据套筒灌浆及出浆位置预留孔位，用来固定灌浆套筒伸出来的导管，避免导管偏位及掩埋。

3. 关键技术措施

1）套筒与钢筋机械连接

预制柱竖向钢筋采用套筒灌浆的连接方式，套筒为半灌浆套筒，在预制柱钢筋绑扎前需将半灌浆套筒采用机械连接的形式制备好，用以进行下一步的预制柱钢筋绑扎。

2）预制柱钢筋绑扎

按照图纸的间距、型号、预留长度等要求进行钢筋的绑扎，钢筋绑扎设计偏差不大于5mm（图 4.2-136）。

3）预制柱导管安装

钢筋绑扎完成后，根据灌浆孔的位置在柱钢筋内放置导管，应确定导管无堵塞、破损，一旦发现应立即更换或者疏通，以免后期灌浆出现堵塞（图 4.2-137）。

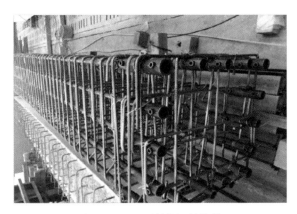

图 4.2-136　预制柱钢筋绑扎　　　　　图 4.2-137　预制柱导管安装

4）预制柱钢模板制备与安装

待上述工作完成后，对预制柱侧边钢模进行封合加固，应保证预制柱垂直、平整、方正、稳固。

5）预制柱浇筑、养护及运送

预制柱验收完成后，开始浇筑，浇筑过程中要充分振捣，浇筑完成后，按照要求进行养护（图 4.2-138），强度达到 75％以上方可装车运输。

(a) 浇筑混凝土　　　　　　　　　　(b) 养护

图 4.2-138　预制柱浇筑混凝土及预制柱养护

6）预制柱放线定位

楼面混凝土浇筑前检查预制柱底部预留钢筋定位，待混凝土浇筑完成后，再进一步复核放线定位，以确保预制柱吊装后续工作的顺利进行（图 4.2-139）。

7）柱头凿毛清理

预制柱吊装前，要对楼面预制柱部位进行凿毛处理，并将凿除的浮浆用水进行冲洗干净，以增加预制柱底部灌浆后的咬合力并防止杂物在灌浆过程中封堵灌浆孔。

8）调整标高

由于现浇楼板收面过程中，各种原因造成的误差会导致基面的不平整，因此在预制柱吊装前，需用钢垫片调整预制柱底部标高，以保证预制柱顺利吊装且吊装完成后垂直度和平整度满足结构要求（图 4.2-140）。

图 4.2-139　预制柱放线定位

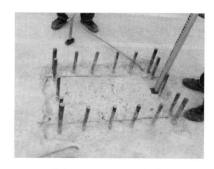
图 4.2-140　调整标高

9）预制柱吊装

吊装前由质量负责人核对柱编号、尺寸，确认质量无误后，由专人负责挂钩，待挂钩人员撤离至安全区域后，由地面信号工确认构件四周安全情况，指挥缓慢起吊，起吊到距离地面 0.5m 左右时，需检查确定安全后才能继续起吊。因为柱子在材料堆场为水平堆放，吊装时需要垂直吊装，吊装前需要对柱子进行翻转处理，翻转时在柱底铺设两层 100mm×100mm 的木方，并在上方垫软性垫片，同时在离柱底约 1m 位置绑牵引绳，若柱子翻转后有晃动，通过拉牵引绳平衡。

10）预制柱垂直度调整

待柱下放至距楼面 0.5m 处，根据预先定位的导向架及控制线微调，微调完成后减缓下放。由两名专业操作工人手扶引导降落，降落至 100mm 时，一名工人通过铅垂仪观察柱的边线是否与水平定位线对齐。柱吊装到位后及时将斜撑固定在柱及楼板预埋件上，最少需要在柱子三面设置斜撑，然后复核柱子的垂直度，同时通过可调节长度的斜撑进行垂直度调整，直至垂直度满足要求（图 4.2-141）。

(a) 预制柱垂直度调整

(b) 预制柱固定

图 4.2-141　预制柱垂直度调整及固定

11）预制柱柱仓封仓

预制柱吊装完成后，用坐浆料封堵缝隙，四周安装角钢，待 3～4h 后方可灌浆（图 4.2-142）。

12）预制柱灌浆

（1）封仓完毕后，用水冲灌浆孔，保证每个孔位都是通的，没有堵塞；

（2）根据与灌浆套筒配套的灌浆料的使用说明进行灌浆料的制备（图 4.2-143）。每次灌浆施工前，需对制备好的灌浆料进行流动度检验，同时须做实际可操作时间检验，保证灌浆施工在产品可操作时段内完成。灌浆料搅拌完成初始流动度应≥300mm，以 260mm 为流动度下限。浆料流动时，用灌浆机循环灌浆的形式进行检测，记录流动度降为 260mm 时所用时间；浆料搅拌后完全静止不动，记录流动度降为 260mm 时所用时间；根据时间数据确定浆料实际可操作时间，并要求在此时间内完成灌浆（图 4.2-144）。

图 4.2-142 预制柱柱底封仓

图 4.2-143 浆料制备

(a)

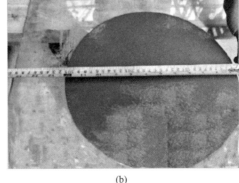

(b)

图 4.2-144 灌浆料流动性检测

（3）使用灌浆机进行灌浆，灌浆压力保持 1.5MPa 左右（图 4.2-145）。

（4）每个出浆孔都出浆，当浆料呈圆柱状没有明显气泡时，用橡胶塞封堵（图 4.2-146）。

(a) 灌浆机　　　　　　　　　　　　　　(b) 灌浆口

图 4.2-145　灌浆

图 4.2-146　灌浆完成封堵出浆孔

4. 实施效果

本工程在 C 地块应用了预制柱四面出浆施工技术，通过优化灌浆孔，将出浆孔由两面增加为四面，缩短了导管的长度，缩短了灌浆料流动的路径，降低了堵管的风险，提高了注浆质量。使用 PVC 管代替波纹管，内壁更加光滑，减少堵塞的概率。根据钢筋排位在模板上预留对应孔位对灌浆套筒伸出的导管进行固定，避免了因导管偏位和被埋没导致的返工，取得较好的经济效益和社会效益。

4.2.3.9　基于 BIM 放样机器人在装配式构件安装定位中的施工工法

1. 概述

伴随着建筑技术的革新，BIM 技术已经广泛应用于房建、市政、轨道交通等各个专业，建造方式也逐步由劳动密集型向建造工业化方向转变，传统的测量方式也有所革新。在装配式建筑施工过程中，预制装配式构件的安装定位是一项精细的工作，定位准确与否直接影响后续构件安装能否顺利进行。传统施工借助 CAD 图纸使用卷尺、水准仪、经纬仪等工具现场放样的方式，存在较大的放样误差且无法保证施工精度。

BIM放样机器人是一种新型的智能全站仪，由数字全站仪、触控平板手簿及反光棱镜三部分组成。放样机器人根据现场控制点建立三维坐标系，基于预先在操作层放样出指定的控制线和控制角点，实现构件的安装定位。利用其快速、精准、智能、操作简便的优势，将BIM模型中的数据直接转化为现场的精准点位，通过拾取点位，大大缩短单个构件的吊装就位时间，提高构件的安装效率，缩短了建设工期，本技术获评广东省省级工法。

2. 技术特点

1）机器人精准定位

构件安装前，借助BIM放样机器人，采用坐标定位法对竖向构件的套筒位置和插筋的中心位置进行精准定位，计算两者的位置偏差，预先判定构件能否正常安装。

2）自动消除位置偏差

构件安装过程中，结合建筑模型将模型数据直接转化为现场的精准定位，精准确定构件的角点和控制线。若定位出现偏差，系统会自动提示正确放样的位置和偏差，确保构件安装位置的准确性。

3）二次复核调整

构件安装完毕后，可对各个构件的安装位置进行二次快速复核检验，与模型坐标点和高程不一致时，可及时调整。

3. 关键技术措施

1）构件安装前定位预判

梁、柱构件到场后，借助放样机器人对裸露的钢筋和套筒中心位置进行测量，测出各中心点的实际坐标值（图4.2-147），与图纸的钢筋和套筒的实际坐标值进行列表对比分析，计算两者之间的差值，从而事先预判构件能否正常安装。

2）构件安装中定位放样

将建立好的BIM模型录入到放样机器人中，检查并导出模型坐标，将模型坐标转换成施工坐标，通过放样机器人定位放样出各个构件安装的控制线和控制角点。预制构件按照放样出的控制线和控制角点精准安装（图4.2-148）。

图4.2-147 安装前定位放样

图4.2-148 安装中消除偏差

3）构件安装后坐标复核

构件安装完毕后，未灌浆前。再次复核安装好的构件坐标点（图 4.2-149），保证坐标点与模型坐标点一致，如有偏差及时调整。复核无误后，再进行灌浆作业。

4. 实施效果

采用本技术能够改进装配式构件安装定位不准确的缺点，从而加快施工进度，减少返工，大大提高了施工效率。本技术在 B 地块的装配式部分得到应用，与传统施工放线定位相比，每层构件安装的平均工期可以缩短近 30%（单层建筑面积 1800m²）；且整

图 4.2-149 安装后二次复核

个过程操作简单，仅需 1～2 名技术人员即可完成整个施工层的放样，人力投入量小，有效降低人工成本，取得较好的经济效益和社会效益。

4.2.3.10 无支撑预制叠合板制作及吊装施工工法

1. 概述

传统预制叠合板支撑体系主要由竖向支撑立杆、水平杆、扫地杆组成，支撑体系对场地条件要求较高，受场地条件制约，支撑体系搭设需人工材料、施工周期长，对于本工程这种体量大工期紧的项目，预制叠合板的支撑体系搭设成为影响工期的不利因素。此外，预制叠合板生产、运输和安装过程中，常常因吊具使用不当致使吊点间无法均匀受力而导致板材开裂，造成不必要的材料浪费，影响施工正常开展。

针对上述问题，通过对叠合板进行深化设计，研发了无支撑预制叠合板制作及吊装施工工法，利用叠合板脱模及吊运的辅助工具，有效解决叠合板吊运易变形开裂的问题，施工质量得到保证，并通过计算，在施工中将楼板合理分块，实现了免支撑叠合板施工，本技术获评广东省省级工法。

2. 技术特点

1）无支撑叠合板

采用无支撑叠合板设计，降低了支撑搭设的人工和材料消耗。

2）自平衡吊架

设计了自平衡吊架，采用钢缆绳和滑轮组合，每个吊点之间能互补、受力均匀，确保起吊构件质量，降低破损率，提高施工效率。

3. 关键技术措施

1）自平衡吊架

（1）材料组成

自平衡吊架由槽钢加工焊接成架，加滑轮、钢丝绳组成（图 4.2-150）。平衡吊架与滑轮组配合使用，使得吊架各部件协同工作。

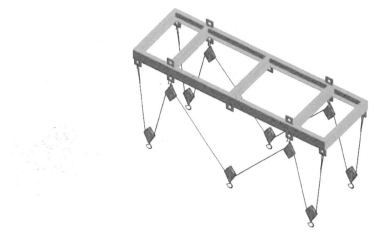

图 4.2-150 自平衡架三维图效果图

（2）材质及规格（表 4.2-15）

吊架材质及规格

表 4.2-15

组成部位	材料	明细
吊架	槽钢	Q235,16 号 A
滑轮组	2t 滑轮	吊钩型(G)开口式单车滑轮； HQLK1-2,额定起重 2t,试验荷载 32kN
钢丝绳	$\phi14$ 钢丝绳 6×37-14	强度 1570MPa
吊点	6 个	Q235,钢板高 25mm,吊点宽 100mm,高 130mm

（3）自平衡架的设计计算

自平衡架最薄弱部位为钢丝绳，所以要验收钢丝绳的受力情况。钢丝绳的钢丝破断拉力总和为

$$F_{g破断}=0.5d^2$$
$$F_{g破断}=0.5\times14^2=98kN$$

钢丝绳的容许拉力

$$[F_g]=\alpha F_g/k$$

式中　　α——折减系数，6×37 钢丝绳取 0.82；

　　　　k——安全系数，取 8。

$$[F_g]=\alpha F_g/k=0.82\times98/8=10.045kN$$

自平衡架限载 2t，6 个平衡吊点，按三个吊点受力最不利考虑，平均每个吊点承受拉力为 2t/3=0.66t=6.6kN，钢丝绳容许拉力 10.045kN＞6.6kN，满足使用要求。

（4）自平衡吊架应用实施过程

通过对各阶段严格控制，吊架完全应用到叠合板生产中，吊点间均匀受力，起吊质量受控、便捷、适用，避免因起吊造成叠合板的质量缺陷（图 4.2-151）。

2）叠合板安装定位

（1）根据图纸中构件位置以及箭头方向就位，就位过程中观察楼板预留孔洞与水电图纸的相对位置，以防止箭头偏错（图 4.2-152）。

图 4.2-151　自平衡吊架应用过程

图 4.2-152　堆放好的叠合板

（2）因叠合板较大，为避免吊装时板片受力不均，影响叠合板结构导致开裂和弯折，应使用叠合板自平衡吊架进行吊装（图 4.2-153、图 4.2-154），任一边长度大于 2.5m，则应以 6 点起吊。使用自平衡吊架吊装，在安装过程中，板片稳定，操作方便，定位更准确。

图 4.2-153　叠合板吊运

图 4.2-154　叠合板安装

（3）叠合板安装时搭接边深入叠合梁或剪力墙上 15mm，板的非搭接边与板拼缝按设计图纸要求安装（对接平齐）。

（4）调整去钩

复核构件水平位置、标高、垂直度，使误差控制在规范允许范围内。检查板底拼缝，板底拼缝高低差应小于 3mm。

3）实施效果

本技术所研发的自平衡滑轮组合吊架和应用无支撑预制叠合板在脱模、安装、装运的过程，每个吊点之间均匀受力，避免出现变形或开裂，保证了构件的质量。本技术的应用可大幅减少支撑钢管的使用，起到节材、环保的作用，作业安全、施工便捷，取得较好的经济效益和社会效益。

4.2.3.11　穿挂湿作业法外墙陶砖安装施工工法

1. 概述

随着城市发展规划趋于规模化和专业化，近些年岭南建筑外墙装饰面逐渐趋向使用一种新型的墙体材料——陶砖。陶砖是黏土砖的一种，它介于陶土砖与陶瓷砖之间，属于中间产物，陶砖原产于澳大利亚，随后由中国、马来西亚等国家引进。陶砖常采用优质黏土和紫砂陶土及其他原料高温烧制而成，较传统陶土砖而言，陶砖质感更细腻、色泽更稳定、线条优美、实用性更强、能耐高温、抗严寒、耐腐蚀、抗冲刷、返璞归真、永不褪色，不仅具有自然美，更具有浓厚的东方文化气息和岭南建筑风格。

现有陶砖主要采用干挂式安装，根据构造不同，一般分为开槽式挂法和背栓式挂法。在本项目建设过程中，针对建筑外立面装饰所用的陶砖和项目特点，采用了一种创新的穿挂湿作业外墙陶砖安装施工工法，设置了穿挂龙骨，增强湿作业陶砖墙体的安全稳定性，造型多变，施工灵活，本技术获评广东省省级工法。

2. 技术特点

1）铝合金穿挂龙骨控制垂直度

在幕墙主龙骨上焊接铝合金方钢穿挂龙骨，利用穿挂龙骨对陶砖幕墙进行垂直度控制，大大增强了外墙陶砖的安全性和稳定性。

2）穿挂构造造型多变

采用不同的穿挂构造方式，获得多种造型，造型设计的可变性大。使用水泥砂浆对陶砖进行错缝拼接以及镂空的设计，使得建筑物外立面更加立体。

3）易分块易收口

通线简单，容易分块，分块之间收口容易，可大面积分区域施工。分块施工后，若发现分块部分有砌筑错误，可直接进行局部修改，大大减少返工时的拆除面积。

3. 关键技术措施

1）立体式控制网技术

（1）平面控制网的建立

根据各单体的具体情况，设置平面内控网。根据幕墙立柱与相应实体结构轴线可通线的位置，按整数设置内控网。然后根据内控网建立各楼层的平面控制网。采用激光铅垂仪从底层往上引出各楼层的控制点（图 4.2-155）。

（2）高程网的建立

① 以高层控制点为基准，在首层用自动安平水准仪、双面水准尺测设三等水准闭合路线作为一个高层控制点。

② 层间标高的设置测量，首先在轴线控制线上使用全站仪或经纬仪采取直线延伸法，在便于观察的外围做一观察点，由下而上设立垂直线，在仪器的监控下，弹出垂直墨线，依据垂直墨线，在楼层外立面上设置悬挂 10kg 重物的 30m 钢卷尺，用大力钳把钢卷尺夹紧，在小于 4 级风的气候条件下，静置后用等高法分别测量计算出各楼层的实际标高和建筑结构的实际总高。

③ 每层设立 1m 水平线作为作业时的检查用线，并将各层高度分别用绿色油漆记录在柱子或剪力墙的同一位置处（与总承包方标区别），幕墙施工安装直至施工完毕之前高度标记、水平标记必须清晰完好，不被消除破坏（图 4.2-156）。

（3）幕墙施工的立体钢丝网控制线的拉设

① 将底和顶层为基准层，中间间隔 4～5 层设置基准。将铅垂仪架设在各测量区域底层的基准点上仔细对中、调平，用向下视准轴十字线投向传递层，在铅垂仪的监控下进行

定位，定位点必须牢固可靠，各基准点以此为基础。投点完毕后，进行连线步骤，在全站仪或经纬仪监控下将墨线分段弹出。

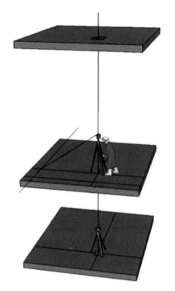

图 4.2-155　平面控制网建立示意图

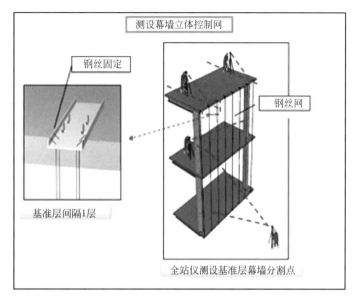

图 4.2-156　立面控制网建立示意图

② 各层投点工作结束后，通过全站仪进行监控，将土建部门提供的主控线平移至内部便于连线的地方，内控线距结构面垂直距离为 1000mm。接着进行各个基准层层内控线的布控。

③ 内控线布置后，以土建部门提供的轴线、基准点、控制线作为一级基准点，在基准层投出外围控制线，用测距仪测出外控制线的距离，用全站仪监控做出基准层外控线延长线的交汇点，通过确定延长线上的交汇点做出二级控制点，各二级控制点之间互相连线成闭合状形成二级控制网。然后非基准层再参照基准层，放出自己的外围控制线。

④ 根据放线图和外围控制线，往幕墙方向放水平钢丝线。每 4m 设一个固定支点，为避免钢丝线摆动。使用经纬仪、钢卷尺等工具检测其准确性，由此就建立了幕墙施工的水平钢线网。

⑤ 外控制线选取幕墙分割的控制点，放置垂准仪，首先进行调平，再调整下视点，使其对准控制点，打开激光开关，使激光点落在施工层角钢上，角钢一端钻有直径 1.6～1.8mm 孔眼，所有角钢孔眼自上而下用铅垂仪十字线中心定位，确保所有孔眼处于垂直状态，而另一端采用 M8 膨胀螺栓固定在相应楼板立面。由此可投射出所有转角控制点，用直径 1.5mm 钢丝线每隔五层拉线绷紧，就构成了竖向钢线网。

2）穿挂龙骨的安装

（1）固定锚板

根据锚板安装位置的垂直、水平控制线将锚栓固定在主体结构上，通过锚栓拉拔实验来验证是否达到设计强度要求。

（2）安装竖龙骨

① 竖向龙骨依据放线的位置进行安装，竖龙骨从底层开始，然后逐层向上安装。

167

② 为确保幕墙外面平整，先布置角位垂直钢丝，再依据钢丝作为定位基准，进行角位竖向龙骨的安装。

③ 在安装竖向龙骨之前，首先对其进行垂直度的检查，将安装误差控制在允许的范围内。

④ 对照施工图检查主梁的加工孔位是否正确，然后用螺栓将竖向龙骨与连接件连接，调整竖向龙骨的垂直度与水平度，上紧螺母。

⑤ 竖向龙骨就位后，依据所布置的钢丝线、施工图对竖向龙骨进行检查，确保竖向龙骨的轴线偏差。

⑥ 整个墙面竖向龙骨的安装尺寸误差要在控制尺寸范围内消化，误差不得向外伸延，各竖龙骨安装时以靠近轴线的钢丝线为准进行分格检查。

⑦ 竖向龙骨安装必须留伸缩缝，每个楼层留 20mm 间隙，采用套筒连接，安装竖向龙骨及幕墙时禁止随意拆除脚手架横杆。

（3）安装横向龙骨

① 横向龙骨根据实际情况进行开料。龙骨的开料尺寸应比分割尺寸小 3mm，这样施工过程中安装比较方便，未装横向龙骨前，先进行角码的安装。

② 横龙骨根据水平横向线进行安装，将横向龙骨（50mm×50mm×4mm 锌角钢）全部拧紧后再根据横向鱼丝线进行调节，直至符合要求。

（4）安装穿挂龙骨

① 方钢每隔 150mm 焊接在横向龙骨上，作为穿挂龙骨（图 4.2-157）。

② 穿挂龙骨安装完成后，重新复核安装位置。穿挂龙骨作为外墙陶砖安装的骨架，陶砖（图 4.2-158）穿挂在龙骨体系上。

图 4.2-157　穿挂龙骨安装图

图 4.2-158　陶砖原材

（5）焊缝防锈处理

对焊接位置焊缝进行防锈处理。

3）陶砖穿挂安装技术

（1）砖浇水

黏土砖必须在砌筑前一天浇水湿润，一般以水浸入 1.5cm 为宜，含水率为 10%~

15％，常温施工不得用干砖上墙，雨期施工不得使用含水率达饱和状态的砖砌墙。

（2）基层清理

墙体砌筑前应将板面及施工作业面等清扫干净。

（3）抄平放线

按图纸上给定的轴线及标注的墙体尺寸，在板面上弹出墙体的轴线和边线。放线的允许偏差不应超过规范规定。

（4）找平

检查楼板面标高是否符合要求，当第一皮砖的水平灰缝大于 20mm 时，必须使用细石混凝土找平。严禁采用砌砖砂浆中掺杂细石处理或用砂浆垫平。

（5）排砖摆底

陶砖应选择棱角整齐、无弯曲裂纹、颜色均匀、规格一致的砖。敲击时声音洪亮，焙烧过火变色、变形的砖可用在基础及不影响外观的内墙上。依据设计要求进行排版，尤其在有装饰图案的位置，更要按设计要求进行编号，统一在生产厂家排版确认后送至现场，现场再按厂家编号进行砌筑。

（6）盘角

摆好底后，把大角的操作者开始盘角，每盘角五层砖，应及时吊垂线找正，如有偏差要及时修正。盘角时要仔细对照皮数杆的砖层和标高，控制灰缝大小，使水平灰缝均匀一致。大角盘好后再复查一次，平整和垂直完全符合要求后，再挂线砌筑。

（7）挂线

砌筑前必须先拉准线。一砖以上（包括一砖）的墙体应双面挂线，如长墙几个人使用一根通线，中间应设几个支线点，小线要拉紧，每层砖都要穿线看平，使水平灰缝均匀一致、平直通顺。水平灰缝厚度和竖向灰缝宽度一般为 10mm，但不应小于 8mm，也不应大于 12mm。为保证陶砖墙面主缝垂直，不游丁走缝，当砌完一步架高时，每隔 2m 水平间距，在丁砖立楞位置弹两道垂直立线，可以分段控制游丁走缝。

（8）砌砖

砌砖必须按图纸要求进行砌筑。一种为满铺式砌筑方式，另一种是镂空式砌筑方式，将砖套入方管中，逐层挂装，然后用砂浆勾缝。宜采用一铲灰、一块砖、一挤揉的"三一"砌砖法，即满铺、满挤操作法。砌砖时砖要放平。砌砖一定要跟线，"上跟线，下跟棱，左右相邻要对平"。在操作过程中，要认真进行自检，如出现偏差，应随时纠正。严禁事后砸墙。砌筑砂浆应随搅拌随使用，必须在 3h 内用完，不得使用过夜砂浆（图 4.2-159～图 4.2-162）。

（9）错缝拼接

根据外墙要求不同的造型，错缝拼接构造出不同的形状（图 4.2-163）。

4. 实施效果

本技术应用于 A 地块的外墙装饰工程，通过采用穿挂龙骨，为墙体提供垂直度控制的同时，能够增强墙体的整体性，提升其安全性和稳定性；穿挂龙骨灵活布置，墙体的造型也可灵活多变，如发现砌筑错误，也能直接在局部区域对穿挂龙骨和墙体进行修改，缩小返工面积，降低维修费用，取得较好的经济效益和社会效益。

图 4.2-159　陶砖测量放线

图 4.2-160　砂浆铺贴

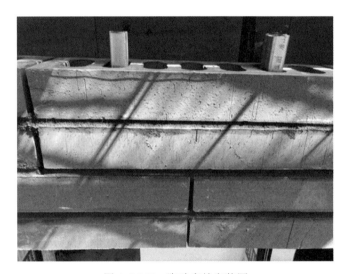

图 4.2-161　陶砖穿挂安装图

图 4.2-162　错缝拼接

图 4.2-163　陶砖安装错缝拼接效果图

4.2.3.12　高精度快装陶板幕墙施工工法

1. 概述

陶板是一种新型的绿色环保建筑材料，可循环再生。对于工程量大、精度要求高、工期紧张的陶板幕墙项目，传统的陶板安装方法主要有三种：一是钢结构作骨架，缺点是难以保证安装精度；二是钢铝结合结构作支撑体系，缺点是施工效率低，无法满足快速高精度安装大面积混合陶板幕墙的施工要求；三是采用铝合金的支撑体系，缺点是成本过高，为了节约成本，易造成结构和施工工艺不合理，导致施工质量难以保证。因此陶土板幕墙系统想要同时实现高精度、高工效和经济性是施工中的一个难点。此外，近年建筑设计为增强立面的空间视觉效果，采用了横向和竖向式混合的陶板幕墙，其安装工艺更为复杂。在陶板安装加工工艺上，生产厂家依然采用"开槽法"，粉尘大、工效低、精度差。上述问题都促使陶板幕墙施工技术需要尽快改进优化。

本工程为丰富立面效果，设计采用的陶土板幕墙为横向式和竖向式的混合式，幕墙面积大、工期紧，项目技术人员研发了高精度快装陶板幕墙施工技术，通过改进铝合金支撑体系的结构和施工工艺，在保证安装精度的前提下，满足了工期、质量和成本目标，本技术获评广东省省级工法。

2. 技术特点

1）新型铝合金支撑体系

陶板幕墙采用铝合金支撑体系。

2）横竖双向混合安装

研发了一种"三齿 SE 专用陶板铝合金挂码"，可以在不开槽的前提下实现牢固连接，满足竖向式陶板幕墙的安装要求（图 4.2-164）。

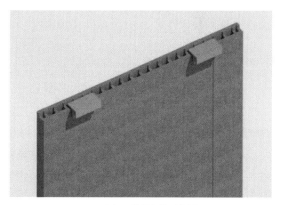

(a) 纯骨架示意图　　　　　　　　　　　　(b) 三齿SE挂码安装示意图

图 4.2-164　三齿 SE 专用陶板铝合金挂码

3）柱立面整体吊装

柱子采用了铝合金格构柱，采用在现场整体吊装的装配式施工方式。

3. 关键技术措施

1）建立 BIM 模型

（1）幕墙设计建立 BIM 模型

利用幕墙 BIM 模型与建筑、结构等专业进行协调，发现问题及时沟通、协调，实现各专业无缝对接，减少设计变更和返工（图 4.2-165）。设计阶段 BIM 模型中，根据其选型赋予完整的属性参数。通过 BIM 设计软件的分析，使构件属性参数与设计文件相符。

图 4.2-165　设计阶段 BIM 模型

（2）采购阶段 BIM 模型利用

利用 BIM 模型提取幕墙工程量及物料采购。利用 BIM 模型自动提取项目的工程量，以此为依据指导采购，使项目的材料使用更加透明化、精细化，避免造成材料资源堆积和浪费。

（3）施工阶段 BIM 模型利用

利用幕墙 BIM 模型分析施工进度计划，进行堆场优化和吊装模拟和管理、部品和配件可视化预拼装及安装流程模拟、设备和构件施工安装模拟、进度协同管控等模拟；细化幕墙安装的每个细部节点的进度和每个系统的安装进度。利用幕墙 BIM 模型对施工班组进行实时对接和交底，做现场实际施工的指导。生产制造过程中，将 BIM 技术与生产线的自动化和智能化技术相融合，实现设计、生产信息协同。

2）测量放线和埋件复核

考虑建筑物分散、范围大、距离远，因此测量放线时，以楼面的标高和外立面为基准作为幕墙的放线基面，坚持"整体控制局部，高精度控制低精度"的原则，遵循"整体到局部"的测量放线顺序，建立幕墙的主控网线和平面控制网。

3）构件加工

将所有的柱子的尺寸进行分类，尽量做到标准化生产，统一的模块方便安装。

在工厂加工铝合金格构柱过程中，制作了模具和胎架，做到作业标准化，保证了加工质量；工效高，有利于现场幕墙的快速安装。

用螺栓的连接方式能减少焊接带来的焊接缺陷，有效控制连接质量，骨架不会因为焊接而发生变形，整个骨架的安装尺寸误差不大，在偏差控制的范围内，不会影响安装误差（图 4.2-166、图 4.2-167）。

4）立柱安装

（1）立柱安装调节

将立柱从上至下或从下至上逐层安装，通过调整立柱的进出位置调节安装连接件和龙骨，在立柱固定钢码上开椭圆孔，可以实现立柱 3～5cm 的调整空间（图 4.2-168）。

图 4.2-166 螺栓连接   图 4.2-167 构件实物图

（2）立柱设置螺钉槽调节

铝合金横梁通过螺栓连接在合金立柱上专门设置的螺钉槽上，可通过螺丝槽上下滑动调节横向龙骨的位置，调整完成后利用自钻自攻螺钉锁定并承受垂直荷载（图 4.2-169）。

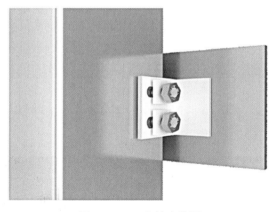

图 4.2-168 立柱安装图   图 4.2-169 立柱调节螺丝槽

5）竖向式陶板幕墙横梁安装

陶板安装的位置大多数是混凝土墙或是砖墙，不能像玻璃幕墙一样在室内安装横梁，经过研究，安装时在铝合金横梁两端开设斜口（即喇叭口），方便现场进行正面安装。先在立柱上穿好螺栓，并放线定好位置，待安装铝合金横梁时，在正面拧紧螺母（图 4.2-170）。

6）竖向式陶板幕墙底座安装

竖向式陶土板幕墙铝合金横梁上并没有设置通长合金底座，铝合金底座对应挂码间断设置，这样设计的目的是降低成本，因为仅仅挂码位置需要设置合金底座，无须整条横梁通长设置（图 4.2-171）。

图 4.2-170　竖向式陶板幕墙横梁安装　　　　图 4.2-171　竖向式陶板幕墙底座安装

7）竖向式陶板幕墙挂码安装

（1）顶挂码与底挂码相分离的陶土板挂装方法

竖向式陶土板幕墙挂码的安装采用了铝合金顶挂码与底挂码相分离的模式，将常规公用的顶、底挂码拆分为铝合金顶挂码及底挂码，铝合金顶挂码及底挂码通过环氧树脂与陶土板面板预先安装在一起，到现场后可实现任意位置的独立安装（图 4.2-172）。

（2）"三齿 SE 专用陶板铝合金挂码"安装

采用"三齿 SE 专用陶板铝合金挂码"安装，满足竖向式陶板幕墙安装要求，陶板不用开槽，实现牢固连接（图 4.2-173）。

图 4.2-172　竖向式陶板幕墙挂码安装　　　　图 4.2-173　"三齿 SE 专用陶板
　　　　　　　　　　　　　　　　　　　　　　　　铝合金挂码"安装

8）横向式陶板幕墙挂码安装

陶板通过铝合金挂码直接与铝合金立柱连接，铝合金挂码在铝合金立柱凹槽内上下滑动调节位置，调整完成后利用自钻自攻螺钉锁定并承受荷载（图 4.2-174）。

9）格构柱安装

柱子采用装配式安装，将铝合金格构柱模块化和标准化，在工厂加工，在铝合金骨架构件加工阶段预先对陶板挂点进行标准化定位，采用模块化的胎架组装骨架构件。

格构柱运到现场后，在现场进行整体吊装，后续只需要将陶板挂接到预先定位好的位置，实现陶板幕墙快速安装。

10）陶土板安装

陶土板自下而上逐层安装，每层先安装转角处陶土板，再安装中间陶土板（图 4.2-175）。竖向式陶土板安装时，先把挂码安装在面板上，每块陶土板至少需要四个挂码。中间挂码安装在横梁上，一方面固定第一层陶土板，另一方面为下一层陶土板安装提供支撑。重复上述安装过程，最后安装顶部收口面板。

图 4.2-174　横向式陶板幕墙挂码安装

图 4.2-175　陶土板安装

4. 实施效果

本技术研发了一种"三齿 SE 专用陶板铝合金挂码"方式满足竖向式陶板幕墙的安装要求，陶板不用开槽，既能实现快速安装，又具有环保效果。柱子采用装配式安装方法，施工高效和节能环保。在 A、B、S 三个地块应用本技术，实现了高精度、高工效和经济性的目标，取得较好的经济效益和社会效益。

4.2.3.13　基于 DFMA 的制冷机房装配式管道模组化施工工法

1. 概述

本工程制冷机房位于 B 地块地下一层，承担 A、B、C 地块中央空调冷热源供应。制冷机房主要设备包括：5 台 3340kW（950RT）水冷变频离心式冷水机组、1 台 1230kW（350RT）变频螺杆式冷水机组，可通过调配机组不同运行组合来满足不同的负荷要求。冷却塔安装在 B 地块裙楼上顶面，材料设备和负荷详见表 4.2-16 和表 4.2-17：

制冷机房内主要材料设备一览表　　　　　　　　　　　表 4.2-16

设备名称	数量	材料名称	规格	数量	备注
冷水主机	6 台	冷冻水管	DN600	107m	
冷冻水泵	7 台	冷冻水管	＜DN600	261.4m	
冷却水泵	7 台	冷却水管	DN700	60.7m	
冷热水泵	4 台	冷却水管	＜DN700	207.6m	
分集水器	2 台				

制冷机房的总冷负荷为 17900kW。

各地块冷负荷分配表　　　　　　　　　　　表 4.2-17

序号	房间名称	空调制冷面积(m^2)	冷负荷(kW)
1	A 地块	22000	4300
2	B 地块	31000	4900
3	C 地块	40433	8700
	合计	93433	17900

为了高效率高质量完成制冷机房的机电安装工作，利用 DFMA（Design for Manufacturing and Assembly，面向制造和装配的产品设计）的设计思想和方法，以 BIM 深化设计为基础，通过模块化的设计拆分，组合成机电安装单元，采用工业化生产预制的加工工艺，将多段预制管道及支架拼接形成组合式预制管排及设备，利用叉车、电动葫芦提升管排和模组化设备，实现设备及管线高效精准的模块化装配式安装施工，本技术获评广东省省级工法。

2. 技术特点

1）基于 DFMA 的机电单元模组化设计

（1）基于 BIM 的机电单元模组化设计

根据设备的选型、数量、系统分类和管线的综合布置情况，综合考虑预制加工、吊装运输等各环节限制条件，将两三台设备及管路、配件、阀门部件、减震块等"合零为整"，组合形成整体装配式模块。

（2）基于 BIM 的组合式支吊架模组化设计

通过 BIM 技术研发组合式支吊架，将支吊架分解为若干装配构件，实现"管道先就位、支吊架后装配"的逆工序安装。

（3）BIM 色彩辨识系统

采用 BIM 色彩辨识系统，将不同机电系统预制管道的刷漆颜色、外保护颜色与 BIM 模型中机电管线的颜色与 BIM 色彩辨识系统设置保持一致，层次清晰，方便辨识，装配过程中便于区分各系统。

2）数字化工厂预制加工

通过在 BIM 软件中插件一键提取出不同样式、不同规格的预制加工构件的加工信息，形成 Excel 数据表格。工厂操作人员根据数据表格中的加工信息，输入自动加工设备，实现 BIM 软件与加工设备数据互通。

在工厂进行机械化流水制造，现场进行成品预制构件的组装。实现高效率的机械生产，不受施工现场空间环境的影响，也不受其他施工进度的影响；在工厂内提前预制，按施工计划在合理时间进场，直接投入施工，省去管道存放、保养流程。

3）预制管组机械化整体提升施工

将多段预制管道、管组及预制支吊架进行地面拼接，形成组合式预制管排。利用叉车、电动葫芦或顶升装置在地面作业，用螺栓将预制管排或预制管组模块提升就位栓接固定。

4）消除设备与管道安装误差

通过对设备及管线模块化装配式施工过程中误差的分析，重点控制设计精度、加工精度、装配精度；结合采用精细化建模、模型直接生成图纸、工厂自动化数控加工设备、360放样机器人、3D激光扫描等手段，实现装配误差综合消除。

3. 关键技术措施

1）深化设计

（1）通过三维扫描仪进行建筑结构的参数复测

机房建筑结构误差是影响机房工程安装误差的重要因素之一，为了达到安装精度要求，缩小综合累计误差，通过三维扫描仪将机房建筑结构的参数与BIM建筑模型进行三维比对（3D-matching）并进行模型调整，缩小后续的安装偏差，控制累计误差，提高安装精度。

① 按原计划方案组建的BIM模型如图4.2-176所示。

原设计方案的设备安装位置归一，整体布置比较合理；但管道安装纵横交错凌乱，管道类型混合安装，造成运维混乱。制冷机组安装位置的维修空间不够，清洗冷凝器和蒸发器时需要拆除连接制冷机组的管道才能拆除机组端盖。

② 深化设计后方案的BIM模型如图4.2-177所示。

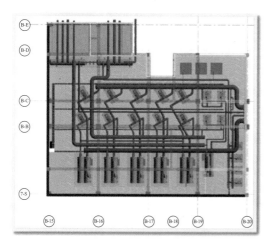

图4.2-176　原方案机房布置图

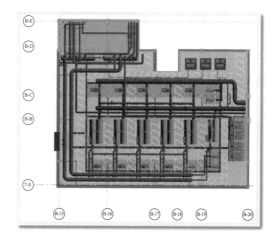

图4.2-177　优化方案的机房布置图

深化设计方案考虑到日常管理、运维和装配式的实施，把设备进行了功能分区：分集水器、冷却水水泵、制冷机组、冷冻水泵、冷热水泵和自动投药装置六个区域。这样分区域在运维管理和维修空间上能得到最大化，设备四周的维修空间大于（或等于）设备生产厂家所要求空间，制冷机组清洗冷凝器和蒸发器时直接拆除机组端盖进行清洗。

深化设计后设备安装成排成行，整齐美观，减少了各功能的管道的纵横交错，提高管道安装效率，运维简单明了。设备基础改为大平面基础，方便在装配式管道安装时消差，提高装配式安装效率。

（2）优化管道分段划分

由于管道预制工厂到安装现场的运输距离较远，考虑预制管道工厂制作、长途运输、现场转运和安装的需要，在预制管道分段时尽量减少的管道中间连接点，降低成本。管道均采用法兰连接，以便于工厂预制和运输。管道分段编号如图 4.2-178 所示，具体划分原则如下：

① 尽量减少预制管道拆分数量，降低加工成本；

② 便于预制管道现场安装；降低人力成本；

③ 便于单管道运输转运及吊装；确保吊装方案可行；

④ 待管段分段划分后，依照水流方向对管段进行编号，便于施工人员区分。

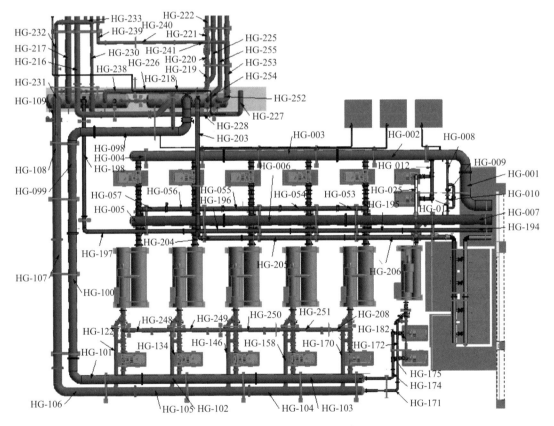

图 4.2-178　装配式管道平面分段编号图

（3）模块式泵组设计

机房内空调冷热水水泵共有 4 套，考虑空调冷热水水泵整体效果和便于运维操作，因此，采用两套空调冷热水水泵作为一组（共两组）模块式泵组进行组装；缩短施工周期，提高装配式安装效率（图 4.2-179、图 4.2-180）。

图 4.2-179　模块式泵组框架三维示意图　　　　图 4.2-180　模块化泵组三维示意图

（4）组合式支吊架设计

根据预制管道形状不规则且吊架安装位置精度要求高的特点，将传统的吊架分为两部分，一部分为吊架生根件，另一部分为吊架主体，装配时预先根据点位进行生根件的安装，待预制管道提升到位后再完成吊架主体的拼接。按照管道安装位置和现场实际情况进行支吊架的合理设置，采用门式支架和吊架的混合模式，当吊架不在横梁或结构柱的位置时则采用门式支架。同时，利用模块主体架构作为连接支撑，将支架横梁通过螺栓与其固定，形成组合式支吊架，如图 4.2-181 所示。支吊架的布置和选型需要按照管道的规格进行荷载计算，符合要求后再进行布置和编制加工图。

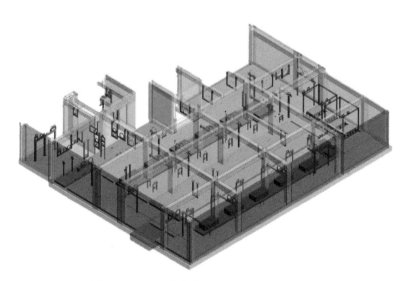

图 4.2-181　机房内装配式支吊架三维示意图

2）数字化工厂预制加工

通过数字化工厂进行本项目制冷机房内管道的预制生产，实现了管道安装全预制。装配式管道预制技术改进了传统施工的诸多不足，使"作业环境分离"，即机电施工与土建施工分离，机电管道提前工厂化预制，保证了管道预制加工精度；管道加工质量更加可靠，成品美观，管道在除锈、喷漆、焊接等方面质量也明显提高。同时，在土建主体结构和基础尚未完成施工时就开始机电安装的预制作业，机房土建施工完毕后进行现场机电安装的模块式组装。

（1）生成加工图

① 在 BIM 模型完成管道分段后，再对每个管段进行配件定位。

② 用软件对分割的管段、管道配件进行详细的尺寸标注（管径、长度等）。

③ 根据现场组合安装顺序（先主管后支管），用 Revit 软件将每一组管道和配件进行创建组（GP）后命名构件编号（形式为 HG-编号）。

④ 用软件自动生成带有编号的三维轴测图与带有管道长度及配件信息的下料表的构件加工图，如图 4.2-182 所示。

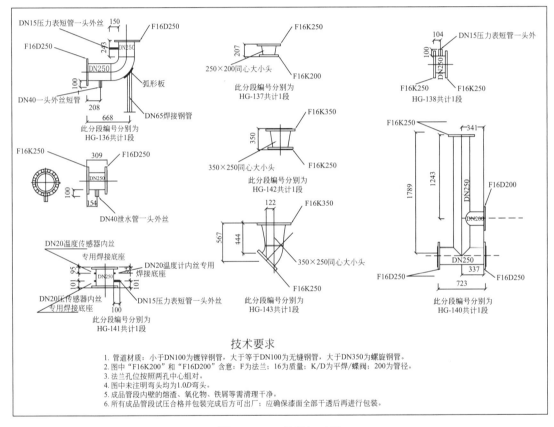

图 4.2-182　构件加工图

图中对构件 HG-136～143 进行详细标注，包括管段直管段长度、弯头尺寸、法兰规格型号、预留压力表及温度计安装位置等。

（2）工厂加工

管道加工流程如图 4.2-183 所示。

图 4.2-183　管道加工流程图

在工厂预制完成的管道及支吊架经检验合格后才可以出厂。运输到施工现场临时码放好，待制冷机房满足安装条件后再二次运输，进行装配式安装，施工工序如图 4.2-184 所示。

(a) 管道自动除锈

(b) 管道坡口自动加工

(c) 管道相贯线孔平台校焊

(d) 机械化焊接

(e) 管道气密性试验

(f) 管道喷漆

图 4.2-184　施工工序

3）测量定位

（1）360 放样机器人

将深化模型导入到放线机器人系统中，通过一个机器人架站点完成所有放样点的方式，进行管道与设备安装定位测量。

（2）具体操作如下：

① 本工程机房设备及管道定位以分集水器位置为基准点，架站点选择在靠近分集水器的通道处，进行制冷机房 360°测量放线定位（图 4.2-185 和图 4.2-186）；

图 4.2-185　架站点及放样

② 从总管到干管再到支管进行管道放线定位，使各管线互不交叉，同时留出保温及其他操作空间；

③ 定位时，按 BIM 模型深化后的管线走向和轴线位置，在机器人放样测量后的定位点，弹画出管道、支架安装的定位基准线；

④ 通过机器人的精准放样，将放样误差控制在 2mm 以内，确保管道和设备安装位置的准确性。

4）装配式安装

（1）装配式安装前准备

① 在装配式管道制作期间，按照设备基础图进行设备基础浇筑。

② 设备基础浇筑完成后需要进行复测，与模型的位置精准重合，缩小安装误差。

③ 惰性块必须按照大样图进行制作，以减小垂直误差。

④ 阀门、配件等材料的进场和复核，如果发现与模型的参数不一致应立即与加工厂联系调整管道尺寸。

⑤ 水泵等设备进场后进行复核，需要提醒加工厂预留能够消除水平和垂直误差的配件以便进行现场消差。

⑥ 编制《安装作业指导书》，对作业人员进行面对面技术交底；安装前进行技术交底及预制管道进度计划交底，并依据《预制管道进度计划表》对各项工作进行严格控制，保质保量。

(a) 复杂区域设备底座角点

(b) 管道拐弯处下固定支架角点

(c) 设备底座角点

(d) 放样点精准度控制在2mm内

图 4.2-186　放样流程

（2）水泵惰性块基础的制作与安装

① 大平面基础

在深化设计方案时，需要考虑安装过程的运输通道和运维期间的检修通道。确定好所有设备的位置后进行设备基础的布置，设备布置时需要考虑装配式构件安装时的误差调整需求，因此，在本工程中采用了大平面条形基础，设备可以在基础上进行调整。管道布置需要考虑安装时运输和维修时的空间，阀门和其他配件的安装需要考虑安装和操作的空间。

② 制作与安装步骤

按照已确定的设备安装位置对设备基础重新进行调整和深化，按照设计要求深化设计水泵惰性块，惰性块的重量按水泵的运行重量的 2～5 倍设置，并对各水泵的运行重量进行了惰性块匹配计算，见表 4.2-18。

按惰性块的配重计算出惰性块的外形尺寸，按外形尺寸用 6mm 厚钢板焊接用来承装混凝土的平台；再用 12mm 厚钢板焊接减振器安装支架，支架与惰性块满焊连接。然后在盘内浇筑 C30 混凝土，混凝土达龄期后，惰性块制作过程完毕即可进行安装。最后惰性块与框架间用阻尼弹簧减振器连接，安装完成（图 4.2-187）。

水泵运行重量和惰性块配置表

表 4.2-18

名称	型号/参数	数量（台）	惰性块配置参数	备注
端吸离心式冷却水泵	E16105D30kW/4P/XSP-IE3/1.6MPa 外形尺寸:1446×580×790(h) 水泵重量:517kg 运行重量:672kg	2	外形尺寸：1900×1100×400(h) 重量：约3336kg	3336/672＝4.96≈5倍,符合要求
卧式双吸离心式冷却水泵	HSC-S 10x12x12M/75kW/4P/XSP-IE3/1.2MPa 外形尺寸:2105×610×1005(h) 水泵重量:1289kg 运行重量:1676kg	5	外形尺寸：2600×1100×500(h) 重量：约3575kg	3575/1675＝2.13＞2倍,符合要求
卧式端吸离心式冷冻水泵	E16104E 30kW/4P/XSP-IE3/1.6MPa 外形尺寸:1446×640×790(h) 水泵重量:543kg 运行重量:706kg	2	外形尺寸：1900×1100×400(h) 重量：约3336kg	3336/706＝4.73≈5倍,符合要求
卧式双吸离心式冷冻水泵	HSC-S 8x10x17S/75kW/4P/XSP-IE3 外形尺寸:2029×610×965(h) 水泵重量:1225kg 运行重量:1593kg	5	外形尺寸：2200×1100×620(h) 重量：约3751kg	3751/1593＝2.35＞5倍,符合要求
卧式端吸离心式冷热水泵	E1610 3.25E 30kW/4P/XSP-IE3/1.6MPa 外形尺寸:1446×580×790(h) 水泵重量:514kg 运行重量:668kg	4	外形尺寸：1900×1100×400(h) 重量：约3336kg	3336/668＝4.99≈5倍,符合要求

减振措施的设置：在每个惰性块与框架之间设置 6 个阻尼弹簧减振器，以消除水泵在运行时产生的振动传导，以免影响整个模块式框架的稳定性和振动传导到结构产生低频共振。

（3）管道安装

① 分集水器转运与安装

分集水器从地面临时堆放场进行二次运输，转运至机房内，并进行定位安装（图 4.2-188）

② 水泵转运与安装

18 台水泵转运至制冷机房内，置于惰性块之上，并进行初步定位。

③ 预制管道的转运安装

加工厂运输至现场的预制管道，转运至制冷机房内，做好安装前的准备工作。

④ 预制管道机械化整体提升

将多段预制主管道、管组及预制支吊架进行地面拼接，形成组合式预制管排。利用手拉葫芦、电动葫芦或顶升装置在地面作业，将预制管排或预制管组模块提升就位，实现螺栓栓接固定。

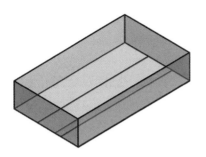

(a) 惰性块承装混凝土平台三维图

(b) 减振器安装支架三维图

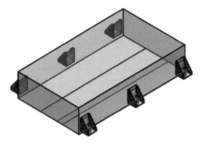

(c) 惰性块承装混凝土平台焊接支架三维图

(d) 惰性块制作完成后三维图

(e) 惰性块实物图

图 4.2-187　惰性块制作

(a) 分集水器运转

(b) 分集水器安装

图 4.2-188　分集水器运转与安装

⑤ 管道安装标准

制冷机房的冷却水管、冷冻水管均采用全工厂化预制制作，施工现场冷却水管、冷冻水管道通过法兰螺栓栓接固定；管道安装前要将管子及管件内部的杂物清理干净，并按设计要求用水冲洗。另外，通过管道工厂化预制管道，认真执行管道施工工序，控制好施工过程的安装精度及质量；机房内所有管道安装误差均在控制范围内，安装质量均符合国家标准《通风与空调工程施工质量验收规范》GB 50243—2016 的要求，具体参数见表 4.2-19。

<table>
<tr><td colspan="5">空调水管道安装允许偏差对比表   表 4.2-19</td></tr>
<tr><td colspan="5">空调水管道安装允许偏差对比表</td></tr>
<tr><td colspan="2">项目</td><td>允许偏差（mm）</td><td>实际偏差（mm）</td><td>备注</td></tr>
<tr><td rowspan="2">水平管道平直度</td><td>DN≤100mm</td><td>$2L‰$，最大 40</td><td>28</td><td>符合要求</td></tr>
<tr><td>DN＞100mm</td><td>$3L‰$，最大 60</td><td>30.4</td><td>符合要求</td></tr>
<tr><td colspan="2">立管垂直度</td><td>$5L‰$，最大 25</td><td>10.3</td><td>符合要求</td></tr>
<tr><td colspan="2">成排管段间距</td><td>15</td><td>9.6</td><td>符合要求</td></tr>
<tr><td colspan="2">成排管段或成排阀门在同一平面上</td><td>3</td><td>1.9</td><td>符合要求</td></tr>
<tr><td colspan="2">交叉管的外壁或绝热层的最小间距</td><td>20</td><td>16.3</td><td>符合要求</td></tr>
</table>

注：L 为水平管道长度。

（4）模块式泵组安装

依据模块式泵组的设计，在机房地面将水泵、管道、配件及框架等拼装成模块，再利用专用运输排架或搬运坦克组合移动模块（图 4.2-189）。能源站内空调冷热水水泵共有 4 套，将两套空调冷热水水泵作为一组（共两组）模块式泵组进行组装。模块框架采用 14 号工字钢进行装配式框架制作，工字钢连接处采用连接钢板螺栓连接，钢板与工字钢连接处采用焊接连接，工字钢直角连接处设置采用钢板焊接的加强连接角，以增强框架的稳固性，保证在运维期间设备和管道稳定（图 4.2-190）。

图 4.2-189 水泵设备运转与安装

图 4.2-190 模块式泵组实拍图

（5）设备吊运及安装

① 设备吊运

制冷机组将通过汽车运抵现场，临时停放在 B 地块制冷机房吊装口附近，利用汽车式起重机从首层临时吊装孔吊运至地下室空调制冷机房。

② 设备安装定位

因设备基础改为大平面基础，机组设备就不用受到块型基础的限制，方便转运和调整设备机组位置，通过 10t 叉车配合地坦克，将制冷机组转运至对应位置进行安装。

③ 设备与空调主管道连接

先将主管道的分支管与水泵进行连接，然后再安装连接水泵至主机的管道，按照模型的分支管安装高度调整该段支架的安装高度。

④ 设备与管道安装消差

待管道与水泵、制冷机组等设备定位后，将循环水泵作为控制基准段，与其安装对接的管道管段，需按照精细化模型和管道加工图进行二次调整，确保误差消除后再行连接。以减少管道的现场安装误差。

5）系统试压

管道安装完成之后，应进行管道系统的试压和冲洗。试压介质为自来水，用电动试压泵加压，空调供回水试验压力根据设计说明中设计提供的试验压力或参照国家标准《通风与空调工程施工质量验收规范》GB 50243-2016 的要求。先升压至试验压力，达到 1.5MPa 保持 10min，压降不超过 0.02MPa，且外观检查均无渗漏；再降到工作压力 1.0MPa，24h 无压降即符合验收规范要求。

使用自来水冲洗，连续冲洗至排出口的水色和透明度与入口水目测一致、无污物，即符合验收规范要求。

4. 实施效果

采用 DFMA 技术与管道工厂预制加工组合安装相结合的方式进行机房管道安装，提高机房设备安装的质量水平，缩短机房工程工期，推进装配式产业的发展。将机电管线及设备的工厂化预制、装配式施工技术推广至各类高层公共建筑、工业建筑、工艺管道工程，能够显著提高劳动生产率、减少对环境的污染，取得较好的经济效益和社会效益。

4.2.3.14 基于 RFID 及 BIM 技术的预制构件全过程数字化施工工法

1. 概述

本工程建设过程中，在预制构件生产、运输、吊装过程中采用全数字化管理模式，将每一个预制构件尺寸、编号、生产时间、出厂时间、进场时间、安装位置等信息利用 RFID 技术植入到预制构件中，通过扫描预制构件、获取信息、上传信息实现数据可视化，实时追踪每个预制构件的动态；基于 BIM 模型，对预制构件进行编码、吊装模拟、节点分析、状态展示等，本技术的实施保证了每个构件的信息准确性，提高对预制构件的生产进度管控能力，实现智能施工，达到节约工期、降低成本的目的，本技术获评广东省省级工法。

2. 技术特点

（1）全过程可视化、系统化管理

将 BIM 与 RFID 技术应用于构件大规模定制、生产、运输、施工的全过程，实现对整个过程的可视化和系统化管理，提高作业效率和准确性。

（2）BIM 与 RFID 模型信息无缝、无损对接

施工前，利用预制构件进行深化拆分的 BIM 模型发型 RFID 芯片，在吊装施工过程中，根据 BIM 模型指导吊装，完成吊装并实时更新 BIM 模型信息，完善了 BIM 软件与 RFID 软件中的模型信息无缝、无损对接。

（3）建筑产业化施工过程全过程跟踪

实现了建筑产业化施工过程全过程跟踪技术，BIM 平台与 RFID 信息管理平台通过云端服务器交互信息，除了实现构件各阶段的信息管理外，还实现了构件信息的可追溯性。

3. 关键技术措施

1）深化拆分模型

利用 BIM 对建筑模型进行深化拆分，将 BIM 模型中的每个图元根据预制构件深化图进行拆分，使 BIM 模型中的每个图元对应实际的预制构件，根据 BIM 模型中每个构件导出的 GUID 码发行 RFID 芯片，使每个构件拥有与 BIM 模型相对应的独立的身份编号（图4.2-191 和图 4.2-192）。

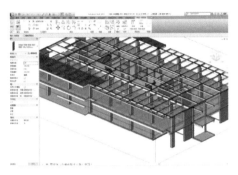

模型GUID	产品编号	构件类型	构件编号	预设堆场
1321216	CA塔楼-C-DKl 7-7F	预制梁	KI -7420/3060(46)-J01	C区1#
1381231	CA塔楼-C-DKl 7-7F	预制梁	KL-7420/3060(46)-J01	C区1#
1381290	CA塔楼-C-DKl 7-7F	预制梁	KL-7420/3060(46)-J01	C区1#
1381302	CA塔楼-C-DKL7-7F	预制梁	KL-7420/3060(46)-J01	C区1#
1381316	CA塔楼-C-DKL7-7F	预制梁	KL-7420/3060(46)-J01	C区1#
1381328	CA塔楼-C-DKL7-7F	预制梁	KL-7420/3060(46)-J01	C区1#
1381346	CA塔楼-C-OKl 7-7F	预制梁	KL-7420/3060(46)-J01	C区1#
1038373	CA塔楼C-PCB4-F1-7F	叠合板	DBD67-4025o	C区2#
1038379	CA塔楼C-PCB-F2-7F	叠合板	DBD67-4025o	C区2#

图 4.2-191　深化拆分模型　　　　　　　　　图 4.2-192　构件信息

2）建立信息数据库

将预制构件基本信息（包括构件类型、名称、预制构件编号、工程名称、楼号、层数、安装位置）以 Excel 文件格式导出，填写每个预制构件的实际体积和方量后，再导入到预制构件信息管理系统中（图 4.2-193），并利用信息平台对构件进行智能化管理。

查询结果

⬆导入　✏修改　🗑删除　标签发行　标签补发　⬆导出

预制件编号	预制件名称	项目名称
1030193	CA塔楼-C-PCB111-F1-6F	华南理工大学广州国际校区一期工程
1030249	CA塔楼-C-PCB5-F4-6F	华南理工大学广州国际校区一期工程
1030305	CA塔楼-C-PCB57-F1-6F	华南理工大学广州国际校区一期工程
1030382	CA塔楼-C-PCB59-F1-6F	华南理工大学广州国际校区一期工程
1030452	CA塔楼-C-PCB65-F1-6F	华南理工大学广州国际校区一期工程
1030523	CA塔楼-C-PCB66-F1-6F	华南理工大学广州国际校区一期工程
1030594	CA塔楼-C-PCB66-F1-6F	华南理工大学广州国际校区一期工程
1030660	CA塔楼-C-PCB25-F1-6F	华南理工大学广州国际校区一期工程
1030765	CA塔楼-C-PCB116-F1-6F	华南理工大学广州国际校区一期工程
1030815	CA塔楼-C-PCB32-F1-6F	华南理工大学广州国际校区一期工程

图 4.2-193　预制构件信息管理系统

3）发行 RFID 芯片

信息采集后，根据生产进度需要将预制构件信息使用 RFID 读写器写入 RFID 芯片中（图 4.2-194）。

预制构件浇筑完毕后，待混凝土表面初凝时将 RFID 芯片轻压入混凝土，保证芯片不

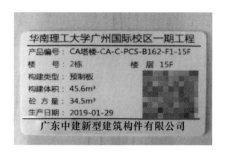

图 4.2-194　芯片录入

脱落且能够正常读取（图 4.2-195）。

图 4.2-195　RFID 芯片预埋

4）生产信息采集

在预制构件生产、质检、出厂的各环节使用手持扫描设备对扫描预制构件，进行信息采集。生产预制构件时，采集生产信息，并对预制构件编号、型号、类型等进行复核。预制构件成型后，对构件进行质检，检查构件尺寸、外观，并对图纸信息进行对比，在质检过程中发现有不良项目后，需要填写对应的实际值数据，并返工整改（图 4.2-196 和图 4.2-197）。构件出厂时，扫描标签确认出厂，信息管理平台实时更新构件状态，施工方便可查询预制构件发货情况。

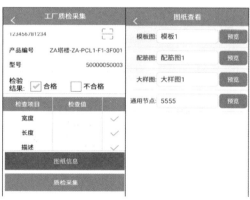

图 4.2-196　工厂质检　　　　　　　　　图 4.2-197　工厂质检信息采集

5）生产、库存数据管理

构件生产厂方完成信息采集后，预制构件 RFID 信息管理系统自动对所有信息进行整理、汇总、分类。登录生产信息查询页面，在后台可以查看预制件的生产时间、质检时间，生产时长数据。在工厂库存查询页面可查看预制件的库存详细信息；在出厂信息查询页面可查询每个预制构件出厂时间、发货人等（图 4.2-198）。

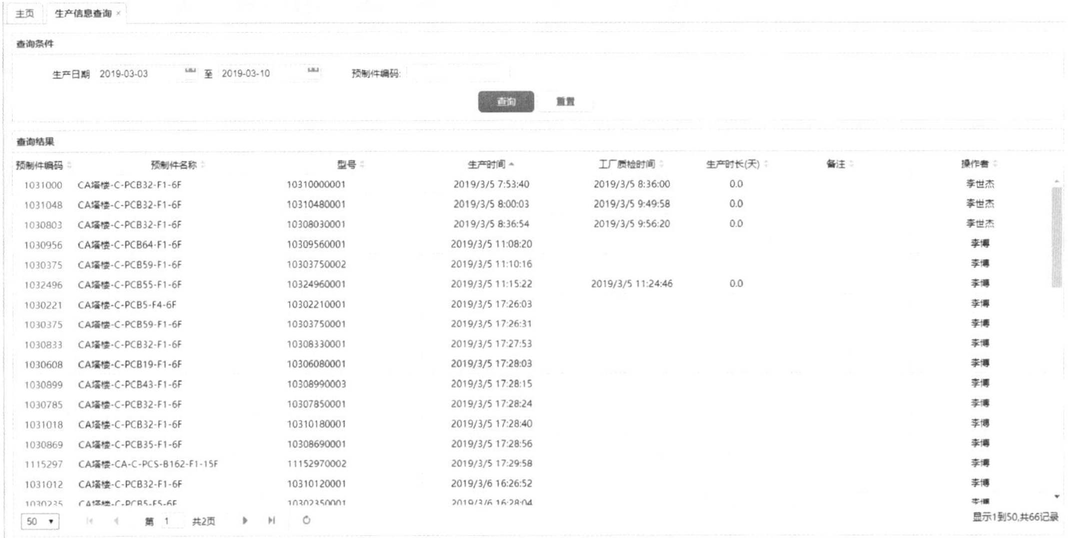
主页　生产信息查询

查询条件

生产日期 2019-03-03 至 2019-03-10　预制件编码:

查询　重置

查询结果

预制件编码	预制件名称	型号	生产时间	工厂质检时间	生产时长(天)	备注	操作者
1031000	CA塔楼-C-PCB32-F1-6F	10310000001	2019/3/5 7:53:40	2019/3/5 8:36:00	0.0		李世杰
1031048	CA塔楼-C-PCB32-F1-6F	10310480001	2019/3/5 8:00:03	2019/3/5 9:49:58	0.0		李世杰
1030803	CA塔楼-C-PCB32-F1-6F	10308030001	2019/3/5 8:36:54	2019/3/5 9:56:20	0.0		李世杰
1030956	CA塔楼-C-PCB64-F1-6F	10309560001	2019/3/5 11:08:20				李博
1030375	CA塔楼-C-PCB59-F1-6F	10303750002	2019/3/5 11:10:16				李博
1032496	CA塔楼-C-PCB55-F1-6F	10324960001	2019/3/5 11:15:22	2019/3/5 11:24:46	0.0		李博
1030221	CA塔楼-C-PCB5-F4-6F	10302210001	2019/3/5 17:26:03				李博
1030375	CA塔楼-C-PCB59-F1-6F	10303750001	2019/3/5 17:26:31				李博
1030833	CA塔楼-C-PCB32-F1-6F	10308330001	2019/3/5 17:27:53				李博
1030608	CA塔楼-C-PCB19-F1-6F	10306080001	2019/3/5 17:28:03				李博
1030899	CA塔楼-C-PCB43-F1-6F	10308990003	2019/3/5 17:28:15				李博
1030785	CA塔楼-C-PCB32-F1-6F	10307850001	2019/3/5 17:28:24				李博
1031018	CA塔楼-C-PCB32-F1-6F	10310180001	2019/3/5 17:28:40				李博
1030869	CA塔楼-C-PCB35-F1-6F	10308690001	2019/3/5 17:28:56				李博
1115297	CA塔楼-CA-C-PCS-B162-F1-15F	11152970002	2019/3/5 17:29:58				李博
1031012	CA塔楼-C-PCB32-F1-6F	10310120001	2019/3/6 16:26:52				李博
1030235	CA塔楼-C-PCB5-F5-6F	10302350001	2019/3/6 16:28:04				李博

50　第 1 共2页　显示1到50,共66记录

图 4.2-198　生产信息查询

6）进场信息采集

预制构件进场后，工地质检员预制构件进行质检，使用 PDA（掌上电脑）对预制构件外观质量、重量等信息进行采集，并通过 PDA 上附件图纸信息对构件进行对比（图 4.2-199）。发现存在质量问题提交不合格信息并退回问题构件。质检合格后，通过扫描标签获取根据预制构件预设的堆场并卸货入库（图 4.2-200）。

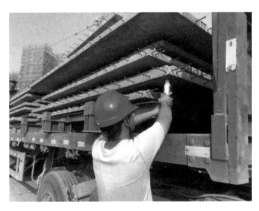

图 4.2-199　预制构件进场

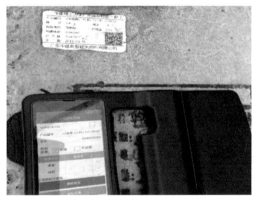

图 4.2-200　质检信息采集

7）吊装信息管理

在预制构件吊装施工作业时，可对构件扫描（图 4.2-201），获取构件的安装位置，安

装方向，同时可利用 BIM 管理平台，在 BIM 模型中对该构件进行高亮显示，并查看、确认安装位置等信息，指导吊装施工。

确认完成吊装后，BIM 平台自动更新模型，对已完成施工构件进行信息闭合（图 4.2-202）。

图 4.2-201　吊装信息采集

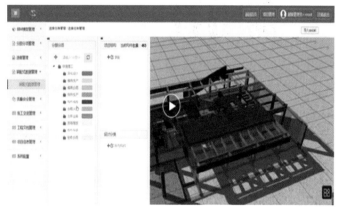

图 4.2-202　BIM 模型信息闭合

8）溯源管理

预制构件吊装完毕后，如需查询某个构件信息，可以使用溯源管理功能，通过扫描预制构件芯片，查询该构件的基本信息、图纸信息、生产信息、工厂质检及出厂记录，施工现场进场、质检信息、吊装记录等（图 4.2-203）。

图 4.2-203　溯源管理

9）全过程可视化管理

从预制构件生产到吊装进行信息采集，实现了全过程追踪，在信息管理平台可对所有构件的动态实时查询，实现智能化管理（图 4.2-204）。

通过手持 PDF 设备（扫描枪）将实际构件的信息及状态写进 RFID 芯片中实现外部构

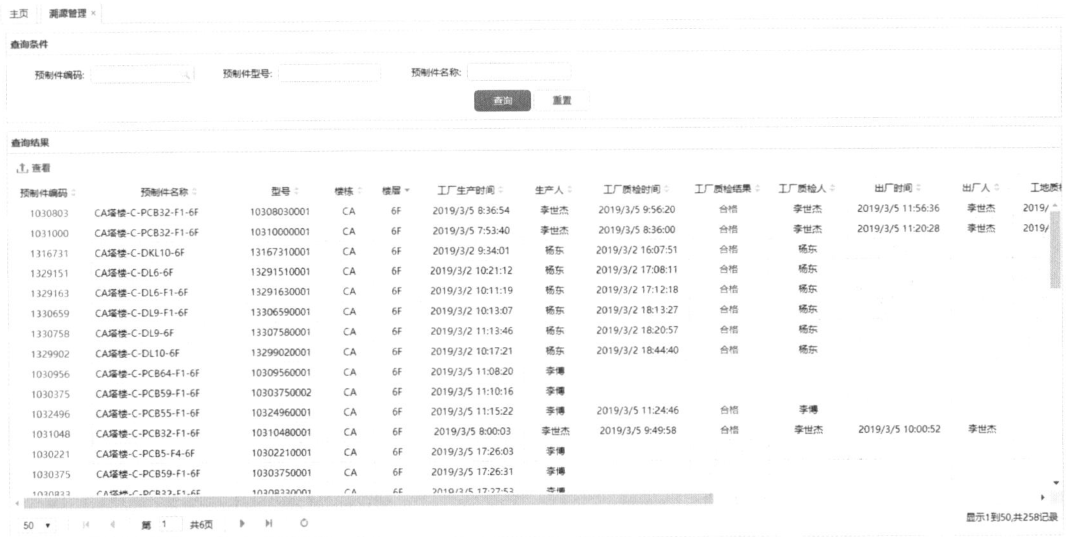

图 4.2-204　预制构件 RFID 信息管理系统

件与 RFID 芯片相关联，最后通过 RFID 芯片将整个信息流串联起来，在预制构件 BIM 信息中心库进行展示。

RFID 信息管理平台实时更新扫码枪识别和写入的信息，BIM 平台与 RFID 信息管理平台通过云端服务器交互信息，除了实现构件各阶段的信息管理外，还实现了预制构件设计、生产、运输、储存、吊装各阶段状态的三维展示及构件信息的可追溯性（图 4.2-205）。

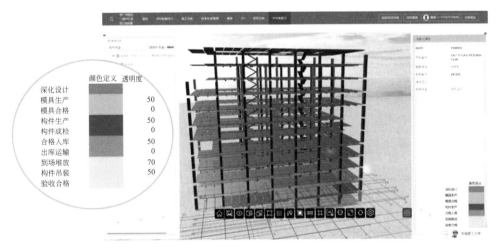

图 4.2-205　BIM 管理平台

4. 实施效果

本技术利用 RFID 及 BIM 技术对装配式预制构件进行全过程信息化管理，实现了对整个过程的可视化和系统化管理，提高了施工效率和准确性；利用 BIM 技术对模型进行深化拆分，建立构件信息库并与 RFID 信息关联，实现了构件智能化平台管理；利用 BIM 模型和 RFID 构件信息指导吊装过程，实现了软件中的模型信息无损对接；采用基于 RFID

及 BIM 技术的建筑产业化多维集成管理技术，实现了建筑产业化施工过程全程跟踪，取得较好的经济效益和社会效益。

4.2.4　装配式建筑施工

4.2.4.1　概述

本工程 B 地块、S1 地块为采用装配式混凝土框架-剪力墙结构体系，C 地块的 A 塔楼 3～14 层（层高为 4.5m），E 地块的 A 塔楼 3～15 层（层高 4.5m）、B 塔楼 3～11 层（层高为 4.5m）做装配式结构施工。主要构件为框架柱、梁、KT 叠合板、预制厕所沉箱、楼梯及预制外墙。装配式混凝土建筑施工总体流程见图 4.2-206，预制构件见图 4.2-206～图 4.2-210。

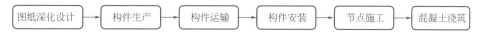

图 4.2-206　装配式混凝土建筑施工总体流程

图 4.2-207　预制柱

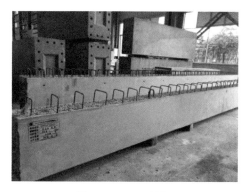

图 4.2-208　预制梁

图 4.2-209　预支倾斜楼梯

图 4.2-210　预制板

本项目采用框架结构，单栋装配率达 60％以上。主要受力结构采用现浇，包括电梯井、楼梯间及部分梁柱板结构。预制装配式构件均为产业化生产，先在构件厂生产制作，预制完成后再运输到现场装配使用。

4.2.4.2 图纸深化设计

1. 深化设计流程

深化设计流程见图 4.2-211。

任务书/合同 → 装配式建筑技术策划 → 装配式建筑方案设计 → 装配式建筑初步设计 → 装配式建筑施工图设计 → 装配式建筑构件加工设计 → 竣工验收

图 4.2-211 深化设计流程

2. 装配式节点选择

（1）根据设计图要求选择叠合板拼缝，目前最常见的拼缝有三种，宽缝、窄缝、密拼，为了减小施工过程中模板安装、钢筋绑扎、后期修补工作量，密拼是最理想的一种（图 4.2-212）。

（2）主次梁连接：采用传统搭接方式，在主梁内预留套筒，次梁预留 1.1 倍搭接长度，这种方式现场支模工程量大，还须协调好模板安装与搭接段钢筋绑扎，主梁预留套筒也容易存在偏位风险；另一种方式为主梁与次交接处主梁断开，现场吊装完成后浇筑混凝土，这种方式吊装和运输困难很大；目前最省的一种节点为牛担板连接，在主梁预留 U 形槽，在次梁上预留钢板，次梁直接搭在主梁上，安装方便、快捷。

（3）主灌浆套筒选择，灌浆套筒主要有全灌浆套筒和半灌浆套筒。对于构件厂，选择半灌浆套筒生产安装方便，全灌浆套筒绑扎定位过程容易偏位，但质量比半灌浆套筒更好（图 4.2-213）。

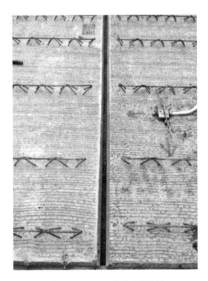

图 4.2-212 叠合板拼缝

图 4.2-213 柱灌浆套筒连接

3. 预制构件制作详图深化要点

（1）为满足合同要求的装配率，根据《装配式建筑评价标准》GB/T 51129—2017 及设计图纸确定主体结构中可以划分为预制构件的构件类型。

（2）确定构件类型后，根据施工现场选用的垂直吊装设备（塔式起重机、汽车式起重机等）的布置位置、吊运能力，从而确定最大构件重量、预制构件平面分布范围。

（3）根据设计规范及关键技术（一笔箍技术、灌浆套筒连接技术等，图4.2-214），对构件进行配筋设计，并根据施工吊装工况，对构件进行局部加强处理以防吊运过程中产生开裂。

(a) 一笔箍技术　　　　　　　　　　　　　　　　(b) 灌浆套筒连接技术

图4.2-214　装配式建筑施工关键技术

4. 节点深化及钢筋避让要点

节点深化设计时充分考虑构件加工与现场装配的情况，采用标准化节点，提高装配效率。深化设计时，利用BIM三维可视化的优势，充分考虑装配构件之间、现浇构件与装配构件之间的节点连接及钢筋搭接方式，明确钢筋避让原则、现场装配顺序，并在BIM模型中进行碰撞检查复核，确保构件生产及现场装配的有效性（图4.2-215）。

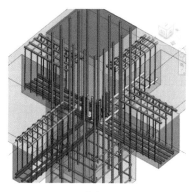 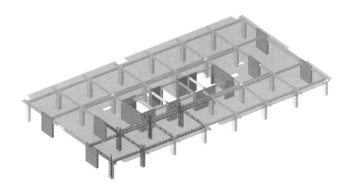

(a) 节点深化　　　　　　　　　　　　　　　　　　(b) 避让模拟

图4.2-215　BIM节点深化及钢筋避让模拟

5. 预埋件定位及各专业碰撞避让要点

综合各专业和生产、施工的预留埋设要求，绘制深化设计图纸。尤其是此过程要与给水排水、电气、建筑专业深度碰撞，避免后期重新打凿钻孔、安装水管及开关盒。此过程可通过创建BIM模型，充分考虑机电终端布置、预留预埋、装修层与机电管线的关系，排查碰撞情况及复核建筑净空要求，将装修阶段的二次机电与标准化设计集成到设计阶段，对生产资源进行有效、合理的配置（图4.2-216）。

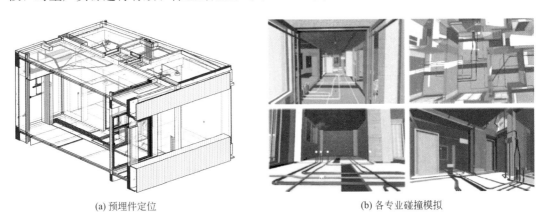

(a) 预埋件定位　　　　　　　　　　　　　(b) 各专业碰撞模拟

图 4.2-216　BIM 预埋件定位及各专业碰撞模拟

4.2.4.3　预制构件生产与运输

1. 构件生产

粤港澳大湾区高端制造业产业园配置见图 4.2-217，各生产区包含各构件生产、钢筋加工区、质检区，配备 3 台 16t 龙门式起重机，最大生产量为 34 件/日。

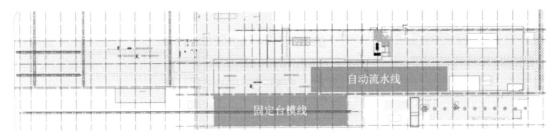

图 4.2-217　预制厂生产平面布置图

固定台模线生产区（图 4.2-218）包含主次梁、柱、楼梯构件生产、钢筋绑扎区、质检区、储存区，最大生产量为 16 件/日，每日计划生产主次梁 11 件、柱 4 件、楼梯 1 件。配置 3 台 16t 龙门式起重机。

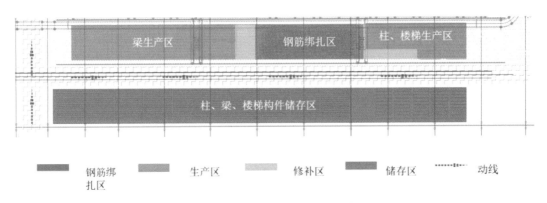

图 4.2-218　固定台模线生产区平面布置图

自动流水线生产区（图 4.2-219）包含叠合板生产、钢筋加工区、质检区、储存区，每日计划生产叠合板 18 件。配置 2 台 5t 和 1 台 16t 龙门式起重机，叠合板构件由临时储存区移至室外储存区储存。

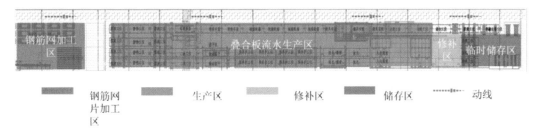

图 4.2-219　自动流水线生产区平面布置图

预制厂配备混凝土搅拌设备 2 台 120 型的 2m³ 机。设备理论上按 1min12s 出料一次，可以达到 120m³/h。实际可按 90s～120s 出料一次计算，2 台机每小时最多能达到 160m³。严格按照项目要求混凝土配合比进行供料（图 4.2-220）。

图 4.2-220　搅拌站与混凝土输送系统对接接口

生产过程依据相关施工规范对构件质量进行把控，专人旁站。构件生产完成后进行检测，检测合格后出具构件合格证。并在每块构件上贴上二维码，联动项目信息管理平台，实现预制构件动态化管理（图 4.2-221）。

2. 预制梁生产工艺

预制梁生产工艺见图 4.2-222。

3. 预制柱生产工艺

预制梁生产工艺见图 4.2-223。

4. 叠合板生产工艺

叠合板生产工艺见图 4.2-224。

图 4.2-221　预制构件二维码标识

(a) 空心管放置及放样

(b) 主筋放置S形治具

(c) 腰筋定位绑扎

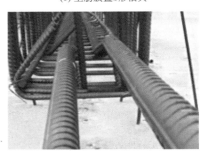

(d) 主筋放下排列

(e) 吊点绑扎

(f) 加强筋绑扎

图 4.2-222　预制梁生产工艺（一）

(g) 拉筋绑扎

(h) 防爆箍绑扎

(i) 主筋出筋假固定

(j) 钢筋笼编号、出筋长度标记

(k) 模具打磨

(l) 脱膜油准备

(m) 涂膜油喷洒两侧及底膜

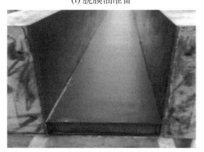

(n) 脱模油涂膜完成

(o) 钢筋笼入模

(p) 混凝土浇筑

图 4.2-222　预制梁生产工艺（二）

(a) 端模移至支撑架上定位并用C形夹固定

(b) 端模四角灌浆套筒固定

(c) 套筒箍筋绑扎

(d) 主筋插入

(e) 分配箍筋

(f) 钢筋笼起吊至储存区

图 4.2-223 预制柱生产工艺

(a) 钢筋放样

(b) 钢筋笼绑扎

(c) 清模并涂脱模油

(d) 组模

(e) 钢筋笼入模

(f) 浇筑混凝土

(g) 浇筑面拉毛处理

(h) 养护

图 4.2-224　叠合板生产工艺

5. 预制楼梯生产工艺

预制楼梯生产工艺见图 4.2-225。

(a) 模具清扫	(b) 模具组装	(c) 钢筋笼骨架
(d) 混凝土浇筑	(e) 振捣	(f) 抹面
(g) 预养护	(h) 拆模	(i) 吊运

图 4.2-225　预制楼梯生产工艺

6. 构件运输

1）构件装车与卸货

PC 构件运输的流程为：构件保护→装载上平板车→检查固定构件→平板车运输过程

→现场进场验收（交接验收文件）→平板车进入吊装区域→构件吊入堆场→平板车回程。

（1）运输前，预制构件厂应组织司机、安全员等相关人员对运输道路的情况进行查勘，（包括沿途上空有无障碍物，公路桥的允许负荷量，经过的涵洞净空尺寸等）；规划好最优运输路线，如条件允许应备用其他线。

（2）根据施工现场的吊装计划，至少提前一天将次日所需型号和规格的叠合楼板、预制梁、预制柱、楼梯等构件发运至施工现场。在运输前应按清单仔细核对各构件的型号、规格、数量及是否配套。

（3）预制构件的运输，应采用低跑平板车，预制构件养护完毕即可安置于运输架上，运至现场后汽车起重机卸货放置现场堆放区。

（4）运输车行驶至塔式起重机覆盖范围，应满足卸货及安装。预制构件均通过运输架进行运输，为防止运输过程中构件的损坏，应采用木材或混凝土块作为支撑物，构件接触部位用柔性垫片填实，预制构件与架身、架身与运输车辆接触点都要进行可靠的固定，构件外表用塑料薄膜覆盖保护并使用透明胶粘贴固定。对于开大洞、香肠式等构件的薄弱部位，构件厂应做加强构造处理，且应在施工现场吊装完成后拆除加强件。运输预制构件时，运输车应缓慢启动，车速匀速。

（5）柱、梁、叠合板、楼梯类构件宜采用平放运输（叠合板不宜超过 6 层、不宜超过 4 层、楼梯不宜超过 3 层、柱及梁不宜超过 2 层）（图 4.2-226）。

2）构件运输

（1）构件养达到 75% 强度后，经验收合格后可出厂。出厂前外墙立面粘贴塑料薄膜。

（2）预制外墙构件采用竖直堆放运输的方式运送至现场，运输工具为 30t 平板运输车加专用运输架，预制构件运输过程中不允许平放，避免二次吊装过程中产生边角破坏情况。

（3）构件装车后保证构件平稳，检查墙板与架子之间是否有缝隙，如有缝隙则吊起重新装车。

（4）装第一块墙板时把墙板用钢丝绳固定在架子上，装第二块时吊车应轻起轻落，避免墙板从挂车掉落。装车时应两面对装，保证挂车的平衡性，确保安全。

（5）墙板吊起时检查墙板套筒内及埋件内是否有混凝土残留物，如有及时进行清理。钢筋有弯曲的及时用专用工具处理。

（6）装车后挂车司机应用钢丝绳把墙板和车体连接牢固。钢丝绳与墙板接触面应垫上护角工具（如抹布、胶皮、木方等），避免墙板磨损。运输由车间安排专人负责，对运输司机做好专项交底，确保 PC 构件安全运输。

（7）预制柱、预制梁使用 105mm×105mm×2400mm 的枕木；楼梯使用 105mm×4mm×2400mm 的枕木，枕木需要放置在板车的骨架之上，这样可以避免因为板车板台下垂跳动，造成构件多点支撑受力而损坏。枕木放置完毕后吊装构件上车，构件装车时应注意上车顺序，先放置中间，然后左边，最后右边，这样可避免板车单边受力导致倾覆。构件或者枕木不能超出板车，构件与构件间应摆放棉绳，避免构件发生碰撞导致损坏。构件装车完毕后则使用角钢和钢索加固。调整钢索位置至防滑区域内，最后拉紧链条。

（8）运输路线应提前考察，避免因限高等原因无法通行。遇坡道和转弯处，慢速行

(a) 叠合板装车

(b) 预制楼梯装车

(c) 预制柱装车

(d) 预制梁装车

图 4.2-226　构件装车运输

驶，避免急刹车。超高、超宽构件在运输前必须做好标识，按照交通部门规定的允许通行时间运输。构件运输线路如图 4.2-227 所示，构件运输距离约 30km，单程运输时间约 40min。

（9）构件到达现场后，由塔式起重机或汽车起重机运至指定堆放点。指定堆放点设置专用支架用于支撑构件。在运输时应根据现场施工安装进度及型号计划按顺序装运，避免现场积压或二次倒运。

4.2.4.4　预制构件安装

1. 概述

（1）按照"柱→外墙→主梁→次梁→板→楼梯"的施工顺序进行吊装部署，将柱、梁、板按照施工顺序编号进场，按顺序堆放；

（2）灌浆料等龄期的等待时间应安排在夜间；

（3）优化吊装顺序和吊次，基于 BIM 技术对预制构件的装配节点进行模拟拼装，增加工人对施工环境和施工措施的熟悉度，提高施工效率与精准度（图 4.2-228 和图 4.2-229）。

图 4.2-227　构件运输的起点与终点

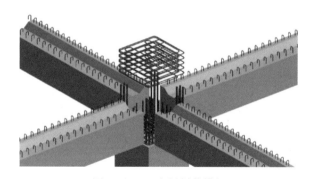

图 4.2-228　主梁拼装模拟

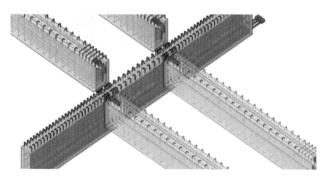

图 4.2-229　次梁拼装模拟

通过以上措施，学生宿舍 S1 地块从原来 8 天 1 层的施工速度优化为 5 天 1 层，生物实验楼 B 地块从原来 10 天 1 层的施工速度优化为 8 天 1 层，保质保量，实现了广州新速度。

2. 预制柱安装

1）准备工作

（1）准备工作包括柱续接下层钢筋位置、高程复核，接续混凝土面确保清理干净，柱位置弹线（图 4.2-230）。吊装前检查预制柱的质量，尤其套筒质量检查及内部清理工作（图 4.2-231）。吊装前应备妥安装所需的设备如斜撑、斜撑固定铁件、螺栓、预制柱底部软性垫片、柱底高程调整铁片（采用 10mm、5mm、3mm、2mm 四种基本规格进行组合）（图 4.2-232）、起吊工具、垂直度测定杆、铝或木梯、氧气乙炔等。

图 4.2-230　柱位置弹线

图 4.2-231　吊装前柱底连接套筒内清理

图 4.2-232　放置柱底调整用铁垫片

（2）确认柱头架梁位置是否已经标识，并放置柱头第一根箍筋（放置架梁后由于梁主筋影响无法放置）。确认安装方向、构件编号、水电预埋管、吊点与构件重量。

（3）利用调整垫片调整柱底部高程，再用斜撑调整柱的垂直度，以控制水平高度。

2）施工流程

预制柱安装施工流程见图 4.2-233。

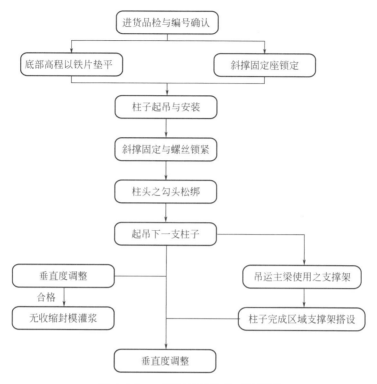

图 4.2-233　预制柱安装施工流程图

3）柱编码说明

（1）柱编码主要用于确定吊装顺序、构件编号与位置的依据及数量统计表。

（2）根据结构施工图、建筑高程图，按照不同的柱尺寸、主筋与箍筋形式，邻接该柱的梁深度或者该柱最低梁底标高的不同，给预制工程的柱子构件编号（图 4.2-234），并统计数量。

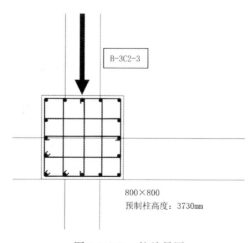

图 4.2-234　柱编号图

（3）柱编号需标明柱完整的编号，指出 mark 面（标识面），并列出数量统计表（表 4.2-20）。mark 面为预制柱上标注柱编号的侧面，即为图 4.2-235 箭头所指之面，作为吊装时参考方向。

预制柱统计表 表 4.2-20

编号	数量	宽度（mm）	长度（mm）	柱顶最大梁高（mm）	高度（mm）	重量（t）
B-3C1-1	1	600	800	750	3730	4.48
B-5C1-2	1	600	800	750	3730	4.48
B-3C1-3	1	600	800	750	3730	4.48
B-3C1-4	1	600	800	750	3730	4.48
B-5C1-5	1	600	800	750	3730	4.48
B-5C2-1	1	800	800	750	3730	5.97
B-3C2-2	1	800	800	750	3730	5.97
B-3C2-3	6	800	800	750	3730	5.97
B-3C2-4	1	800	800	800	3680	5.89
B-3C2-5	1	800	800	750	3730	5.97
B-3C2-6	1	800	800	700	3780	6.05
B-3C2-7	1	800	800	750	3730	5.97
B-5C2-8	1	800	800	750	3730	5.97
B-5C3-1	6	800	800	750	3730	5.97
B-5C3-2	1	800	800	800	3680	5.89
B-5C3-3	1	800	800	750	3730	5.97
合计	26					

4）预制柱翻转

预制柱到现场后，平放于堆场内，下方垫 100mm×100mm 木方。翻转时在柱底位置铺设 2 层 100mm×100mm 木方，在上方垫软性垫片，在离柱底约 1m 位置绑牵引绳，若柱子翻转后有晃动，通过拉牵引绳平衡（图 4.2-236）。

图 4.2-235　柱 mark 面示意图　　　　图 4.2-236　预制柱翻转

5）柱垂直度调整

柱吊装到位后及时将斜撑固定在柱及楼板预埋件上，最少需要在柱子的两面设置斜撑，然后对柱子的垂直度进行复核，通过可调节长度的斜撑进行垂直度调整，直至垂直度满足要求（图 4.2-237）。

6）柱底无收缩砂浆灌浆施工

柱套筒灌浆采用压力灌浆方式，采用 CGMJM-Ⅵ型高强度灌浆料，强度等级为 C85，具有无收缩、骨料粒径较小、快硬、高强度、高流动性的特点，能满足灌浆接头用砂浆的要求，1d 抗压强度可达到 45MPa以上。柱底部有 20mm 施工缝，中间柱子底座四周外侧使用 4×4 角钢封模，角钢内侧垫一层橡胶垫，相邻角钢用螺栓固定。边柱及周围有洞口的柱边采用 JM-Z坐浆料封模，采用坐浆料封模时，需待其强度达到要求后方能注浆。

柱套筒灌浆采用高压灌浆机施作，由注浆口（下口）逐渐充填，浆料先填充至底座，再从排浆口（上口）溢出，每个套筒都需灌浆，直至每个排浆口都溢

图 4.2-237　使用斜撑调整柱子垂直度

出浆料。保证了施工质量，灌浆完毕每个套筒的排浆口及注入口用橡胶塞封堵（图 4.2-238～图 4.2-240）。

(a) 预制柱内套筒

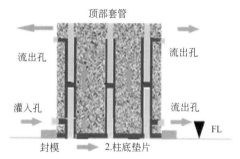

(b) 柱无收缩灌浆剖面图

图 4.2-238　柱无收缩灌浆示意图

（1）检查灌浆料是否仍在有效期间内。

（2）灌浆前需用空气枪清理柱套筒内及柱底杂物（如泡棉、碎石、泥灰等），若用水清洁，则需待其干燥后才能灌浆。

（3）每包灌浆料用水量为 2.4kg±0.01kg，具体依照配合比检验报告为准，找适合的塑料量桶切割成刚好 2400cm³ 的容器使用。

（4）灌浆料采用砂浆搅拌筒进行搅拌，均匀搅拌约 20min 至表面冒出气泡。

（5）每天施工前检验流度，以流度仪标准流程执行。流度试验环上端内径 70mm，下端内径 100mm，高 60mm。浆料搅拌混合后倒入试验环测定，流度需不小于 300mm，确

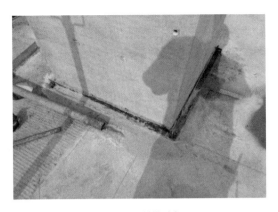
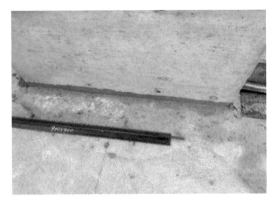

(a) 柱底角铁封模(中柱)   (b) 柱底坐浆料封模(边柱及有开洞口柱边)

图 4.2-239　柱底封模

图 4.2-240　柱无收缩灌浆出浆

定流度符合才能灌浆。

（6）灌浆料需做压缩强度试验，28d 强度≥85MPa。

（7）每层需做两组试体模及 3 个拉力试验试体。

（8）若取用没有疑虑的水源（如自来水等），则不需检测水质；如采用地下水或井水等有使用疑虑的水源，则需作氯离子检验，严禁使用污水。

（9）当灌浆中遇到吃饭等休息时间，采循环回浆状态，即将灌浆管插入灌浆机注入口，休息时间不超过半小时。

（10）收工后应把灌浆设备清洗干净，不得影响下次使用。

3. 预制梁安装

1）准备工作

检查支撑架是否备妥，顶部高程是否正确。主梁钢筋、次梁接合牛担板、出筋位置、方向、编号检查。若柱头高程误差超过容许值，安装前应于柱头粘贴软性垫片调整高差。若原设计四点起吊，应备妥工具。上层主筋若穿越错误，应于吊装前将钢筋更正。

2) 施工流程

预制梁安装施工流程见图 4.2-241。

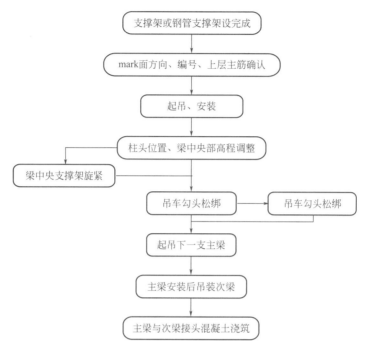

图 4.2-241　预制梁安装施工流程图

3) 主次梁安装

主梁安装前需于地面先装好边梁安全栏杆及牵引绳（图 4.2-242），主梁安装依柱顶角钢托架（图 4.2-243），精度要求为±5mm，梁应按设计顺序、编号进行吊装，并注意梁安装方向。

图 4.2-242　梁以牵引绳牵引方向

图 4.2-243　主梁安装依柱顶角钢托架

相关主梁安装好后，即可安装次梁，待支撑架安装好才能松脱钩头，脱钩后以木模封模。

4）梁编码

（1）梁编码主要用于确定吊装顺序、构件编号与位置的依据及数量统计表。

（2）依据结构施工图、建筑高程图，按照不同的柱尺寸、主筋与箍筋形式，邻接该柱的梁深度或者该柱最低梁底高程的不同，给整个预制工程的梁构件编号，并统计数量，以绘制出梁编号（图4.2-244）。

（3）梁编号需标明完整的编号，指出 mark 面，并列出数量统计表（表4.2-21）。

（4）mark 面于预制梁上标上梁编号的混凝土面（图4.2-245），即为编号上箭头所指之面，作为吊装时参考之方向。

5）主次梁连接方式

塔楼设计结构抗震等级达到一级标准，刚接的主次梁连接节点，预制次梁端部为 400mm 后浇节点（图4.2-246）。

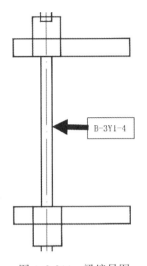

图 4.2-244　梁编号图

梁统计表　　　　　　　　　　　　表 4.2-21

编号	数量	宽度（mm）	高度（mm）	长度（mm）	重量（t）
B-3X1-1	1	250	560	3825	1.26
B-3X2-1	1	400	610	6080	3.46
B-3X2-2	4	400	610	7630	4.35
B-3X2-3	1	400	610	7830	4.46
B-3X2-4	1	400	610	7630	4.35
B-3X2-5	1	400	610	7830	4.46
B-3X2-6	1	400	610	7830	4.46
B-3X3-1	1	300	610	3825	1.64
B-3X3-1	1	300	560	7825	3.07

图 4.2-245　梁 mark 面

4. 叠合板安装

1）准备工作

叠合（KT）板进工地需先行检查是否破损缺角及水电管预埋是否正确。KT 板吊装前应先安装临时支撑架，支撑架需先行检查是否安全稳固，高程是否正确。

2）施工流程

叠合板安装施工流程见图4.2-247。

3）叠合板吊装

因 KT 板较大，为避免吊装时的板片受力不均匀影响 KT 板结构，应使用 KT 板吊架进行吊装（图4.2-248），任一边长度大于 2.5m，则应采用 6 点起吊安装。KT 板接缝宽5mm，需准备8mm 的泡

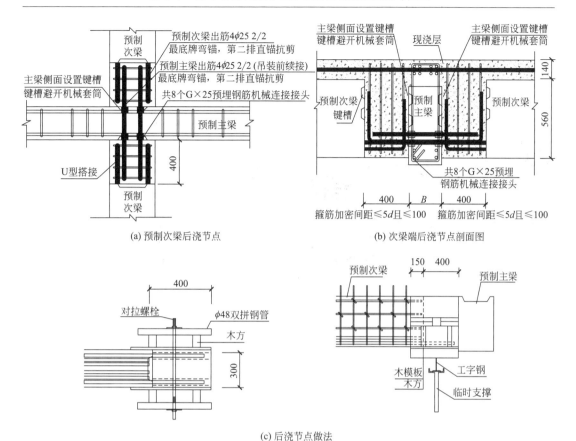

(a) 预制次梁后浇节点

(b) 次梁端后浇节点剖面图

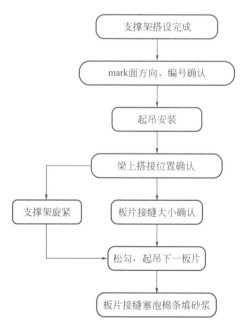

(c) 后浇节点做法

图 4.2-246 后浇节点大样图

图 4.2-247 叠合板安装施工流程图

棉条于吊装调整完成后进行接缝填塞并使用高强砂浆进行填充（图 4.2-249），以避免楼板浇筑混凝土时漏浆污染。

图 4.2-248　叠合板吊装

图 4.2-249　叠合板接缝

5. 预制楼梯安装

1）准备工作

预制楼梯安装前应详细确认 X、Y、Z 三个方向的设计值，尤其高程必须保障日后装修完成后，楼梯每阶高度相同。安装调整后，应随即将接头固定（螺丝锁紧或电焊），以免人员走动造成偏差。楼梯安装后，应立即加设临时栏杆以达到安全防护标准。楼梯施工精度要求上，必须控制上下层楼梯边线误差在 3mm 以内，故安装时应吊垂线施工。

2）施工流程

预制楼梯安装流程见图 4.2-250。

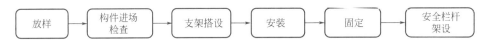

图 4.2-250　预制楼梯安装流程图

图 4.2-251　预制楼梯安装

3）预制楼梯吊装

（1）预制楼梯安装前应复核楼梯的控制线及标高，并做好标记。

（2）预制楼梯支撑应有足够的强度、刚度及稳定性，楼梯就位后调节支撑立杆，确保所有立杆都受力。

（3）预制楼梯吊装应保证上下高差相符，顶面和底面平行，便于安装（图 4.2-251）。

（4）预制楼梯安装位置准确，当采用预留锚固钢筋的方式安装时，应先放置预制楼梯，再与现浇梁或板浇筑连接成整体，并保证预埋钢筋锚固长度和定位符合设计要求。

6. 预制构件安装新技术应用

1）主次梁牛担板连接技术

在装配式结构中，由于主次梁均为叠合构件，次梁与主梁连接时，次梁纵筋难以满足锚固要求，主次梁铰接连接，次梁不抗扭时通过牛担板企口梁的方式与主梁连接。在次梁中预埋牛担板，主次梁连接时，在主梁接口部位放置承压板，将牛担板启口放至承压板上，使其铰接连接（图 4.2-252）。

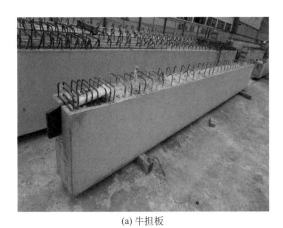

(a) 牛担板　　　　　　　　　　　　　　　　(b) 主次梁连接

图 4.2-252　主次梁牛担板连接现场图

2）封闭式定位格网与出筋定位板定位技术

每层装配式柱节点现浇位置处采用定位格网和定位板（图 4.2-253），确保柱出筋位置准确。在转接层预制柱纵筋的连接中，倒插钢筋和下层现浇柱纵筋处布置两层封闭型定位格网于板顶和柱内，在柱顶中布置出筋定位板，出筋定位板用于控制倒插钢筋的位置，同时避免伸出部分的钢筋受到污染。

(a) 定位网格　　　　　　　　　　　　　　　(b) 出筋定位板

图 4.2-253　封闭式定位格网与出筋定位板

3）预制混凝土框架节点铝模板体系施工技术

利用预制构件中预留的螺栓预埋件，通过 M14 螺栓及角钢将铝模板与预制构件连接固定，比采用传统木模板＋内支撑的封模体系操作更加方便快捷；通过角钢将各个铝模板构件拼装形成整体，封模体系刚度、强度及稳定性满足要求，可免除对拉螺杆的设置，提高了施工效率；通过深化时间，在构件内预埋螺栓预埋件，现场根据预埋件直接定位，且铝模可加长拼接，利用角钢上设置的多个孔洞进行尺寸的调整，可适应不同节点尺寸的施工（图4.2-254和图4.2-255）。

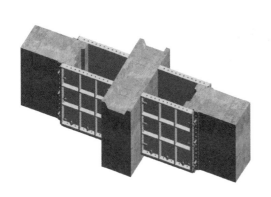
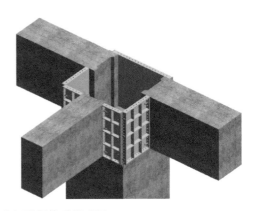

图4.2-254　预制混凝土框架节点铝模板体系模型图

(a) 应用情况

(b) 应用效果

图4.2-255　预制混凝土框架节点铝模板体系现场应用效果

4.2.4.5　实施效果

本工程是广州市第一个装配式建筑面积最大且达到国家A级标准的项目，在项目建设中，通过梁-墙一体式复合构件生产及安装施工技术、装配式并联沉箱制作与安装施工技术、预制柱四面出浆施工技术、装配式榫卯预制混凝土景观围蔽设计与施工技术、穿挂式湿作业法外墙陶砖安装技术、预制混凝土框架节点铝模板体系施工技术、基于DFMA的制冷机房模组化管道装配式施工技术等创新技术的应用，加快施工进度，提升了施工质量，也带动了全省装配式建筑上下游全产业链的发展和技术进步。作为广东省首批优秀装配式建筑示范项目，起到了行业引领作用，接待多批专业考察观摩交流团队（图 4.2-256），取得较好的经济效益和社会效益。

图 4.2-256　广东省首批优秀装配式建筑示范项目观摩现场

4.2.5　智能建造技术应用

4.2.5.1　概述

本工程是广州市第一个设计、施工、运维全过程 BIM 应用项目，同时也是广州市第一个全信息化管理的智慧工地项目。项目以 EPC 模式为基础，以 BIM 模型为中心，以项目管理为核心，以计算机、路由器、存储设备、网络安全设施等为基础设施，通过互联网＋云计算的技术将工程建设过程中包括规划、设计、深化、施工等各环节纳入综合管控平台，从进度管理、质量管理、安全管理、物料管理等方面对整个项目实施智慧化管理和智能建造。

4.2.5.2　EPC 模式背景下全过程 BIM 应用技术

1. 技术原理

在 EPC 模式下，施工方 BIM 团队需提前介入设计阶段 BIM 工作（含方案阶段）。在方案阶段，施工方 BIM 团队与设计方 BIM 团队根据方案信息建立模型，参与方案设计的可视化交流探讨，利用自身施工经验，为业主优化方案提供合理参考和判断依据；在设计阶段，施工方 BIM 团队与设计共同制定 BIM 规则，使施工阶段的 BIM 成果具有复用性和沿用性，有效衔接施工管理工作，同时施工方 BIM 团队参与 BIM 协同设计，提出合理建议，规避传统错误，减少后期图纸变更；在施工阶段，以落地应用、服务现场为出发点，以设计优化、方案优化、进度管理、质量管理、安全管理、技术管理为应用重点，通过资料共享，打造轻重有别、各尽其用的 BIM 应用体系。同时，以设计模型为基础，提前对接运维为关键，完整添加施工信息为重点，保证运维模型的可用性；在运维阶段，协助运维单位根据运营维护系统进行建筑及设备空间定位和数据记录，合理制定运营、管理、维护计划，降低运营过程中的突发事件，实现智能、绿色运营管理（图 4.2-257）。

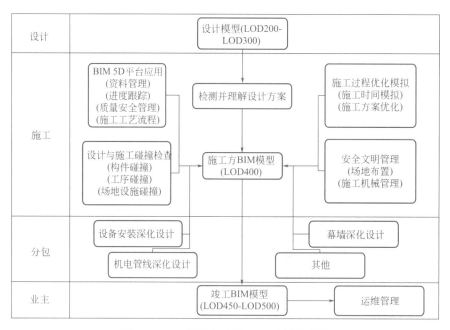

图 4.2-257　项目全过程 BIM 应用示意图

2. 技术要点

1）设计阶段应用

（1）BIM 正向设计、三维建模

利用 BIM 技术进行正向设计，BIM 技术为项目建设提供了一个协同、高效的设计平台。通过 BIM 技术的参数化设计、协同设计和深化设计等应用，提升了设计效率，减少了设计变更，并节约了设计成本（图 4.2-258）。

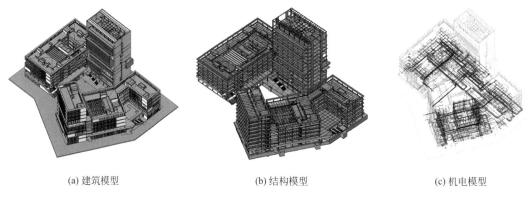

(a) 建筑模型　　　　　　　　(b) 结构模型　　　　　　　　(c) 机电模型

图 4.2-258　建筑结构及机电模型示意图

（2）BIM 正向出图

利用 BIM 模型生成符合设计规范的建筑施工图纸（图 4.2-259），包含平面图、立面图、剖面图、楼梯大样图，BIM 协同工作机制保证了平、立、剖的协调统一，避免了图纸对应不上的问题。

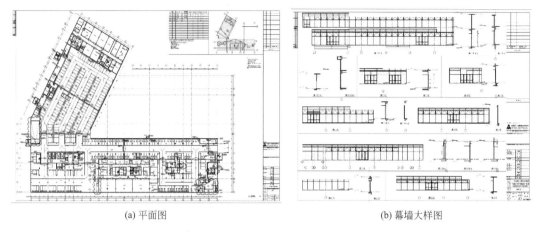

(a) 平面图   (b) 幕墙大样图

图 4.2-259　BIM 正向出图示例

（3）定位提资

设计阶段结合装修图进行设备终端定位、管线预埋、消火栓套管定位建模，并输出 SU 模型（用 Sketchup 创建的模型），提资至施工单位（图 4.2-260），方便现场施工，相比于二维图纸，三维模型大大提高了现场人员的工作效率和施工质量。

(a) 设备终端定位   (b) 设备终端定位   (c) SU模型提资现场

图 4.2-260　定位提资示意图

（4）墙身节点设计

利用 BIM 技术进行墙身复杂节点设计，生成节点 CAD 图纸（图 4.2-261）。

（5）幕墙大样协同设计

基于业主要求，各专业分包采用 BIM 设计（机电、幕墙、钢结构、内装等），例如幕墙设计分包时采用 Revit 对宿舍楼群楼正侧进行建模，并出具相应的三维图、施工图、门窗表、材料表，利用模型进行工程量估算、招标，将招标工作提前插入。

（6）钢结构设计

生物科技研发楼为钢柱-钢梁框架结构体系，竖向受力构件为箱形钢柱，钢柱之间通过 H 形钢梁水平连接，使整个受力体系形成整体，主体结构平面尺寸为172m×172m。设计阶段，利用 BIM 模型进行有限元模拟，考虑施工周期正处于冬夏两个极端季节，施工温度与合拢温度相差至少按 $\pm20\text{℃}$ 考虑。除考虑温度应力之外，施工活荷载取 $1.0\text{kN}/\text{m}^2$。通过采用有限元软件 MIDAS 模拟计算得出，结构在 20℃ 温差、施工活载、自重作用下将受到 186MPa 的附加应力，变形约 25mm（图 4.2-262）。

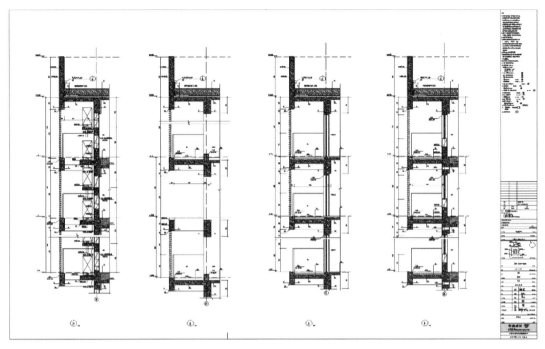

图 4.2-261　墙身节点 CAD 图纸生成示例

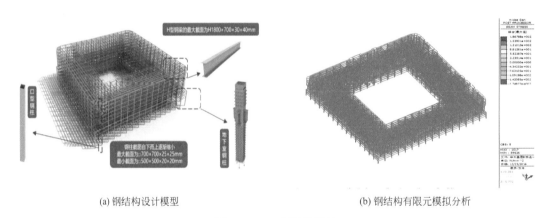

(a) 钢结构设计模型　　　　　　　　　(b) 钢结构有限元模拟分析

图 4.2-262　钢结构设计

（7）净空分析

利用 BIM 模型进行地下室车库区域的净空进行分析，给出净高区域图，并标注不同的颜色，告知业主及现场人员（图 4.2-263）。

2）施工阶段应用

（1）三维平面布置

项目采用三维场地布置技术，将生活区、办公区、施工区各阶段二维图纸采用三维可视化表达，立体、美观、利于交底（图 4.2-264）。

（2）BIM 样板间

项目 BIM 组利用 BIM 技术将样板间做成三维模型，交由设计、监理验收，在正式施

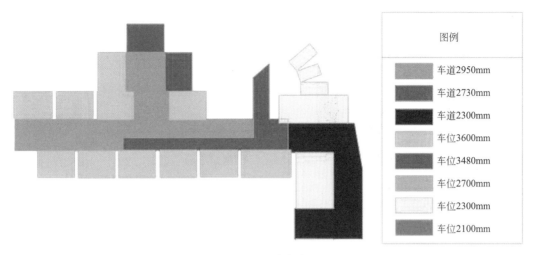

图例	
	车道2950mm
	车道2730mm
	车道2300mm
	车位3600mm
	车位3480mm
	车位2700mm
	车位2300mm
	车位2100mm

图 4.2-263　净高分区图

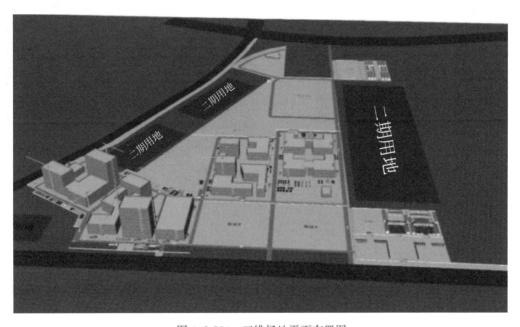

图 4.2-264　三维场地平面布置图

工前对工人进行三维交底，真正做到样板先行，保证施工质量（图 4.2-265）。

（3）辅助交底

项目 E 地块有部分清水混凝土，CAD 图纸难以判断在哪些区域，项目部采用 E 地块的模型对班组进行交底，将该区域部分预留出来，后期施工，同时根据结构模型辅助进行外架方案确定（图 4.2-266）。

（4）机电二次深化

设计阶段已进行碰撞检查、综合布线，但由于现场条件变化，设计阶段的管线排布不一定符合现场实际，这时就需要施工方根据现场实际情况进行二次管线排布，统一考虑支

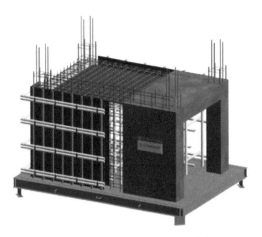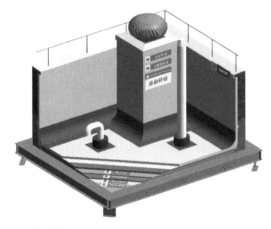

图 4.2-265　三维交底样板模型

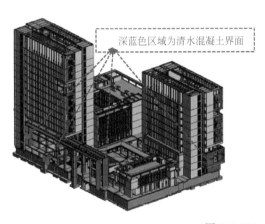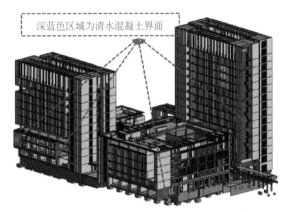

图 4.2-266　三维截面分区图

吊架的设置，机房的设备安装位置及方式（图 4.2-267）。

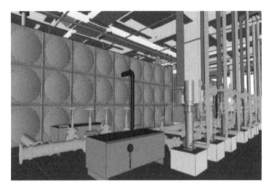

图 4.2-267　机电二次深化

（5）二次砌体预留洞口及后砌筑墙体预留

BIM 模型综合调整，二次优化完成完后，可以确定管道的安装标高及位置，此时利用 BIM 模型生成二次砌体留洞位置，交现场预留，避免后期砌体二次打凿；有机电管线穿墙的地方应在 CAD 平面图中标注清楚；对有设备需要运输的机房进行后砌墙标注。

（6）装配式构件节点深化

对节点进行分类，按类型建模，减小工作量，前期利用 BIM 技术拆分构件进行建模，深化构件钢筋排布，防止后期安装时，出现构件碰撞（图 4.2-268）。

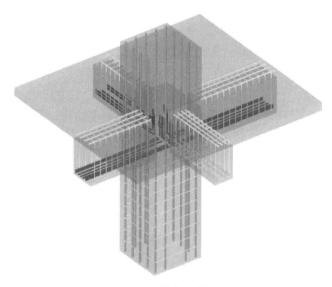

图 4.2-268　节点钢筋排布图

（7）施工模拟

① 将 BIM 技术与 3D 打印相结合，利用 3D 打印进行预制构件、沙盘、大型设备、复杂节点的打印。

② 将 BIM 技术与 VR（虚拟现实）技术相结合，将 BIM 技术与 4D 施工模拟技术深度结合运用，BIM 模型瞬间转化成为 BIM-VR 场景，让所有项目参与方在场景中进行深度的信息互动，还可用于现场安全教育、安全体验；应用 MR（混合现实）技术制作建筑 BIM 模型，通过"MR 建筑透视眼"将模型一层层"剥开"，建筑物的电气箱，钢结构，绝缘层和材料表面展露无遗；MR 技术就是建筑业的 X 光透视，将建筑物的"五脏六腑"尽收眼底，给项目管线安装、线路改造带来了极大的方便。

③ BIM 技术与无人机相结合，通过无人机扫描与 BIM 技术相结合，将无人机获取的信息转换成建筑模型，可以实现场地模型实时跟踪进度，场布优化。

④ BIM 技术与 RFID 技术相结合，通过 RFID 技术实时掌握构件的生产、运输情况，可对构件的生产过程、运输环节、吊装过程进行追踪溯源，在过程中将检测的数据与 BIM 平台相连接，实现平台模型，构件管理一体化。

⑤ 采用 BIM 5D 重点进行了项目质量、安全、进度管理。质量、安全管控主要是利用 5D 平台的质量、安全管理模块，配合移动端、电脑端进行质量、安全管控，移动端负责闭合流程，电脑端负责对质量、安全责任人、整改情况，质量、安全问题类型、质量、安全问题分区情况等进行分析，找出主要原因，采取措施进行质量、安全管控；进度管控主要是利用 5D 平台的进度管理模块按照模型划分的流水段进行每周任务分配，发送至相应的责任人，相应责任人每天记录该地块的人、材、机、质量、安全情况并上传平台，平台

利用数据分析进度偏差的原因，并反馈至责任人，责任人判断并采取相应的措施。各个分包都纳入管理平台实行统一管理，项目有关质量、安全、进度的问题均在平台进行，然后根据平台处理结果进行纸质版资料闭合。

3）运维阶段应用规划

根据运维需求，施工总承包将 BIM 运维模型按照空间类型、楼层类型、机电设备类型、资产类型等多维度进行划分与分类，以保证后期运维阶段可快速、便捷、有效地查找相关资料，对竣工交付的 BIM 模型进行轻量化处理，解除对专业软件的依赖，以便后续与其他数据平台整合。

3. 技术创新点

1）采用正向设计 BIM 技术，在设计初期即建立 BIM 模型，通过 BIM 技术的参数化设计、协同设计和深化设计等应用，提升了设计效率，减少了设计变更，并节约了设计成本，为项目建设提供了一个协同、高效的设计平台。

2）基于正向设计 BIM 技术的优势，可更高效地解决设计、施工、运维等各个阶段遇到的各类需求和问题，如节点深化、净空分析、三维场布、辅助交底等，为项目的全周期高效管控取得了保证。

4.2.5.3 EPC 项目全过程信息化管控关键技术

1. 技术原理

1）全过程信息化管控关键技术主要以计算机、路由器、存储设备、网络安全设施等为基础设施、以 EPC 项目为基础、以项目 BIM 模型为中心、以项目管理为核心，通过互联网＋云计算的技术将项目管理的业务集成化、平台协同化。

2）按照工程设计、生产制造、施工安装、运营维护四个阶段研发全过程信息化管控平台，平台将工程建设过程中规划、设计、深化、施工、竣工验收、运营管理等作为一个整体，是衔接各个环节的综合管控平台。

3）图档收资统一，唯一性控制图纸版本的同时，更好地匹配 EPC 模式中的设计施工深度联动目标。

4）通过使用手机应用记录并发起现场质量、安全问题，并指定问题整改人，整改人在收到问题后第一时间进行整改并回复，检查人员复查，从而将问题闭合，记录于管理平台。

5）工作可以产生有形结果的工作任务；分解是一种逐步细分和分类的层级结构；结构按照一定的模式组织各部分。创建 WBS 工作包（工作分解结构），将复杂的项目分解为一系列明确定义的项目并作为随后计划活动的指导文档。

2. 技术要点

1）技术应用流程

管理平台现场施工应用流程见图 4.2-269。

2）架构设置及权限设置

（1）项目核心协作团队应以项目建造阶段综合利益为基础，以施工总承包为核心枢纽，有机串联设计与施工两个阶段，实现跨阶段深度融合。同时，施工总承包方应包含以下部门：指挥部、项目经理部、施工部、技术部、工程部、安全部、综合部、资料室等。

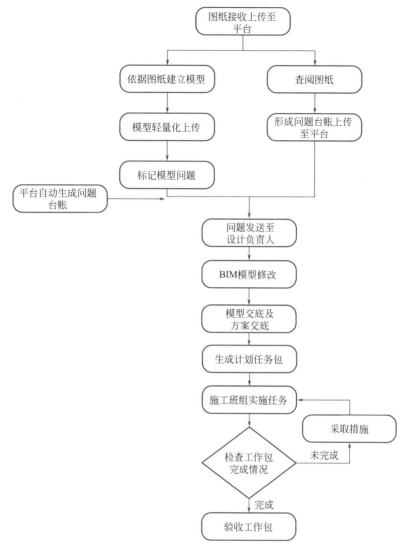

图 4.2-269　管理平台现场施工应用流程图

（2）收集各个参与人员的信息（包括姓名、职责、联系方式等），录入平台后根据项目组织架构归类，并赋予每个管理人员相应的账号，管理人员可通过自己的账号登录平台的手机应用端（图 4.2-270）或者网页端。最后设置平台的权限，精细的权限设置保证了平台的正常使用和数据的安全性。

（3）权限的设置主要分为三类，分别为：基础参与级别的人员仅分配平台浏览权限；参与功能模块管理级别的分配浏览、上传、下载权限；项目关键技术总负责级别除具备上述两类权限外还具备删除的权限，同时若执行删除功能，平台将自动记录，做到责任可追溯。

项目负责人需要根据项目部门人员职责，指定阶段负责人，方便后期各个阶段的平台管理，阶段负责人做好各阶段的文件、数据管理。阶段负责人的主要权限如下：设置图档目录权限；模型上传、删除、生成场景、查看等权限；查看该阶段所有文件的权限。

图 4.2-270　平台手机端页面

3）管理要点

（1）项目专人与设计负责人对接，设计图纸、模型、变更等成果资料传送统一通过平台，按照人员的角色设置分享设计成果，通过精细的权限设置对文件的安全性、版本进行管理控制（图 4.2-271）。

（2）根据上传的图纸管理人员可通过下载查看，如若发现图纸有问题，可按照项目的要求形成问题台账，并发送至平台相应管理模块，等待设计回复。

（3）在设计资料有更新的情况下，通过设置只允许查看最新版的图纸、模型等资料权限，并且第一时间通知所有参与人员进行查看下载，从而保证项目图纸、模型等资料的版本统一性，做到"一次发布、全员共享、版本管控"，提高设计管理工作的协同效率。

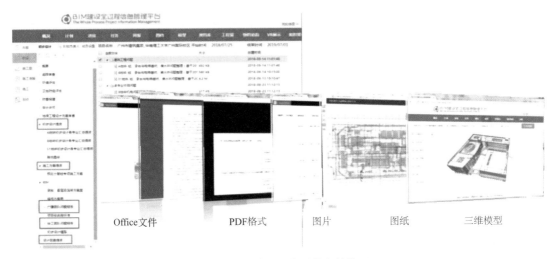

Office文件　　　PDF格式　　　图片　　　图纸　　　三维模型

图 4.2-271　管理平台图档文件管理

4）BIM 模型建立

（1）根据图纸，建立 BIM 模型（图 4.2-272），并保证 BIM 模型的完整性，结构模型如管井、扶栏、结构柱帽等细部模型均应建模；构件位置、标高、所属楼层和几何信息、参数正确，与施工图相符；构件标高设置需注意结构标高与建筑标高的区别；结构构件如有预留孔洞需在模型上面有反映。

（2）结构楼板与建筑楼板（含填充层、面层）应分开建模，外墙的砌体墙与面层（含填充层）应分开建模；注意砌体墙与结构楼板、建筑楼板之间的关系，砌体墙应砌于结构楼板之上，而非建筑楼板之上；建筑楼板应以房间墙体为界；建筑施工图设置有吊顶的区域，吊顶按建筑施工图的高度及材料建模。

（3）设备 BIM 模型应完整、连接正确；设备管线类型、系统命名应与施工图一致；设备管线应按施工图正确设置材质；施工图中的各类阀门应在 BIM 模型中反映；有坡度的管道应正确设置坡度；有保温层的管道应正确设置保温层；机械设备、洁具模型应大致

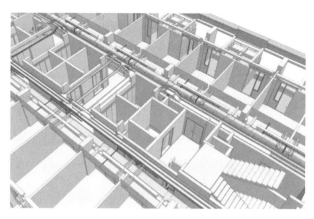

图 4.2-272　BIM 综合模型

反映实际尺寸与形状。

（4）将多专业的模型进行链接，通过此协同的方式减少各专业之间由于沟通不畅或沟通不及时导致的错、漏、碰、缺，真正实现所有图纸信息元的单一性，提升审图效率、设计效率和设计质量。

（5）根据施工方案（如外脚手架方案、施工升降机方案），建立好各种措施、机械与结构模型的关系。

5）模型轻量化上传

（1）通过现有的插件将原先容量较大的三维模型进行轻量化，轻量化的模型并没有丢失原有的精度。

（2）上传到平台云端后，仅需手机客户端及网页端就可快速浏览模型（图 4.2-273 和图 4.2-274），解决以往模型只能通过专用软件及高配置电脑才能打开并顺畅浏览的问题。

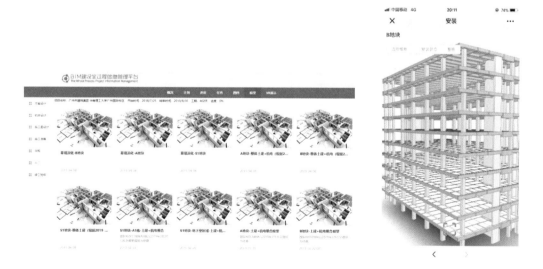

图 4.2-273　网页端模型浏览功能　　　图 4.2-274　手机客户端模型整体浏览

（3）在网页端或者手机端选择模型以后，可以查看建筑物整体。复杂节点处可通过任意剖切选项进行剖切查看；也可通过楼层切换功能分开楼层查看模型；如果需要查看构件的命名、尺寸、面积、体积等信息，可选中构件后点击属性进行查看（图 4.2-275）。

图 4.2-275　模型剖切面及属性浏览

（4）在模型上发现冲突、碰撞等问题后通过问题标记选项进行三维标记，平台云端会自动汇总各个参与方在模型上发现的问题并形成任务单（图 4.2-276）。

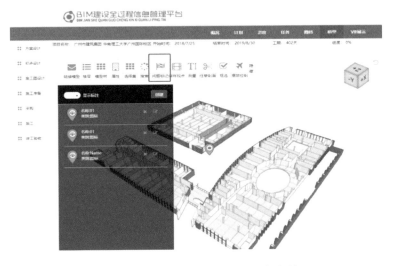

图 4.2-276　模型问题标记及形成任务单

（5）最后统一由专人将图纸查阅形成的问题台账以及在模型上标记的问题任务单发送至设计院，设计人员统一查阅，修正回复上传至平台完成闭合。

6）BIM 模型调整

根据设计院对图纸问题的回复，重新调整三维模型，调整完成以后将新模型上传到协同平台，并对旧模型设置查阅权限，避免新旧模型同时能查看造成施工现场混乱。

7）模型交底及施工方案交底

根据上传到平台的最新三维模型（外脚手架模型、结构模型等），结合施工现场的施工方案（如脚手架施工方案、机电管线施工方案），对现场施工人员进行可视化交底。

8）生成计划任务包

（1）根据基础、主体施工、装饰装修阶段进行工作任务的分解。根据图纸、方案、专业由项目经理在平台上填写任务单，任务单上的内容包括工作内容、施工图纸的描述、现场环境以及指定工作的班组。

（2）指挥部各部门负责人（安全、技术、商务等）根据项目经理的填写的任务单，继续丰富相应事项的描述，技术负责人填写技术交底，技术注意事项；安全负责人填写安全注意事项；商务负责人填写商务事项等；最终填写完任务单后直接发送至指定班组负责人。

（3）指定班组负责人在平台上接收到任务单后，班组负责人将任务细分到具体人员，责任落实到人，填写班前交底内容以及机械配置计划及材料用量等信息，然后将填好的信息发送至平台，并与指挥部发起的任务包信息作对比，形成闭环（图 4.2-277）。

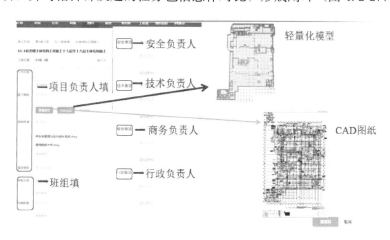

图 4.2-277　施工任务包示意图

9）实施工作任务包

（1）管理人员根据班施工任务包，并利用平台上的模型对现场预留预埋、机电管线安装的施工进行指导，随时比对施工完成情况。

（2）根据现场施工的推进，管理人员对工作任务的进度、质量、安全进行全过程监管，一旦发现任务滞后，采取相应措施。发现存在质量及安全问题，在平台上下发整改任务包，并且可通过移动端拍照上传至平台，使事项跟踪更加直观（图 4.2-278）。

（3）施工任务如果超时未完成或者整改任务包未解决，会一直显示警报，管理人员可根据情况对班组采取处罚措施。

班组完成任务包的工作内容或者完成整改通知以后，通过拍照上传，经管理人员平台验收或者现场验收确认后，即可封闭该工作包，形成记录保存于管理平台，实现施工各环节的有效管控和信息化存档目标（图 4.2-279）。

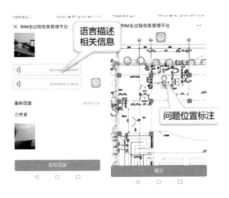

图 4.2-278　移动端全过程监管示意图

图 4.2-279　现场验收

3. 技术创新点

1）模型轻量化上传至云端，利用模型将施工方案优化及模拟、管理人员根据模型随时随地对现场施工人员进行可视化交底，更加直观地了解现场的空间关系。

2）EPC 项目边设计边施工，图纸不稳定，利用平台协调各单位，对不断出现的图纸问题进行梳理，各单位沟通更加快捷，减少信息不对称，减少由于设计原因所造成的施工错误。

3）管理人员在平台上派发信息化的任务包，记录保存于平台上，过程发现的质量及安全问题也可形成任务包，实现施工任务的全过程跟踪监管。

4.2.5.4　BIM+无人机总平面管理技术

1. 技术原理

本技术将无人机拍摄的高清图片，通过 BIM 软件建立现场实际的 BIM 总平模型，与总平面 BIM 模型对比并及时调整，同时根据现场实际情况及时进行调整，保障平面管理的科学性。

2. 技术要点

1）临时办公位置优化

项目要顺利开展，首先要解决办公场所问题。在项目开展前期，由于受场地施工道路、装配式运输等因素制约，同时秉承着"安全第一"的原则，决定将办公区布置在二期位置。

为保证办公区与施工区之间的紧密关联，方便现场人员的进出场，项目 BIM 团队通过航拍技术对项目周边情况进行航拍了解，寻找办公区的最佳布置位置，初步确认办公区布置在项目的东侧，该位置为空地，同时向政府单位确认该场地可以租赁，面积约 $4800m^2$（图 4.2-280）。

为了确认该方案的可行性，项目 BIM 团队综合考虑项目施工高峰期人员需求，运用 Revit 进行 1∶1 的办公区模拟建模布置设计（图 4.2-281）。

图 4.2-280　无人机航拍全景

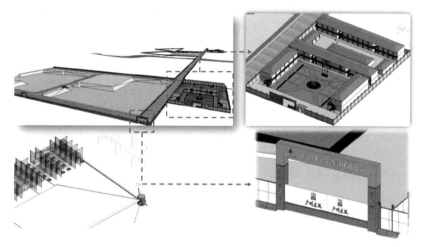

图 4.2-281　临时设施方案建模

2）施工场地优化

针对施工场地的实际情况，项目 BIM 团队结合标准化文件、相关规范，利用无人机航拍对施工场地进行拍摄，运用 Revit 建模软件对施工总平面进行了模拟布置（图 4.2-282）。

图 4.2-282　施工场地布置模型轻量化浏览

同时为加快施工场地的施工进度，在确定人员出入口位置后，决定采用集装箱形式进行吊装，项目 BIM 团队将门卫室及员工通道进行建模设计后，导出设计图纸交厂家加工制作后运至现场吊装，以缩短施工时间（图 4.2-283）。

(a) BIM模型　　　　　　　　　　　　　　(b) 实物

图 4.2-283　门卫室 BIM 模型与实物

3. 技术创新点

通过无人机拍摄、BIM 建模对总平面布置进行优化调整，并根据现场实际情况及时调整。

4.2.5.5　倾斜摄影三维实景建模技术

1. 技术原理

倾斜摄影三维实景建模是运用无人机对现有场景进行多角度环视拍摄，然后通过后期缝合并加载播放程序来完成的一种三维虚拟展示技术。使用者浏览时可对三维实景图像进行放大、缩小、移动、多角度观看等操作。经过深入编程，可实现场景中的热点链接、多场景之间虚拟漫游、雷达方位导航等功能。本项目三维实景建模的技术主要应用于市政管廊的土方测量。

2. 技术要点

1）采集及建模

通过对无人机进行飞行任务设置，在工地上空按照特定轨迹和高度飞行，飞行过程中自动拍摄图片，以此采集现场地形数据；对获取的航摄数据进行整理检查后导入软件分析处理，进行自动化建模，经过几何校正、联合平差等一系列复杂的运算得到带有高程的稠密的点云数据模型（图 4.2-284）。

2）坐标测量

在生成的点云模型上，每个点都包含有坐标信息，基于模型可以对任意点、线、面进行量测，可以对施工范围快速进行地理信息获取，从而高效率调节测绘内、外业的协同工作（图 4.2-285）。

3）体积测量

施工范围坐标确认无误后，在点云模型上通过空间分析和叠加分析对开挖前后地形模型的高程信息进行分析处理，并对数据进行网格化处理后，再进行计算区域的体积计算，通过前期和后期数据的对比分析，从而得出该区域的填挖土方量（图 4.2-286）。

3. 技术创新点

无人机倾斜摄影技术即在无人机上搭载可自动调节角度的摄像头实现数据自动采集，

图 4.2-284　实景地形数据-采集及建模

图 4.2-285　实景地形数据-坐标测量

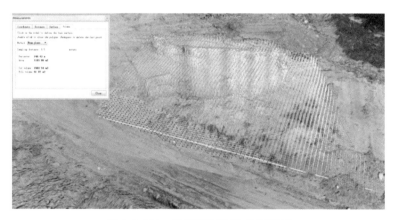

图 4.2-286　实景地形数据-体积测量

具有价格低、灵巧方便、不受空间高度限制、影像数据获取快的特点，特别是在小区域内低空获取高分辨率影像资料比专业的设备更有优势。这项技术随着近年来消费级无人机的普及而逐渐兴起，它通过在无人机上搭载云台高清摄像头，在设置的航线内垂直向下、倾斜多角度拍摄，以获取一套高清影像资料，与传统的搭载多台传感器无人机相比，成本更低，效率更快，是建筑工程中实现三维实景建模的新技术。

4.2.5.6 基于 BIM 技术的装配式深化设计与施工

1. 技术原理

装配式深化设计作为建筑设计的总集成，在拆分构件、受力计算、连接方式、支撑体系、施工碰撞、机电管线综合设置中都起着重要作用。为解决以上问题，在设计之初采用 BIM 技术，建立装配式深化设计模型、机电管线综合模型、施工模型进行施工组织模拟，以及早发现问题，快速解决潜在问题，方便施工人员对班组进行技术交底，三维模型的直观可视化方便施工人员查看，有效提高管理人员对现场施工进度和质量的把控（图 4.2-287~图 4.2-289）。

图 4.2-287 基于 BIM 技术的装配式协同设计

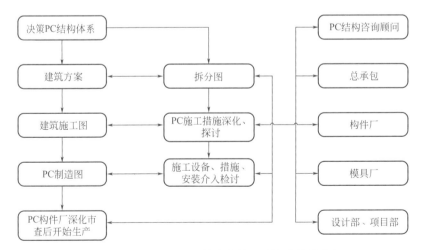

图 4.2-288 基于 BIM 技术的装配式深化设计流程

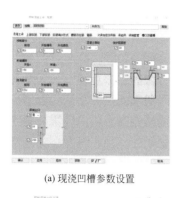

(a) 现浇凹槽参数设置

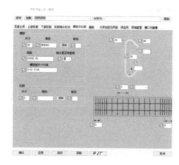

(b) 箍筋及拉筋参数设置

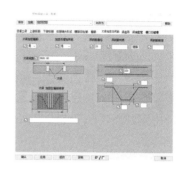

(c) 次梁加密及吊筋参数设置

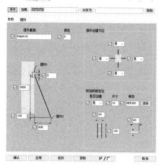

(d) 柱支撑参数设置

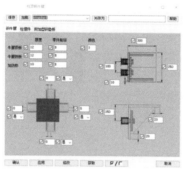

(e) 梁底参数设置

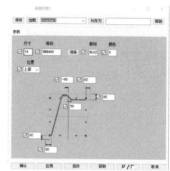

(f) 防雷钢筋参数设置

图 4.2-289　装配式 BIM 模型二次开发插件

2. 技术要点

1）结构构件深化设计与施工

按《装配式建筑评价标准》GB/T 51129—2017，本项目竖向主体结构竖向构件中预制部品部件的应用比例不低于 35%，装配式设计目标为评价为 A 级装配式建筑。

本项目根据《广东省人民政府办公厅关于大力发展装配式建筑的实施意见》《广州市人民政府办公厅关于大力发展装配式建筑　加快推进建筑产业现代化的实施意见》结合任务书要求，本项目（一期工程）中，需达到至少 15 万 m² 建筑面积的建筑采用装配式工程，且不低于 A 级装配式建筑评价。

针对上述的装配式要求，本项目基于 BIM 技术对预制柱、预制剪力墙、预制梁、预制楼梯等构件以及相应的连接节点进行了深化设计和施工模拟（图 4.2-290～图 4.2-301）。

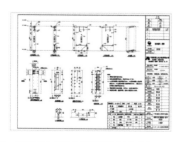

图 4.2-290　预制柱 BIM 模型及深化图

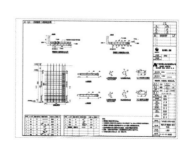

图 4.2-291　预制剪力墙 BIM 模型及深化图

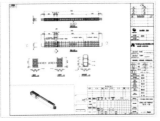

图 4.2-292　预制梁 BIM 模型及深化图

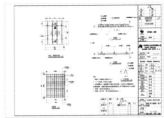

图 4.2-293　预制叠合板 BIM 模型及深化图

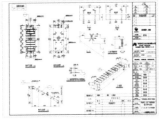

图 4.2-294　预制楼梯 BIM 模型及深化图

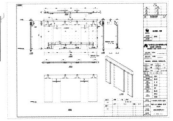

图 4.2-295　预制梁墙一体 BIM 模型及深化图

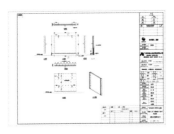

图 4.2-296　预制外墙 BIM 模型及深化图

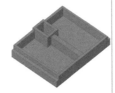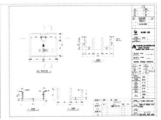

图 4.2-297　预制沉箱柱 BIM 模型及深化图

图 4.2-298　装配式模型细部构造

图 4.2-299　梁柱节点模型

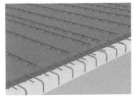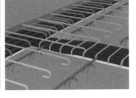

图 4.2-300　叠合板面筋模型

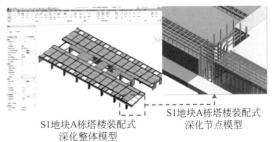

S1地块A栋塔楼装配式
深化整体模型

S1地块A栋塔楼装配式
深化节点模型

图 4.2-301　节点深化模型

2）机电模组化施工

（1）机电管线深化设计与施工

通过 BIM 软件进行建模，调整布置好所有的机电管线，避免各管线之间的"打架"现象。实行公共走道管线模块化（图 4.2-302）。在施工安装时，通过装配式支架进行支撑管线，按图纸布置管线（图 4.2-303）。

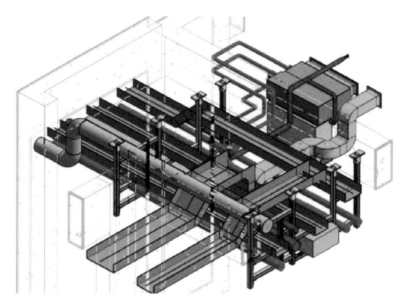

图 4.2-302　公共走道管线模块化图

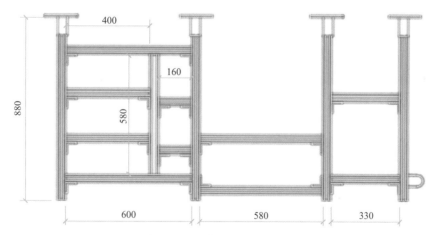

图 4.2-303　装配式支架加工图

（2）制冷机房深化设计与施工

利用 BIM 技术对制冷机房进行优化设计，调整设备安装位置增加制冷主机和冷却冷冻水泵等设备的运维空间，并把设备基础改为条形基础以便在管道装配式安装时进行调差，在基础边上环绕 300mm 宽的排水沟。管线按功能进行分区布置，检修通道控制不小于 1000mm，以便运维。

① 各功能管道安装区域划分和深化

通过 BIM 技术对能源站进行深化设计，首先考虑调整设备整体安装位置以达到运维和装配式安装的最优方案。然后，再进行优化管道路由，以减小管路在能源站内的阻力并提高其合理性，管道与能源站外的管道顺应连接。为了减少站外管道在通道的翻弯连接，有部分管道在站内进行翻弯连接。并最大限度提高站内的有效空间（图 4.2-304）。

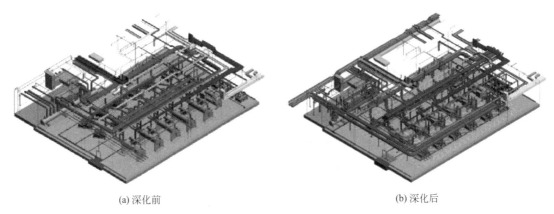

(a) 深化前　　　　　　　　　　　　　　　　　(b) 深化后

图 4.2-304　深化前后的三维模型对比图

② 设备安装位置和基础深化

图 4.2-305　水泵惰性块三维图

综合考虑能源站内设备布置需要有足够的检修空间和方便日后的运维管理，因此，重新调整设计的设备安装位置。

按照已确定的设备安装位置对设备基础重新调整和深化，把原设计的大平面独立基础深化为可调差的大平面条形基础，而按原设计的要求深化设计水泵惰性块。

惰性块的深化：按照设计要求和规范规定惰性块的重量按水泵的运行重量的 2～5 倍设置，针对要求对各水泵的运行重量进行了惰性块匹配计算（图 4.2-305）。

③ 模组化安装可行性研究和深化

由于制冷机组连接的冷却水水泵和冷冻水水泵的安装模式不利于组成模块式安装模块，因此，只能考虑空调冷热水水泵作为模块式安装的模块进行安装（图 4.2-306）。

④ 制冷机组与冷却水和冷冻水水泵连接优选方案

原设计制冷机组与水泵的管道连接复杂凌乱不便于运维，针对原设计的不足对制冷机组与水泵连接的管道进行方案优化（图 4.2-307 和图 4.2-308）。

⑤ 装配式管道构件分段及拆分

按照已优化设计的方案进行装配式安装规划。由于管道预制工厂到安装现场的运输距离较远，考虑预制管道的工厂制作、长途运输、现场转运和安装的需要，在预制管道分段时尽量减少的管道中间连接点。管道均采用法兰连接以便于工厂预制和运输（图 4.2-309）。

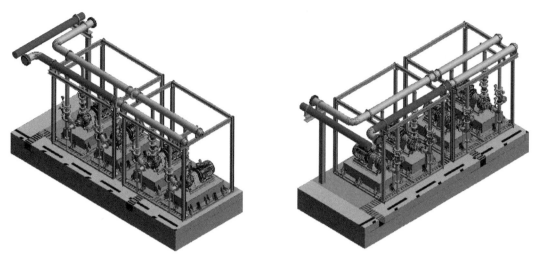

图 4.2-306　空调冷热水泵模块式三维图

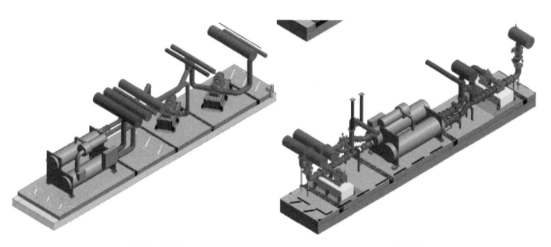

图 4.2-307　950RT 制冷机组与水泵连接方案对比三维图

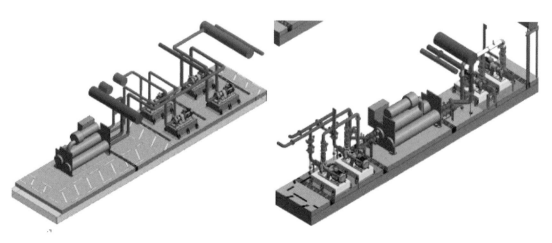

图 4.2-308　350RT 制冷机组与水泵连接方案对比三维图

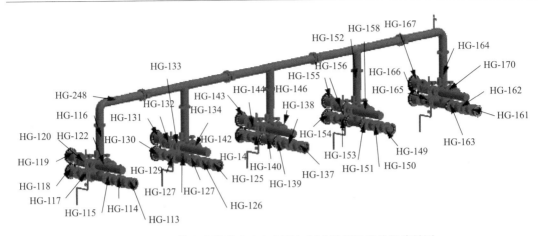

图 4.2-309　装配式管道冷冻水水泵与制冷机组连接分段编号图

⑥ 模块式泵组的安装与设计

按照已优化设计的方案进行装配式安装规划。能源站内空调冷热水水泵共有 4 套，考虑空调冷热水水泵整体效果和便于运维操作，采用两套空调冷热水泵作为一组（共两组）模块式泵组进行组装（图 4.2-310 和图 4.2-311）。

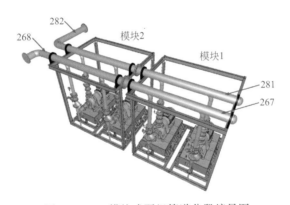

图 4.2-310　模块式泵组管道分段编号图

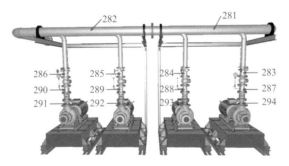

图 4.2-311　水泵出口管道分段编号图

考虑承托力等综合因素，模块框架采用 14 号工字钢进行装配式框架制作。工字钢采用连接钢板螺栓连接，连接钢板与工字钢连接处满焊。工字钢直角连接处设置采用钢板焊接的加强连接角，以增强框架的稳固性，保证在运维期间设备和管道的稳定。

⑦ 制冷机房装配管道支吊架深化设计

按照管道安装位置和现场实际情况进行支吊架的合理设置，采用门式支架和吊架混合模式。当吊架不在横梁或结构柱的位置时则采用门式支架。

⑧ 装配式管道制作加工图

按照管道分段图编制装配式管道加工图，加工图确认无误后交工厂按加工图进行加工（图 4.2-312）。

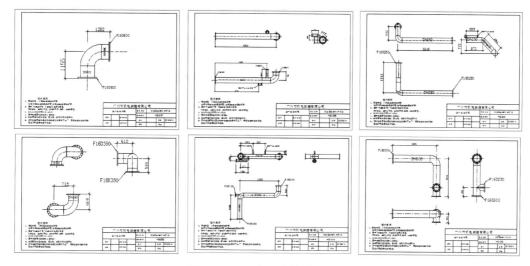

图 4.2-312　装配式管道加工图

⑨ BIM 三维扫描仪及放样机器人的应用

通过三维扫描仪扫描出结构的点云模型，并按照模型的实测数据调整实际的安装位置，安装方案完全贴合现场客观环境，大大提高了安装方案的可行性。利用放样机器人一站式放样，消除累积误差。通过一个架站点完成所有放样点的方式，避免更换架站点而产生的累积误差。放样点主要是各种管道拐弯处上/下固定支架角点、设备底座角点等关键特征点（图 4.2-313）。

3. 技术创新点

1）通过对结构构件、设备及管线模块化装配式施工过程中的误差分析，重点控制设计精度、加工精度、装配精度。

2）结合采用精细化建模、模型直接生成图纸、工厂自动化数控加工设备、360 放样机器人、3D 激光扫描仪等手段实现装配误差综合消除。

4.2.5.7　预制构件工业化生产及物料跟踪

1. 技术原理

预制构件工业化生产技术是指采用自动化的流水线，通过机器组流水线的长期运作来进行标准定型预构件兼顾异型预构件的制作。同时，通过设计师的有效设计，可以采用固定台模线生产出建筑的预制构件，也能够保证预制构件的生产质量以及批量集中供应要求。此外，工业化生产的预制构件加工技术，包括了对于其整体的规划设计、钢筋制品机械化加工成型技术、各类预构件的生产工艺设计、模具方案设计、预制构件机械化成型技术、预制构件节能养护技术以及预应力构件生产质量控制技术等。

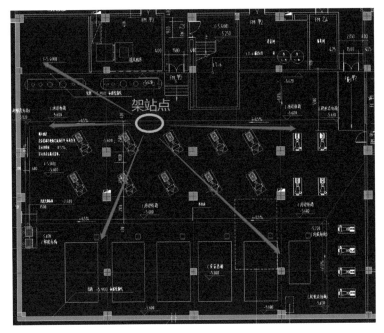

图 4.2-313　架站点及放样点分布图

物料跟踪技术是利用 BIM 技术在模型中提取材料信息，统计每个施工阶段的各类材料用量，编制材料进场计划，组织好材料的准备和进场；同时利用 BIM 技术输出装配式构件编号、数量、尺寸，贯穿生产控制、运输路线和现场材料进场，并以此制定吊装计划，保证生产-运输-吊装的高效运转。

2. 技术要点

1）装配式构件工业化生产

为满足本项目的构件生产需求，共配套覆盖华南地区"东南西北中"五个产业化基地，包括天河珠村构件生产基地，年产能 8 万 m^3；潮汕建筑工业化产业基地，占地面积约 190 亩，计划设 4 条生产线，年产能 50 万 m^3；另有布局南沙、增城和花都的建筑工业化产业基地（图 4.2-314 和图 4.2-315）。

图 4.2-314　广州建筑工业化生产基地

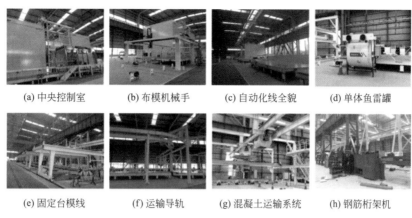

(a) 中央控制室　　(b) 布模机械手　　(c) 自动化线全貌　　(d) 单体鱼雷罐

(e) 固定台模线　　(f) 运输导轨　　(g) 混凝土运输系统　　(h) 钢筋桁架机

图 4.2-315　装配式构件厂全自动生产线

2）预制构件物料跟踪

（1）规划材料进场

针对现场施工场地有限、装配式预制构件多、建筑材料使用量大、材料堆放场地紧张的实际情况，应用 BIM 技术在模型中提取材料信息，结合总体施工计划，统计出每个施工阶段所需的各类材料（如机电综合管线管材）使用量，在满足中施工工期节点任务的基础上，编制出各施工阶段所需材料的进场计划，根据计划提前做好材料的准备工作，及时组织材料进场。

BIM 模型直接输出装配式构件编号、数量、尺寸，贯穿生产控制、运输路线和现场材料进场情况，以此作为吊装计划依据，进一步确保吊装计划可行性。

（2）构件运输跟踪

项目装配式构件在工厂流水线精细化生产，墙板运输至现场随吊随走，起到节约用地作用。与传统现浇作业相比，装配式构件能避免原材料在运输过程中的损耗、污染，构件运输计划车次见表 4.2-22，构件跟踪如图 4.2-316 所示。

装配式构件运输计划车次表 表 4.2-22

构件	数量	每车构件数量	所需车次	构件卸车时间
柱	25	4 根	6.3 车	2.6h
主梁	56	6 根	9.3 车	4.5h
次梁	61	12 根	5 车	3.6h
KT 板	120	15 片	8 车	11h
楼梯	4	4 片	1 车	1h
剪力墙	16	4 片	4 车	1h
阳台板	35	2 片	17.5 车	0.5h
外墙板	14	4 片	3.5 车	1h

3. 技术创新点

1）基于 BIM 技术的预制构件工业化生产及物料跟踪，实现了对预制构件的精细化管

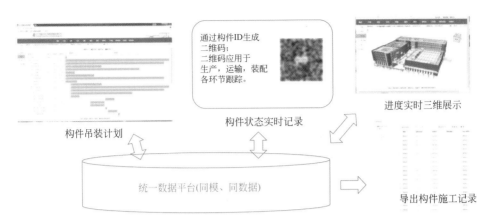

图 4.2-316　装配式构件计划结合二维码构件跟踪

理，提高了装配式建筑施工的生产效率，使装配式建筑数字化、信息化、工业化的建造水平不断提高。

2）利用物料跟踪系统，项目各参建单位以及现场的管理人员能即时在电脑上跟踪了解装配式构件的深化、下单、生产、验收、发车、进场、安装等实时情况，实现对每个装配式构件的动态跟踪，与现场实际的总体施工计划做比较，避免因为装配式构件的生产延误、验收整改、发车缺货等情况的发生而导致的施工进度滞后，从而使每个环节的运作更加合理。

3）根据构件的体积、安装位置等具体情况，结合施工场地的实际情况，合理地布置装配式构件的堆放位置，最大限度地避免了材料的二次运输，使原本粗放、分散的施工管理模式变得精细、条理化，从而很好地解决了现场场地狭小、垂直运输困难、施工质量难以控制等问题，为提高工作效率、降低工作成本起到了关键作用，同时也保证了现场施工的顺利进行。

4.2.5.8　基于 BIM 技术的幕墙预埋件精准定位施工技术

1. 概述

幕墙因其气派、高雅、现代的特征，已成为都市建筑的重要标志和特征。伴随其推广应用，市场上已经出现了多种材料和结构形式。传统建筑幕墙安装施工过程中经常会因预埋件安装精度不足，出现安装位置与预埋位置发生偏差的问题，给后续施工带来麻烦，造成施工材料的浪费，使工程建设成本和工程工期增加。预埋件安装质量的好坏直接影响着后期幕墙安装的质量，影响预埋件安装质量的主要问题是标高偏差和轴线偏差。为此，在安装预埋件安装过程中应用 BIM 技术，BIM 模型中包含着构件之间的空间几何关系，有效解决了平面二维状态下的不足，能够将预埋件预埋过程中的偏差降到最低，从而降低浪费，节约成本，给工程建设带来效益。

2. 技术要点

1）对预埋件进行有限元受力分析，确定预埋位置

对预埋件进行有限元受力分析，确保预埋位置对结构不产生影响，且符合受力要求（图 4.2-317 和图 4.2-318）。

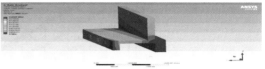

图 4.2-317　有限元模型　　　　　　　　　　图 4.2-318　有限元受力分析

2）利用 BIM 技术进行施工动画模拟、碰撞检测

对预埋点（图 4.2-319）进行准确定位，利用 BIM 技术进行三维漫游检测和施工动画模拟，当检测到预埋件存在错误或位置发生偏差时对其进行高亮显示标记，最后根据结果对设计施工图纸进行复查，提前校核现场施工图纸。

图 4.2-319　幕墙预埋件

将创建好的三维模型导入 TimeLiner、BIM 5D 制作施工动画及碰撞检测。根据第一次碰撞报告修改优化模型后，再次进行碰撞检测，重复此步骤直到无碰撞（图 4.2-320 和图 4.2-321）。

图 4.2-320　幕墙安装漫游　　　　　　　　　图 4.2-321　幕墙安装 BIM 效果图

3）深化设计，定位标注，确定施工方案，进行三维可视化技术交底

在三维中将尺寸标注定好后，确定最终施工方案，进行三维可视化技术交底（图 4.2-322）。

4）在预制梁模板上进行放线定位，预埋件与梁钢筋焊接

通过前面对 BIM 的应用，每根梁上的预埋点都已进行了精准定位并在三维中标注了尺寸位置，在预制厂中预埋件埋设过程中，直接用卷尺测量，放线定位。预埋件板面紧贴预制梁模板，并与钢筋焊接在一起。浇筑混凝土时，必须在现场实时观察预埋件状态，防

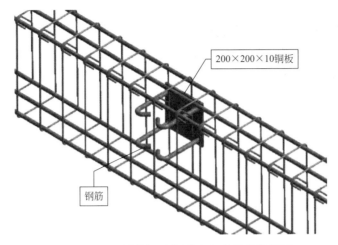

图 4.2-322　预制梁上预埋件与钢筋焊接效果图

止因浇筑混凝土时预埋件发生偏位（图 4.2-323）。

(a) 预制梁钢筋笼绑扎　　　　　　(b) 预制梁钢模板组装

图 4.2-323　预制厂制作预制梁

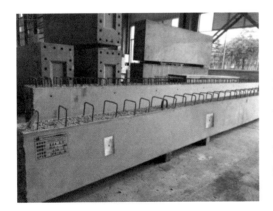

图 4.2-324　预制梁表面清理后实际效果

5）预制梁运送到现场，进行吊装

拆模后应在 2d 内将拆模部位预埋件找出并将表面清理干净，用木质的扫帚清扫，不可使用钢丝刷等硬质工具，以免将表面防腐层划伤（图 4.2-324）。

最后将制作好的预制梁运输到施工现场，根据梁上的信息（RFID 技术）进行吊装，确保吊装的准确性。

3. 技术创新点

本技术应用 BIM 技术根据原施工图纸建立预埋件三维模型，并与优化好的模型进行整合，在预埋前找出问题，然后在 BIM 模型内对预埋件进行优化调整，导出预埋件的优化图纸，对现场作业人员进行详细的技术交底，实现对预埋件的精确定位，减少因材料浪费、返工造成的经济损失、工期延误。

4.2.5.9　实施效果

本工程建设过程中大力推行智能建造技术，使得 BIM 技术从设计阶段到施工阶段，再到运维阶段得到了全过程使用，进一步加强了 BIM 技术的作用。

智能建造技术的应用使整个工程建设设计与施工高度融合，碰撞及遗漏问题得到了很好的解决，高质量、高品质、高效率地实现工程智能建造，为广州市增添又一栋标志性的精品工程。项目建设也得到了社会各界的广泛关注。

（1）2019 年 1 月 3 日，国资委主任、副主任、处长以及南航股份有限公司副总经理一行到华南理工大学广州国际校区一期工程项目部考察（图 4.2-325）。

（2）2019 年 1 月 25 日，在华南理工大学国际校区项目部会议室，举行了与英国帝国理工大学教授的装配式建筑与 BIM 技术工作交流会（图 4.2-326）。

图 4.2-325　国资委主任带队考视察项目　　　　图 4.2-326　英国帝国理工大学工作交流会

4.2.6　安全文明施工

本工程体量大、工期紧，工序交叉施工多，潜在众多安全隐患。以职业健康安全管理体系为思路，结合各阶段特点、施工工艺要求进行重大危险源识别，制定针对性的控制措施，有效地控制和降低安全风险。

4.2.6.1　创优目标

确保获得广东省房屋市政工程安全生产文明施工示范工地、广东省建设工程项目施工安全生产标准化工地。

4.2.6.2　组织机构

项目成立相关职能部门及施工作业层组成的纵向到底、横向到边的安全生产管理机构，企业总部主管部门提供垂直保障，并接受业主、监理以及广州市安全监督部门的监督。

按照相关文件要求配备专职安全员，现场共配备 17 名专职安全员和 8 名安全员，各专业分包单位至少配备 1 名专职安全员。组建一支专业安全防护队伍，由架子组、木工组、电焊组、清理组及消防组抽派人员，专职保障项目安全生产、消防及文明施工。

4.2.6.3 安全生产管理

1. 安全生产管理制度

项目部依据企业的安全生产管理制度，针对本项目工程特点开展了各项相关安全生产管理活动。制定了各工种（砌筑、混凝土、木工、电工、钢筋、机械、起重司索、信号指挥、脚手架、油漆、塔式起重机、电气焊等）安全技术操作规程。

2. 安全生产费用

编制了安全资金使用计划，并制定了安全生产管理目标与考核制度，定期进行考核。

3. 安全生产专项方案

在实体施工前编制相关施工组织设计方案，对危险性较大的分部分项工程按规定编制安全专项施工方案，并进行安全计算。

超过一定规模危险性较大的分部分项工程，项目部组织专家对专项施工方案进行论证，由有关部门审核，经企业技术负责人、监理单位项目总监批准后，按方案组织实施。

4. 安全生产教育

安全教育和培训是施工企业安全生产管理的一个重要组成部分，它包括对新进场的工人实行上岗前的三级安全教育、变换工种时进行的安全教育、特种作业人员上岗培训、继续教育等，通过教育培训，使所有参建人员掌握"不伤害自己、不伤害别人、不被别人伤害"的安全防范能力。并建立了安全教育培训制度，针对施工人员100％落实三级安全教育及技术交底，填写三级安全教育台账记录和安全教育人员考核登记表。施工过程中通过阶段性、专题安全教育、重要危险源知识讲解，提高全体人员安全意识（图4.2-327和图4.2-328）。

图4.2-327 安全生产教育图　　　　图4.2-328 安全技术交底会议

5. 安全技术交底制度

施工负责人对管理人员及施工作业人员按施工工序、施工部位、施工栋号分部分项进行书面安全技术交底，交底应结合施工作业场所状况、特点、施工方案等进行交底，由交底人、被交底人、专职安全员签字确认。

6. 安全检查制度

本项目建立了安全检查制度，通过项目部自检、公司巡检、公司领导带班检查等机制对现场安全进行检查，并填写检查记录，定人、定时间、定措施进行整改，按照谁检查谁复查的原则进行。

7. 重大危险源管理

针对工程特点，辨识重大危险源并制定专项应急救援预案，并在项目现场设置重大危险源公示牌（图 4.2-329）。

8. 消防管理

对项目管理及施工作业人员定期进行应急救援演练，并建立了应急救援组织，配备了应急救援人员并定期进行培训。每栋楼入口处设置楼层消防疏散通道图（图 4.2-330）。

图 4.2-329　现场重大危险源公示牌

(a) 消防应急救援讲解

(b) 消防应急救援演练

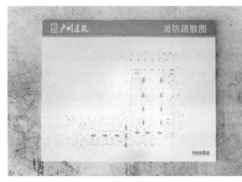

(c) 消防疏散图

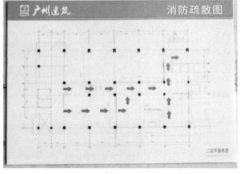

(d) 消防疏散图

图 4.2-330　消防应急演练及消防疏散图

9. 验收管理

危大工程施工前编制方案，经审批、专家论证后方可实施，施工前进行方案交底、安全技术交底，施工完成按规定进行验收（图 4.2-331）。

10. 安全防护管理

现场采购的安全帽、安全带和安全网等均有产品合格证和生产许可证；人员进入施工现场，必须佩戴符合标准的安全帽，并系好帽带；凡在 2m 以上悬空作业人员，必须先系

(a) 危大工程验收会议

(b) 危大工程现场验收

图 4.2-331　危大工程验收

好安全带。脚手架外侧满挂密目式安全网，电梯井和外脚手架每隔 2 层，并不大于 10m 设一道安全兜底网。现场共定制 1.5m 高全钢防护栏，用于所有临边的设置；安全通道和现场施工人员流动密集的通道上方，设置纵横双层防护棚；施工电梯进料口、电梯井口、管道口采用定型防护门防护；短边宽度小于 1.5m 的预留洞口与临时使用洞口均采用固定模板覆盖防护，并保证其不能挪动和移位；短边超过 1.5m 的预留洞口四周均设置防护栏杆并覆盖模板全封闭防护。

图 4.2-332　项目标准化管理手册

4.2.6.4　文明绿色施工管理

1. 项目标准化管理

依据《项目标准化管理手册》推进安全文明施工管理、绿色施工（图 4.2-332）。

2. 封闭式管理

项目各出入口，施工现场出入口均设有门岗以及自动洗车设施，并实时记录项目进出人员，实现封闭式管理。现场采用可拆卸、可重复使用的装配式围蔽措施（图 4.2-333）。

3. 施工场地

施工现场遵守人车分流的布置原则并严格执行（图 4.2-334）。此外，利用永久道路与临时道路相结合的施工措施，避免反复铺设临时道路。

施工场地配备喷淋设备，对于非施工地段的裸露土地实行 100% 覆绿，确保防尘六个百分之百目标达成（图 4.2-335）。

4. 材料管理

现场材料堆放有序，并竖立材料告示牌。易燃易爆物品安置于专门仓库（图 4.2-336）。

5. 办公与宿舍

项目部办公区张贴醒目标语，办公区出入口设置高温、防尘、噪声等实时监控设备。工人生活区保持整洁，绿化铺植提高工人生活质量（图 4.2-337～图 4.2-339）。

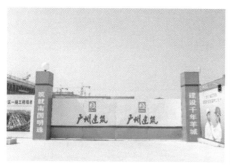

(a) 工地车辆出入口

(b) 工地人员出入口

(c) 装配式钢板围挡

(d) 自动洗车设施

图 4.2-333　封闭式管理设施

图 4.2-334　主干道路人车分流

(a) 防尘喷淋设备

(b) 施工现场裸土覆盖

图 4.2-335　施工现场扬尘处理措施

(a) 现场材料堆放

(b) 危险品仓库

图 4.2-336　现场材料管理

图 4.2-337　项目办公区

图 4.2-338　工人生活区

图 4.2-339　高温、防尘、噪声监控设备

6. 消防管理

施工现场配备充足的灭火器，并定期派人检查灭火器状况，确保可用，无过期无失效（图 4.2-340）。

各塔楼人员主要出入口，严格按照方案搭设安全通道，确保现场施工作业人员安全逃生路线。

4.2.6.5　项目亮点

本项目进行施工现场直升机应急救援演练。如发生突发状况，可确保伤者 4min 内到达医院，确保伤者得到及时的治疗（图 4.2-341、图 4.2-342）。

(a) 灭火器　　　　　　　　　　　　　　　(b) 消防水箱

图 4.2-340　施工现场消防设备

图 4.2-341　直升机应急救援现场讲解

图 4.2-342　直升机应急救援现场演练

4.2.7　检测工作组织实施的创新

4.2.7.1　检测难重点及对策

1. 时间紧、任务重

"开工即高峰"。突如其来的、大量的检测工作给检测机构带来了巨大挑战。如何保质、保量地完成本项目的检测工作，同时兼顾其他在检项目检测工作，是摆在检测机构面前首先要思考的问题。特别是进场材料检测（短短几个月检测量高达 14605 组），短时间内专业检测人员难以增加，检测设备也存在产能受限的情况。

检测机构第一时间成立项目专项检测领导小组，由机构最高管理者作为组长，各专业负责人作为组员，将本项目检测优先级调至最高，集全机构之力，安排专业检测人员加班加点，并通过协调施工单位对进场材料提前定版、送检，对于有龄期的样品，合理安排检测时间，同时有针对性地投入新增设备产能。通过上述一系列措施，有效确保了本项目检测工作的顺利开展。

2. 涉及专业领域广，协调难度大

本项目涉及检测专业面广，基本涵盖了所有工程检测专业。从土建施工，到室内装修，再到设备安装、园林绿化，对检测的专业性提出了更高的要求，同时各检测专业穿插作业、多专业协同开展。涉及的检测专业或领域有：见证取样检测、地基与基础检测、主体结构检测建筑节能检测、智能化检测、防雷检测、室内环境检测、消防检测、幕墙检测、市政检测、园林绿化检测等。

在所涉及的检测专业或领域中，见证取样检测材料种类达 1000 余类，亦涉及多个专业，如土建材料、装修材料、节能材料等。为此，为本项目配备了专人对接，同时各专业检测指派专人负责，与建设各方及时沟通协调。

3. 非常规项目，攻坚克难

本项目影响力大、质量目标高，一些非常规检测项目和参数均按最高要求检测。特别是开展了大量的材料燃烧性能检测。

随着 2019 年 4 月 23 日《中华人民共和国消防法》修订版的通过、实施，原由公安机关消防机构承担的建设工程消防设计审核和消防验收许可或备案职能划转至住建部门，材料燃烧性能检测量大幅度增加。燃烧性能检测项目从 PVC 地板、到电线、电缆、木门，基本涵盖了所有装饰装修材料，检测组数总计达 200 余组。单一检测机构难以具备全部资质并消纳全部检测工作，通过搜寻广州市所有具备资质的检测机构，在第一时间开展了优选和分包工作，并经代建单位同意后，确定了分包检测机构，在验收前夕，协调分包检测机构调用所有检测产能，用于服务该项目。

4.2.7.2 装配式建筑检测

1. 缺标准，少技术

装配式建筑具有工业化程度高、节能环保、施工方便、预制构件质量可控、建造周期短、投资回收快等优点。我国已将大力发展装配式建筑、推广绿色建造方式、加快推进新型建筑工业化作为城乡建设碳达峰行动的一项重点任务。

从结构形式看，装配式建筑依然以装配式混凝土结构为主，近年来新建的装配式混凝土结构建筑的建筑面积占整个装配式建筑的比例达到 60% 以上。而预制构件节点的可靠连接是装配式混凝土建筑结构整体性和抗震性能的重要保障。目前，钢筋套筒灌浆连接是国内外装配式混凝土结构领域普遍采用的连接技术，其中套筒与灌浆料的性能以及现场灌浆质量是影响连接可靠性的关键因素。

本项目是广州市当时面积最大且全部达到 A 级装配式评价标准的建筑群，大量地采用了竖向构件。但在项目实施期间，没有装配式检测及验收相关标准。这给质量检测工作带来了困难。

为此，先后编制了多项省、市标准和验收规范：《装配式混凝土结构检测技术标准》DBJ/T 15—199—2020（实施时间：2020 年 12 月 01 日）、《装配式建筑混凝土结构耐久性技术标准》DBJ/T 15—217—2021（实施时间：2021 年 02 月 28 日）、《装配式混凝土结构工程施工质量验收规程》DB4401/T 16—2019（实施时间：2019 年 06 月 01 日），这些标准、验收规范为装配式建筑，特别是竖向构件的检测、验收工作提供了依据。

与此同时，购置了华南地区首台钢筋套筒拉伸试验机（图 4.2-343），具备了高应力反复拉压残余变形、大变形反复拉压残余变形等型式检验能力，为今后装配式混凝土结构钢筋套筒的检测提供了保障。

2. 科研攻关，促进装配式建筑发展

以本项目为契机，组织申报并成功立项了广州市科技计划产业技术重大攻关计划（2019）——装配式混凝土结构钢筋套筒灌浆连接关键技术研究及应用（项目编号：2002010072），2019 年 4 月 1 日开始实施，于 2022 年 5 月 19 日顺利完成了结题。2021 年 8 月 12 日，所研发的"高性能钢筋套筒灌浆料"通过科学技术成果评价，达到国际先进水平；所研发的"冲压式全灌浆套筒及加工工艺"达到国内领先水平。

图 4.2-343　装配式混凝土结构
钢筋套筒拉伸试验机

本科研项目针对装配式混凝土结构建筑工程对预制构件钢筋连接的传力性能良好、现场施工快速便利以及灌浆质量准确把控的实践需求，研发了新型冲压式全灌浆套筒及加工工艺，研制出高性能钢筋套筒灌浆料，并提出了预埋阻尼振动传感器法、预埋钢丝拉拔法和内窥镜法相结合的无损检测检验方法，最终形成了装配式建筑钢筋套筒灌浆连接成套技术，提高了钢筋套筒灌浆连接的力学性能与施工性能，优化连接质量检测方法并实现灌浆饱满度的工程现场准确检测，提升了装配质量整体控制水平，并在实际工程进行推广应用。

发明了新型冲压式全灌浆套筒。选用强度高、韧性好、延伸率高、易于加工且不易产生内应力的优质碳素结构钢无缝钢管作为制作原材料，设计了套筒筒体的多边形外部剪力槽和内部环凸肋构造，基于套筒结构受力均匀与延性良好原则，提出最优构造参数设计方法，有效增强套筒与外部混凝土和内部灌浆料间的机械咬合作用与粘结性能，同时提供环向约束，实现钢筋、灌浆料和套筒间的良好传力，提升预制构件钢筋连接可靠性。

开发了新型冲压式全灌浆套筒制造工艺。提出了包括管材处理、加热、模具冲压、钻孔攻丝、配件安装等步骤的套筒制造工艺流程。提出了超音频感应加热的钢管冲压前热处理方案，加热效率高，节能效果好。设计了多边形上下模冲压模具，构造简单，便于脱模。热冲压工艺过程不去除材料、不产生切屑，有效避免在挤压过程中产生裂纹和内应力。提出了热冲压加工的堆积保温冷却后处理方式，减小残余变形，有效保证批量产品质量稳定性。

新型冲压式全灌浆套筒的性能满足现行行业标准《钢筋连接用灌浆套筒》JG/T 398—2019 的技术要求，具体技术参数见表 4.2-23。

冲压式灌浆套筒的技术参数　　　　　　　　　　表 4.2-23

名称	外径×壁厚	长度	屈服强度 R_{eL}	抗拉强度 R_m	残余变形 u_0	最大力下总伸长率 A_{sgt}	最小内径	凸台轴向宽度	凸台径向宽度
单位	mm	mm	MPa	MPa	mm	%	mm	mm	mm
标准值	50×5（±0.5）	345（±1）	≥355	≥620	≤0.1	≥6	≥28	≥2	≥2
实测值	49.9×4.9	345.8	475	635	0.03	14	38	5	2.5

采用了硫铝酸盐水泥-硅酸盐水泥-石膏三元复配体系，通过材料组分优化，研发出早期强度高、流动性大和微膨胀的高性能套筒灌浆料，解决了传统套筒灌浆料早期强度低、后期硬化收缩以及流动性经时损失大的问题。同时揭示了不同材料组分掺量变化对灌浆料强度、流动性以及膨胀性的影响机理。

高性能钢筋套筒灌浆料的性能符合现行行业标准《钢筋连接用套筒灌浆料》JG/T 408—2019 的技术要求，具体技术参数见表 4.2-24。

高性能钢筋套筒灌浆料的技术参数　　　　　　　表 4.2-24

检测项目		标准值	实测值
流动度（mm）	初始	≥300	367
	30min	≥260	308
抗压强度（MPa）	1d	≥35	45.4
	3d	≥60	70.9
	28d	≥85	110.1
竖向膨胀率（%）	3h	≥0.02	0.13
	24h 与 3h 差值	0.02～0.5	0.12
氯离子含量（%）		≤0.03	0.01
泌水率（%）		0	0

形成了以预埋阻尼振动传感器法实现灌浆初期检测、以预埋钢丝法和内窥镜法结合实现硬化后期饱满度检验的套筒灌浆饱满度施工全过程无损检测检验方法体系。揭示了阻尼振动传感器的放置方向对测试振动能量值的影响规律及机理，提出了传感器正确安装方式以及基于振动能量值的灌浆饱满度评判标准。提出了灌浆硬化后期，通过预埋于出浆口的钢丝拉拔荷载与基准值的对比判断灌浆饱满度，并辅以内窥镜法进一步检查验证的方法体系。实现了套筒灌浆饱满度在施工全过程中的有效控制，大幅提高了钢筋套筒灌浆连接质量。

4.2.7.3　检测信息化、自动化、智能化

1. 检测信息化

华南理工大学广州国际校区一期检测量大且集中，施工队伍多专业交叉作业，送检人员众多，检测机构多，推动检测信息化管理工作尤为迫切。

1）建设检测数字化信息协同平台，提升代建检测工作管理水平

对于代建单位，检测是建筑施工质量保证的重要手段之一。由于检测技术涉及专业广、信息多源量大，工程建设过程的检测工作进度管理、数据共享及闭合管理复杂，耗费大量人力成本，效率低下，难以针对大量信息进行及时有效的分析并作正确决策。线下检测过程管理如图 4.2-344 所示。

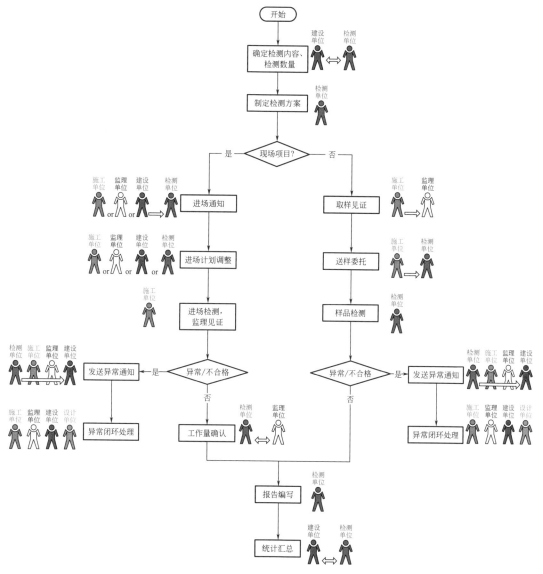

图 4.2-344　线下检测过程管理示意图

　　针对上述问题，拟开发一个检测信息数字化协同平台，通过兼容各类检测数据源的数据传输接口，对项目全过程多专业、多参数的检测信息进行汇总，实现建设工程五方主体与检测企业协同管理，迅速处理施工过程中的质量问题，确保工程建设优质高效。

　　系统目标：建设"检测信息数字化协同管理平台"（简称"平台"），通过兼容各类检测数据源的数据传输接口，对项目检测工作多专业、多参数的检测信息进行汇总，并利用平台对检测过程中出现的异常/不合格现象，实现建设工程五方责任主体（建设、施工、监理、设计、勘察）与检测单位协同管理，迅速高效地解决问题。平台目标：建立基于B/S架构的一体化平台；部分功能可通过手机APP、微信小程序等方式实现；平台功能：检测信息管理、基础信息管理。系统功能结构如图4.2-345所示。

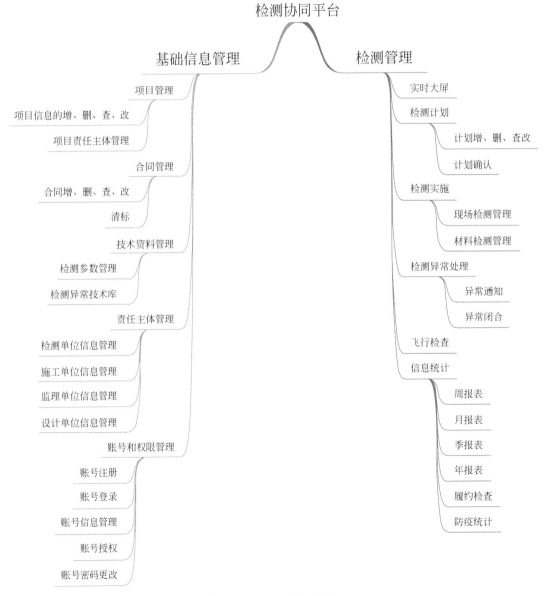

图4.2-345　系统结构图

考虑到现场实体检测流动性较大，平台的应用分为 Web 应用和微信小程序应用两部分。电脑端的应用可采用 Web 应用实现，移动端的应用则通过微信小程序，解决目前市面流行的安卓、鸿蒙、苹果操作系统不兼容需要重复开发的问题。系统总览如图 4.2-346 所示。

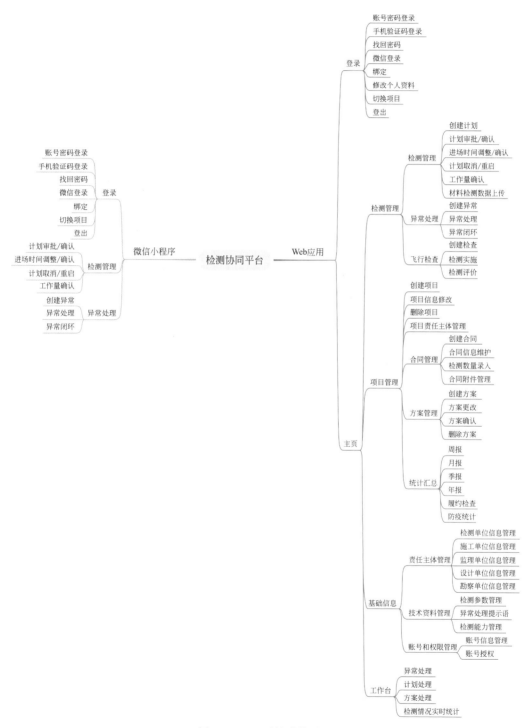

图 4.2-346 系统功能导图

　　本系统能协同五方主体和检测机构对工程质量检测过程的各个环节进行管理。通过不同角度，对施工工程的质量检测工作进行纵向、横向管理。将检测工作进行汇总，自动生成各种报表，大大减轻各方主体和检测企业的工作强度。并有履约检查评价功能，实现对检测企业服务实现量化考核。

　　2）开发芯样流转云服务系统（图 4.2-347），提升效率、确保样品真实性

　　芯样流转云服务系统是用于记录和管理芯样流转信息的系统，不仅能够实现对已经在钻芯法检测云服务系统交接了的芯样在收样、入库、出库、试验全过程的流转信息进行详细记录的功能，还能够与检测系统进行数据对接，接收到检测系统试验后返回的试验结果，在提高的芯样管理效率的同时也保证了芯样在流转过程中的可视化控制、监控和追溯。

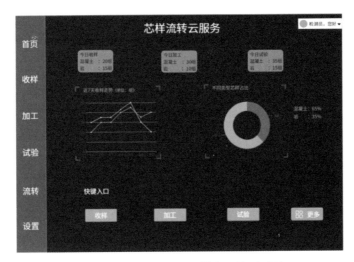

图 4.2-347　芯样流转云服务系统原型图

　　根据芯样流转的流程，首先是对已经交接了的芯样进行收样，收样人只需对"待收样"的芯样进行扫描收样，扫描完成后芯样的状态默认收样即入库，收样过程中若出现二维码损坏或者芯样缺陷问题系统会记录并反馈给相关人员进行处理，入库后芯样进行加工、磨平，然后进入"待出库"状态，出库时出库人只需对芯样进行扫描出库，若在加工和出库阶段出现二维码损坏或者芯样不完整的问题系统会记录并反馈，出库完成后系统会把芯样数据提交给三和检测系统，芯样进入"待试验"状态，待试验完成后试验结果会自动返回到芯样流转云服务系统。对于整个芯样的流转信息可以在该系统的"流转"模块进行查询。

　　本系统主要在表 4.2-25 所示的方面提高了工作效率：

传统模式与系统模式对比表　　　　　　　　　　　　　　表 4.2-25

序号	内容	传统模式	本系统
1	芯样交接流程化	交接人以纸质的方式进行芯样数据交接	交接人在钻芯法检测云服务系统上进行交接，交接完的芯样信息会自动对接到芯样流转云服务系统，优化了交接流程

序号	内容	传统模式	本系统
2	收样流程优化	收样人现场根据纸质信息清点芯样,确认信息无误后再进行收样	收样人扫描芯样上的二维码进行收样,收样情况直观高效,优化了收样流程
3	加工流程优化	入/出库人员根据纸质信息清点芯样,芯样异常的情况要手写记录后另行通知相关的人员进行处理	入/出库过程中若出现二维码损坏或者芯样不完整的情况,在该系统记录后系统会自动实时反馈给相关人员进行处理,优化了加工流程
4	实验流程优化	试验完成后结构部门自行从三和检测系统打印检测报告	试验完成后试验结果自动返回到芯样流转云服务系统,在该系统"试验"模块可查询,优化了试验流程
5	芯样流转管理流程优化	工作人员无法对芯样的整个流转信息进行可视化控制、监控和追溯	工作人员只需通过系统登录就可以查询每个工程的芯样流转情况,以及异常芯样数据信息的直观反映

2. 检测自动化、智能化

本项目大量的、繁重的、重复性的检测工作,为检测自动化、智能化带来了深入思考。今后类似项目的检测工作如何节省人力、提高效率?为此,先从检测量大、耗费人力的混凝土试块抗压着手,结合现有实验室场地,联合设备制造商研发了华南地区首套一拖三型全自动智能混凝土抗压强度测试系统(图 4.2-348、图 4.2-349),并于 2021 年 12 月正式投入使用,以自动化智能化技术赋能传统检测方法、以科技创新引领检测行业高质量发展迈上新台阶。

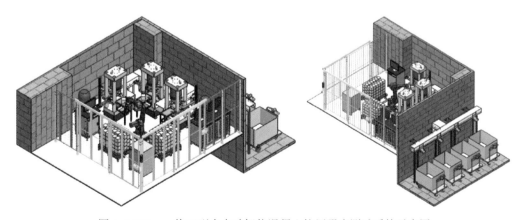

图 4.2-348　一拖三型全自动智能混凝土抗压强度测试系统示意图

该测试系统采用六自由度智能机器人对三台压力试验机进行协同送样,实现了混凝土试样的自动抓取、自动识别、自动检测等功能;配置有智能防护防尘装置,实现了主动安全防护、废渣自动清扫和自动除尘功能;试验产生的废料废渣可通过物料转运装置自动传输至专用的液压卸料车以便清运。系统的控制程序智能化程度高,检测数据准确可靠,可对检测全流程进行自适应性调整与优化。

图 4.2-349　一拖三型全自动智能混凝土抗压强度测试系统实物图

系统可全天候开展作业，最大产能可达 600 组/天，从根本上将检测人员从劳动强度高、重复性强的工作中解放出来，全面提升了检测效率和检测服务能力。

系统涉及相关标准：《试验机　通用技术要求》GB/T 2611—2007、《电液伺服万能试验机》GB/T 16826—2008、《液压式万能试验机》GB/T 3159—2008、《混凝土物理力学性能试验方法标准》GB/T 50081—2019 等，指标参数见表 4.2-26。

混凝土抗压强度测试系统主要指标参数　　　　　表 4.2-26

项目	指标参数
最大负荷(kN)	3000
试验力示值相对误差	±1%以内
试验力测量范围	10%—100%FS(全程不分档)
变形分辨力	最大变形量的 1/200000
加力速度范围	0.02%-1%FS
加力速度误差	±1%
活塞位移误差	±0.5%
压板直径(mm)	250
上下压板间距离(mm)	170
工作活塞行程(mm)	140
试样规格(mm)	150×150×150
油源外形尺寸(mm)	550×360×750
主机总功率(kW)	3.5
机器人工作半径(m)	1.65
主机质量(kg)	2500

4.3　深度融合式监理管理的组织与实施

4.3.1　深度融合式监理管理模式

华南理工大学广州国际校区一期工程监理（含项目管理）工作在代建单位的统筹下，实行"智慧代建＋智慧监理"深度融合式管理模式，取得了良好的项目管控成效。融合式管理有以下几个基本特征：一是代建单位赋予监理更高级别的项目管理权限和更大范围的管理职责。二是监理单位的项目管理职能组与代建单位合署办公，靠前参与代建单位项目管理，实现快速反应、及时督办。三是监理单位信息化管理平台接入代建单位"智慧协同管理平台"。智慧协同管理平台使各类数据融合管理，一旦项目信息、人员管理、监督检查、质量、安全文明施工等存在问题就可以闭环处理，有效预防和避免安全质量事故的发生。

4.3.1.1　融合式管理的组织架构

根据本项目工期的紧迫性、多地块间协调的复杂性，监理单位组建了以集团副总经理为指挥长，项目管理各职能组和工程监理各专业组均配置专业化力量的团队（图 4.3-1），确保融合式管理机制顺畅运行。

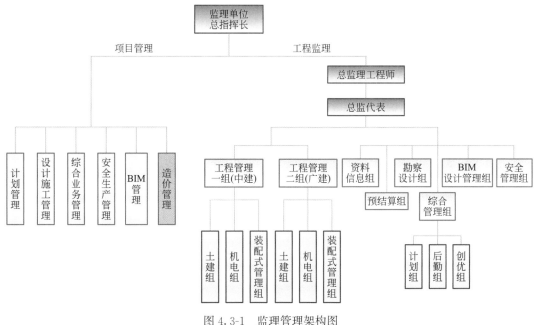

图 4.3-1　监理管理架构图

珠江监理选调管理能力强、专业素质过硬的精兵强将，配置一流管理团队见表 4.3-1，打造一流的项目品质，全力以赴将该项目打造成标杆项目。项目管理组的成员均为通过监理公司内部选拔和代建单位面试考核选出的高素质专业技术管理人员，核心监理人员基本都有大型项目监理工作经验。高峰期监理单位人员投入达 109 人，其中、高级职称比例达 60％以上。

监理团队人员配置情况				表 4.3-1	

项目管理组		监理管理组			
类别	人数	类别	人数	类别	人数
计划管理	2	总监理工程师	1	总监代表	2
设计施工管理	6	工程管理一组	25	安全管理组	10
综合业务管理	2	工程管理二组	25	综合管理组	8
BIM 管理	2	勘察设计组	3	预结算组	8
安全生产管理	4	BIM 设计管理组	3	资料管理组	4
造价管理	4				
合计		109			

该组织架构与代建单位管理组织架构相互融合，与 EPC 总承包单位的管理组织架构相互对应，以项目安全、质量、进度管理架构为核心，以信息、创优、报建、造价、设计、创新管理团队为辅助，对项目管理和工程监理工作进行全面统筹。

4.3.1.2 融合式管理的双路线管理机制

本项目为设计牵头的 EPC 总承包模式的项目，因此项目管理与传统总承包模式的管理有很大不同。为提高项目管理效率，充分发挥 EPC 各单位的管理优势，及时解决项目管理中需要协调解决的问题，经监理组织各参建单位一起专项讨论，项目管理实行双路线管理模式见图 4.3-2。这种模式的特点是每条线路管理都有专人负责，管理工作以 EPC 总承包合同为核心，质量、进度、安全方面的问题以 EPC 施工总承包方为主线；涉及工程设计变更、材料定板、工程款支付、合同争议等重大事项，由 EPC 牵头方设计院出面协调解决；这两条线的管理并非独立运行，重要事宜以 EPC 主合同单位的最后决策为准。通过这两条线路的高效运作，过程中及时解决项目管理遇到的问题，全面提高了项目管理工作效率。

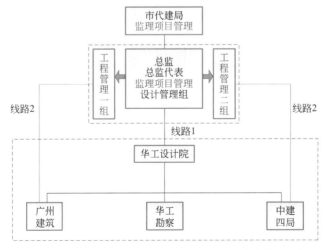

图 4.3-2 项目双路线管理机制

4.3.1.3　采用数据驱动，实施敏捷进度管理

1. 科学筹划总控进度计划

1）时间维度上，进度整体总控

时间维度上对项目进行整体统筹，参与编制并审核项目总控计划，对报建、设计、BIM、施工、创优等各专项计划的时序关系、搭接关系进行审核优化。

华南理工大学国际校区一期工程建设过程中共八个地块，其中 A、S、D、T 地块第一批工程交付学校开学使用；B、C、E、Q 地块第二批工程交付；且每个地块的规模和所涉及的专业工程各不相同，分部分项工程划分的施工内容也不相同，故无法达到整体进度统一的目标，故在招标阶段，该项目分两批交付，也符合合同进度目标要求。

2）空间维度上，地块各个击破

空间维度上，对各地块区域按独立项目合理调配协调资源，各个击破。为保证工程如期交付，项目指挥部将整体进度目标进行分解，把各个地块作为一个独立的工程项目；对各个地块单独策划里程碑节点，如项目开工节点、基础完成节点、±0.000 完成节点、主体结构完成节点、二次结构插入及完成节点、幕墙插入及完成节点、机电安装工程完成节点、园林市政工程插入及完成节点、竣工验收及联合验收节点等。制定周密的工程总进度计划，有利于项目指挥部对现场完成节点进行进度分析，更有利于协调各个地块之间的资源分配。

总控制计划编制并经过各方审批完成后，从中梳理出各个地块的关键工作线路，理清各地块关键工作节点，各个地块施工进度计划均含独立的关键线路，根据关键线路将人、机、料、法、环等资源要素进行细化。项目指挥部制定了各关键节点所需作业人员、管理人员、机械、材料、设备等资源投入计划，通过每日工作面覆盖性排查，核实投入情况是否与计划相符。提前制定合理的施工方案，强化现场施工与设计的沟通联系，尽可能地排除外部因素对关键线路施工的影响。在实际实施过程中，监理进行 PDCA 循环管理，及时发现偏差并进行纠偏，通过关键线路进度严格管控，使项目如期完成并交付使用。

2. 进度管理制度性措施

1）指挥长联席会议制度

为及时解决项目施工过程中遇到的难题和困难，防止有些问题久拖不决而影响工程进度，根据合同条款设置指挥长联席会议制度，各责任主体单位的副院长或副总经理担任本项目的指挥长，代表公司法人履行合同约定的职责，对项目遇到的重大问题及时召开指挥长联席会议，会议由建设单位指挥长主持，通过召开指挥长联席会议，及时解决了现场负责人无法解决的重大问题，能够充分调动各公司的资源，为项目顺利推进起到积极推动作用。

2）重大事项督办制度

监理人员根据全面梳理每次专题会议议定的事项，编制项目重要事项工作清单（图 4.3-3），分类督办事项，确认督办内容，确定责任单位、负责整改人与监理督办人员，保证责任到人，及时进行动态跟踪销项处理，及时推进下一步工作。本工程累计发出 36 期督办工作清单，累计督办完成 272 项重要工作事项，进一步提升了工程推进的速度。

3）设计协调例会制度

为避免项目开展过程中，因设计优化、变更和流程的复杂等问题，导致现场出现窝工

		华南理工大学广州国际校区一期工程重大事项督办情况表 (2019年6月10日)					
序号	事项	内容	责任单位	要求完成时间	进展情况	事项来源	备注
1	地下管廊	目前地下管廊积水严重，并且里面较多机电设备未完成安装；广建和中建施工交接处漏水严重	中建四局 广州建筑	6月30日 6月15日	进行中	6月3日	
2	现场绿化	现场一期绿化存在较多树木枯死情况，草皮未进行修剪，广建年前有进行更换整改，四局绿化部分未开展整改工作且量比较多	中建四局 广州建筑	6月20日	进行中		
3	第一批交付区域电梯	第一批交付区域电梯使用登记证都已办理完毕，但是因PW码的问题，导致电梯未能正常投入使用，宿舍区尤为严重；该项问题年前已进行多方沟通，但是推进缓慢	市重点管理中心 中建四局 广州建筑	6月15日	进行中		
4	第一批交付区域电房、地下室设备机房、电梯机房	第一批交付区域电房、地下室设备机房、电梯机房存在局部毛坯未装修情况；电梯机房线缆外露；C3电房温度过高等问题，需及时整改	中建四局 广州建筑	6月30日	进行中		
5	第一批交付区域连廊	D区连廊排水不畅；S区连廊内部积水严重，并且内部线槽未作架空处理，存在线缆泡水的情况	华工设计院 中建四局 广州建筑	6月12日	进行中		
6	第一批交付区域外墙	部分外墙砖有脱落情况；宿舍区陶板幕墙有高坠情况；存在严重安全隐患	中建四局 广州建筑	6月20日	进行中		
7	智能化、信息化验收	要求施工单位加快一期工程智能化工程推进	中建四局 广州建筑	6月20日	进行中		需于6月20日前进行初步验收
8	B地块实验室	要求广州建筑加快实验室施工进度，及时确定洁净空调专业分包，需选择符合资质且具备相关建设业绩的分包单位实施，保障动物实验中心高质量施工，达到验收标准	广州建筑		进行中		
图例		部分完成，需要完善后续工作			完成		

图 4.3-3　重大事项督办情况表

情况。项目指挥部制定了设计协调制度，每周定期召开设计协调会议，由建设、监理、设计、施工各参建单位派主要设计管理人员参会，施工单位在会议开始前提前准备当天需解决的设计问题，设计单位在会议上进行答疑，做出设计优化或变更意见，由参建各方确认无误后在《设计协调单》上签字。该《设计协调单》用于补充正式的设计变更流程。合理地使用设计协调制度，有助于协调工程推进中的设计问题，及时优化，为项目快速推进创造良好环境。

　　3. 敏捷进度管理措施

　　1) 敏捷施工组织，工序合理穿插

　　（1）地基与基础施工阶段

　　因本项目原地貌为厂房拆迁的硬化地面，满足桩机移机及施工要求，故项目采取"先打桩，后开挖"的方式组织施工，节省了坑底打桩对环境要求的时间。各地块底板面积较大，合理地规划后浇带位置，采取分块流水作业，避免工作面冲突，地基与基础工程按照计划节点顺利完成。

（2）主体结构施工阶段

因主体结构作为各地块关键线路重要环节，施工时间较长，项目指挥部关注二次结构穿插施工节点，及时组织二次结构开展，为后续分部分项工程实施创造有利条件。另本项目部分单体建筑主体结构施工含装配式结构，特别是作为第一批交付工程的宿舍楼。因装配式结构施工工艺不成熟，转换层施工时间较长，项目指挥部重点关注装配式结构的施工进度及资源投入情况，针对性地解决施工过程中产生的各项重难点问题，保障如期完成主体结构节点。

（3）机电安装施工阶段

项目涉及机电安装分部分项工程专业较多（如管道排布、标高、材质、连接方式等），信息较为复杂，以往通过平面图纸管理的方式已不能满足该项目的施工进度，利用 BIM 技术进行管线一体化管理（图 4.3-4），有效提高了监理人员管理效率，减少施工过程中不必要的纠纷。

图 4.3-4　BIM 模型机电管综应用管理

2）灭红控黄，确保节点

由于本项目工期紧迫，在确保安全、质量的前提下，各单位必须合理组织、科学安排，项目进度才有可能得到保障，为提高各单位对进度问题的敏感性，特别是总承包单位的人机料法环的准备工作必须充分，计划目标必须清晰准确，关键节点必须严防死守。如果施工单位执行过程中出现偏差，项目监理单位必须及时了解出现偏差的原因并采取针对性的纠偏措施，如项目偏差小于 3 天亮黄灯，项目偏差超过 5 天，与建设单位一起组织各单位指挥长召开项目纠偏专题会议，监理单位在会议上汇报项目偏差的原因以及总承包单位必须采取的措施，通过灭红控黄措施，项目进度没有出现不可控的偏差，项目按照合同节点顺利交付。

3）数据驱动，敏捷纠偏

按建设单位要求及公司制度规定，规范月报、周报制度，以数据分析总结，预控需要协调解决的事项。本项目建设过程中，累计发出 16 期监理月报，57 期监理周报，确保后续工作有序推进。

监理部根据施工合同的工期要求督促施工单位编制切实可行、合理的总体施工进度计划并认真审核，报建设单位审批同意并下达建设计划，督促施工单位根据建设计划细化每月进度计划。同时，为进一步保障进度控制达到预期的目标，在施工的不同阶段，项目监理部与建设、施工单位统筹制定了"奋战 100 天""决战 60 天""决胜 100 天""再战 60 天"等阶段性建设计划，严格督促执行。每日跟踪各道工序的完成情况，对比分析原计划总结滞后原因，提出进度保障措施的建议和要求。并根据"灭红控黄"的制度，形成数字日报至微信工作群，分析现场整体情况数据，明确各环节推进情况；如遇滞后预警告知相关单位，并通过监理例会、联系单、督办函等形式督促跟踪落实。

4.3.1.4 信息平台赋能，质量安全闭环管理

1. 质量管理重难点分析

1）材料质量管理

对于建筑工程的质量管理工作来说，施工建设过程中需要使用的材料种类众多，在众多材料中能否做到选出满足各项设计参数及使用功能的材料，同时保证最终进场材料与选定的样板材料一致，会直接影响到建筑工程建设施工综合质量及运行阶段的安全性、稳定性；材料中是否存在有毒有害物质还关系到使用过程中的安全性，因而材料质量的把控是质量管理中的重要一环，本项目所有材料必须经过材料品牌确认、样板确认环节，确保使用的材料符合设计、合同要求。

2）防水施工质量控制

针对本项目的防水工程，对于关键部位、关键工序进行重点管控，关键部位实行样板引路制度，监理对关键工序采取全程旁站、加强过程巡视检查等手段，确保防水这一关键分项工程的质量始终处于可控状态。

3）装配式施工管控

本项目装配式建筑达到总建筑面积的 30%，装配式面积达到 15.2 万 m^2，装配率达到了 60% 以上，达到了国家 A 级评价标准。监理单位从装配式深化设计开始，积极采用 BIM 技术对二次深化设计质量进行前置把关，安排人员到 3 个装配式工厂进行全程驻场监造，对装配式构件的施工质量进行全程控制；同时对出厂前的构件进行质量验收，达不到设计要求、存在质量缺陷的一律返工处理；在装配式构件的运输、场地堆放、吊装等工序，能够积极采用信息化手段对安全、进度进行有效控制；同时对竖向构件的灌浆工序全程采用视频化手段进行监控。监理单位通过采取各种措施，高效履职，确保了装配式建筑各项工序质量、施工进度达到了合同要求，也得到行政主管部门的表扬和到本项目观摩同行的高度认可。

4）机电管线安装质量管理

本项目机电安装工程包含电气工程、给水排水工程、通风与空调工程、消防工程及智能化工程；涉及电气桥架、生活给水排水管道、消防管道、防排烟通风管道及空调供回水管道等众多管道。如何在保证各系统的使用功能及装修设计标高的前提下做好综合管线的排布，是机电综合管线安装工程质量管理的要点。

2. 质量管理对策措施

1）网格化质量管理组织

项目监理部建立质量管理组织机构，以总监理工程师为主导，通过网格化分工管理，任命片区质量负责人，辅以各专业监理工程师和监理员，全面细化质量管理职责，责任到人、督办到位、整改及时，为项目质量管理提供了强有力的基石。

2）制定质量监理手段

根据项目特点编制了专项监理细则，明确质量管理程序及措施。实际管理过程中针对质量要点灵活采取口头警告、监理工程师通知单、专题会协调、发函、专项汇报和处罚警示等多种监理手段，质量管理机构定期对工程质量进行全面检查，并编写质量检查通报，将出现的质量问题及时通过口头、联系单、专题会等方式及时传递给施工单位进行整改，并安排专人跟踪落实整改情况，以保证工程质量。

3）施工材料质量管理

（1）材料看样定板前的厂家考察

重要材料的定板之前，监理单位组织参建单位各方代表到工厂现场考察，通过工厂规模、生产能力、产品质量、供货周期、售后服务等方面对比，择优选择主要材料。重点对陶板、钢结构、装配式建筑构件等材料生产厂家进行重点考察，监理单位与建设单位、EPC 联合体单位将考察情况整理形成考察报告，作为后续建设单位、EPC 联合体单位确定材料厂家的依据。

（2）材料采购前的看样定板制度

材料采购前督促施工单位将拟采用的材料厂家资质及相应的证明文件书面报送至监理部审查，审查通过后施工单位准备相应材料样品，监理单位组织代建单位及 EPC 联合体单位检查样品，各方均同意使用并签字后封样，然后存放至监理部指定位置。

（3）材料进场执行可视化验收

项目监理部对所有进场的施工材料进行监理验收工作，查验材料的质量证明文件，检查材料品牌、规格、尺寸等实体质量与材料样品是否相符。若质量不满足要求，监理人员会现场见证不合格材料退场并留存影像资料；如质量满足要求，监理人员和施工人员会在验收牌上会签并拍摄验收合格照片，做到谁验收谁负责，质量可追溯；对主要材料、构件、设备采取监理驻场监造监督；为确保进场材料质量符合设计及合同要求，针对装配式构件、钢结构构件、幕墙陶板材料组建监理监造团队驻场监造，从源头狠抓工程质量，确保进场材料、构件的质量。

4）安装工程质量管理

充分运用 BIM 技术。本项目在施工前已由设计单位完成了 BIM 机电管线综合设计，监理部组织设计单位及施工单位对 BIM 机电管线综合设计图纸进行设计交底，对管线密集区域及易出现管线交叉问题的区域进行审核。利用 BIM 技术进行错、漏、碰情况进行分析，总计查出 70 多项问题，设计单位及时对上述问题进行纠正，为项目设备安装顺利安装创造良好的工作条件。

严格执行先交底再施工规定。在设计交底中明确的管线密集区域及易出现管线交叉问题的区域安装管道时，监理工程师应加强施工现场的质量巡视，必要时可旁站监理来督促施工单位严格按照管线综合排布图安排不同工种按工序进行交叉作业。严禁出现各分包班组为了自己施工方便私自抢占非本专业的施工位置及违反工序施工的情况出现，监理严格按照通过 BIM 审核的方案检查各单位管线安装顺序、位置，对个别不按照方案组织实施的及时纠偏。

5）关键工序样板引路制度

关键工序在进行大面积施工前执行样本引路制度，根据设计要求做出具体施工顺序、工艺做法、实际使用材料的工程式样，包括重要的部位、关键的节点、新工艺新材料的应用等。样板施工完毕后，组织甲方、监理、总包进行联合验收，验收通过后，作为对照标准，在本项目实施阶段，监理重点对钢筋工程、模板工程、混凝土工程、钢结构工程、装配式安装工程、防水工程、屋面工程、二次结构工程、主要部位的装修工程、机电安装等工程实施工序样板引路制度，通过工序样板引路制度的实施，工程质量明显提升，为项目顺利完成并完成项目创优目标提供了有力的保证。

督促总包单位在施工队伍招标前，组织参观学习研究总包所做样板，确定是否参加投标。进场后由总包技术人员进行技术交底，然后各施工队伍进行己方样板施工，验收不通过，队伍淘汰；验收通过后方可依照样板展开大面积施工。

6）隐蔽工程可视化验收

在隐蔽工程完成后下道工序施工前，监理人员组织总承包单位对现场施工质量进行全面验收，对照设计要求、规范要求和专项施工方案核对现场工序质量情况。各方验收质量满足要求，验收人员会签工程验收单，同意隐蔽验收合格，验收人员会签验收牌并拍照留底，由监理部及各相关单位留存好可视化隐蔽验收影像资料，做到验收履职可追溯，同时监理人员在工程巡视阶段，利用BIM的虚拟化、可视化的特点，及时对工程质量进行管控。

7）加强对专业施工人员的技术管理

由于装配式相对现浇结构在目前市场上存在时间较短，普及程度不高，相关的专业技术人员和专业施工操作人员缺乏严重，设计单位缺少装配式建筑设计人才，无法进行专业的指导，加上本项目装配式应用占比较大。因此，监理单位从源头出发，借用公司类似的装配式施工经验，编制了《华工项目装配式专业技术交底手册》，内容涵盖项目装配式的特点、关键节点、易损部位以及通过BIM分析得出的安装卡壳部位；由监理单位组织对专业施工人员进行专项技术交底，通过工艺评定判别筛选优秀和熟练的操作人员，从而确保该工序质量达标。

装配式厂家质量控制以及运输质量监控。一般情况下，装配式构件均在工厂内生产，其构件具有强度高，表面观感好，蜂窝、麻面等混凝土质量通病较少等优点，但也会存在一些其他的质量问题，如：（1）由于钢筋加工时的截取长度往往在规范允许的负偏差范围内，若预留钢筋一端长度偏长，则另一端预留长度将无法满足规范和设计要求；（2）叠合板格架钢筋架设高度不足，影响机电管线的后续施工；（3）运输过程中由于承运司机的保护意识较弱，且路途颠簸，易磕碰损失。因此，监理单位委派专业人员驻厂监造，强化过程监控，对每个构件的生产过程进行质量把关，形成检查台账；建立合格构件准出证制度，等于给每个构件建立了身份证；在运输过程中指派人员跟车，结合路况对车队责任人提出行车要求，减少因运输不当造成的构件损坏。

装配式现场施工质量管理。在构件正式吊装前，项目监理部采取事前、事中、事后控制措施确保构件拼装的质量、预制构件吊装质量。监理人员在预制构件施工过程中，对预制构件吊装、灌浆及混凝土浇筑过程进行全程旁站监理，如发现不符合施工流程或其他影响施工质量的问题，立即制止并纠正，如实记录旁站过程中的情况。对构件灌浆的关键工序，监理人员会将构件一一编号，全程视频记录施工过程，做到过程可追溯，严格把关装配式施工质量。

8）关键工序旁站监理

监理人员会对关键工序及部位进行旁站监理，全程监控施工质量：施工前监理人员核查关键工序及部位的施工方法、程序是否按已批准的施工方案执行，是否按施工图纸及施工技术操作规程和质量标准要求施工；检查施工单位安全管理人员、技术负责人、班组长等管理人员到场情况，检查作业人员持证上岗情况；检查施工人员事前安全教育、技术交底情况，检查现场是否具备作业条件。监理人员密切注意施工过程中是否发生了不利于工程质量的变化，诸如施工材料质量、混合料的配合比、施工机械的运行与使用情况、计量设备的准确性以及工艺和操作情况是否始终符合要求，并及时控制和纠正。配置合适的仪器，在旁站过程对施工工序质量情况进行监督、检查、测量，监督施工单位按规定制作见证送检试件。检查施工单位对工序或部位施工过程中检测的数据，检查施工过程是否正常真实做好原始记录，不同的旁站监理人员交班时必须做好工作交接工作，并做好旁站记录，同时旁站过程留下影像资料。

9）建立 WHS 质量控制点

由监理单位牵头制定 WHS 质量控制点，经各方共同确认后下发给施工单位严格执行；分别编制一级和二级质量控制点，并逐点相连，明确项目推进各阶段的质量控制网，从而将质量控制在预期目标内。

W：见证点，主要针对重要原材料、关键检测工序、关键变更以及重大签证事件，通过监理部组织各单位的专业人员共同参与见证事件的合规性及优良性，确保相关工序的结果符合要求。

H：停工待检点，主要应用于涉多专业交叉的关键部位或交集处、经过 BIM 验证需要停工待检的部位以及涉及重大变更实施过程中的验证；通过该项制度，使上述部位能够在严谨的检验和验证下，质量达到设计标准。

S：旁站点，主要针对常规的隐蔽部位的有关工作，也可以将管线跨穿复杂部位或受施工干扰大的部位，在幕墙施工重要节点、装配式工程的重要施工节点设置旁站点，通过有关人员的旁站监督，促使重要部位的隐蔽或施工符合要求。

10）关键工序监理交底制度

在项目初期，监理单位通过分析研究项目重难点，结合图纸及规范要求以及过往的管理经验，编制《关键工序交底实施准则》，列明由监理单位组织的需交底的工序和计划。本项目施工过程中，在关键工序（如关键部位的防水、梁柱节点钢筋制作及绑扎、装配式构件安装、幕墙工程陶板安装、数据中心管线安装等）施工之前，由总监理工程师组织对上述关键工序的质量控制要点进行培训，结合 BIM 虚拟化及可视化性能，培训效果得到明显提升，为工程质量控制打下良好的基础。

针对桩基础施工、主体结构施工、装配式施工、装饰装修、幕墙和机电施工等不同阶段，监理单位依托其专家和顾问团队，结合现场实际施工需求，由专业团队和监理单位专业监理工程师组织对施工单位有关人员进行交底并留存记录。运用 BIM 模型和动画演示，使工序交底工作一目了然，真正做到交而有用，心中有底。

11）质量联查联巡制度

由监理单位组织各参建单位制定质量联查联巡制度，分别有周巡、月巡和专业巡查三种，主要针对日常的质量活动和质量成果进行联合勘验，对专业工序质量进行多方验证。

周巡主要由专业监理工程师组织各单位质量总监及建设代表对日常的质量工作成果进行检查和评价，初步筛选成果优异的个人或班组报指挥部备案；月巡由监理单位指挥长组织各参建单位指挥长对阶段性质量成果进行巡查，同时对周巡优异结果进行评定审核，经审核后对相关班组进行通报表扬和奖励，对排名末位的进行通报批评直至退场；专业巡查主要针对工序重要及复杂部位，多数应用于装配式结合处、重要的设备安装及管线交叉复杂的位置，通过参与单位的专业巡查，及时发现并解决现场存在冲突之处，及时清除质量隐患或提出优化的意见。

12）建立视频查验制度

结合深化落实对质量控制可视化的管理要求，监理部根据项目特点，编制建立了视频查验制度，该制度主要依托远程办公系统和可视化验收制度以及移动视频系统，通过视频查验制度的落实，使现场质量管控处于项目的二审机制中，从而使质量状态始终符合管控要求。其主要运作机制如下：建立视频查验组，该组成员由监理部人员及公司专业人员组成，组员随机，组长为项目总代及以上人员组成；按照项目阶段及工序重要性，对监理部人员的可视化验收视频及移动视频内容进行查验，如实记录合格、违规、不符合三种情况并注明处理意见，有影响重要指标的质量隐患，立即上报总监理工程师下发返工通知书进行整改；阶段性汇总视频巡查工作报告，向监理公司和建设单位书面汇报。

3. 安全管理重难点分析

安全管控是监理工作的重要内容，本项目的安全管理目标高，必须创建广东省安全文明双优工地，华南理工大学国际校区一期工程占地面积 30 公顷，由 29 个单体建筑组成，最高 18 层，起重机械投入量大，其中塔式起重机 34 台、人（货）梯 27 台、汽车式起重机和高空车达到一百台以上，施工作业高峰期投入人员达 8000 以上，主要安全管理难点包括：管控区域大，"六个百分之百"管理难度大；施工作业面多、参与人员多；现场垂直起重机械多，特种作业人员需求多；现场施工车辆多，交通疏导难度大；现场临时用电情况负责，管理难度大；现场临边洞口多，防坠落管理难度大；不规则幕墙多，安全管理难度大。

4. 安全管理对策措施

针对本项目安全管理的难点，监理单位积极采取应对措施，组建以总监理工程师领导下的安全监理团队，现场设安全总监 1 名，安全员 10 名。根据珠江监理咨询集团的安全管理要求，实行全员安全管理制度，即专业监理工程师对自己负责区域负有安全管理责任。在安全管理方面，主要采取以下措施：

1）事前控制

事前重点控制 EPC 联合体单位安全管理体系架构的建立、严查各责任主体单位人员到位情况及履职情况，对于没有严格按照合同到位的责任主体单位严格按照合同条款进行处罚，直至到位情况符合要求。监督施工单位对进场人员三级安全教育落实情况，要求利用 BIM 技术、AR 技术进行交底。审核不同阶段的总平面布置方案，采用 BIM 技术对方案的可实施性、合规性进行审核。对安全管理方案、超过一定规模的危险性较大的分部分项工程方案进行重点审查，参与专家论证会议，及时审批各专项安全施工方案。监理部共核查审批《安全生产文明施工专项施工方案》《重大危险源专项安全施工方案》《基坑支护及土方开挖施工方案》《模板工程专项施工方案》《防台、防汛和高温季节方案》《春节期间应急预案》等阶段性安全管理方案 79 份。编制《安全监理方案》《重大安全隐患制度报告》《应急预案》等 10 份安全类监理方案、细则。用于指导监理人员的安全管理工作。项目开工之前，会同建设单位、EPC 联合体单位根据项目招标文件、项目总承包合同以及法律法规制定适合本项目的安全文明施工管理办法，明确各项违规处罚措施。

2）事中控制

（1）严格落实三级管理

严格执行企业三级管理制度，公司级管理主要方式为：对分公司、项目部实行项目督查考评、安全督察、红黄牌制度、问责制度。

（2）信息化手段

采用信息化手段，加强人员管理，确保无死角。严格按照要求实行实名制管理，利用一卡通门禁系统进行管理，录入身份证信息以及工种所属劳务公司等信息，刷卡进入施工现场，将现场人员按劳务公司以及工种进行分类管理，相关信息传递到智慧管理平台，包括政府主管部门、代建单位通过智慧管理系统能够实时了解现场劳动力资源投入情况。

（3）加强对特种作业人员管控

本项目特种作业人员包括桩基础机械施工作业人员、塔式起重机、施工升降机司机、司索、电工、焊工、脚手架搭设等作业人员，针对其数量大、人员流动大的特点，监理人员重点审查作业人员资质，通过实名制系统、现场巡视抽检等手段，确保上述作业人员符合资质要求。

（4）严格执行安全巡检制度

监理人员每天定期组织各单位安全管理人员对各施工区域进行全方位无死角的巡视检查，对起重设备安拆、钢结构吊装、装配式吊装、脚手架安拆等部位采取旁站监理。对施工"现场临时用电、高处作业、三宝四口五临边"等部位重点检查，检查其是否按照监理审批的方案实施。监理部日常巡视发现安全问题，及时督促总承包单位整改，并下发安全隐患整改通知单，相关责任人跟踪施工现场整改情况，并建立销项清单，相关整改通知及闭合资料均在智慧管理平台留档。

（5）夜间施工安全管理措施

由于本项目工期目标的紧迫性，需要夜间施工，监理单位严格执行夜间施工管理方案，主要采取以下措施：一是落实 24 小时连续施工的保障措施。配备足够的人员，尤其是主体结构工序的作业人员必须按照两班制考虑。监理部与施工单位共同设置夜间施工监督员，进行夜间施工巡视，确保夜间施工的安全进行。项目部其他人员保持 24 小时通信联络。针对夜间施工中出现的中间验收，提前制定验收计划，各方做好夜间验收的准备工作，安排专业监理工程师及时进行隐蔽验收，为项目顺利推进提供有力支持。二是常规的夜间施工保障措施。组织施工单位在施工前检查夜间施工现场的光源位置安排，重点检查现场在临边、洞口等事故易发位置，确保其满足夜间施工质量、安全等对照明需求。

（6）机械高负荷条件下的维保要求

鉴于项目起重吊装量大，机械设备长期处于满负荷工作状态，为确保施工机械性能良好，防止安全事故发生，经与各方协商一致，塔式起重机、人货梯、施工吊篮等机械设备由每月保养一次，提高至每月两次（部件润滑、传动系统、基础轨道、连接部件、制动及限位机构、吊索具、金属连接件、电气控制系统）维保，以保障设备安全。

（7）极端天气条件安全管理

针对极端天气情况下安全管理，项目监理部结合施工地所在区域及项目自身特点编制具有针对性《防台风、暴雨灾害应急预案》。通过预案，有针对性地加强应急管理体系建设，制定和完善应急预案并持续改进，对事故的发生有预测、有预警、有预案，确保事前防范充分，事故发生时能果断有效地应对，加强突发事故处理的综合能力，提高应急救援的快速反应和协调水平，保证对各类事故的预防和处置能力。项目部和相关人员应根据本预案对安全事故进行有效处置，最大限度地减少安全事故及其造成的损害，在最短时间内使项目部恢复正常运行。

在 2019 年 9 月"山竹"超级台风来袭期间，监理部安排人员 24 小时轮流值班，每一小时将项目现场情况汇总整理上报参建单位沟通信息群，做到了 24 小时应急待命，并且为台风过后快速复工复产做好了保障工作。

（8）文明施工监理管理

面对施工场地大、土方开挖量大、扬尘污染治理难度大的实际情况，施工单位按照《广州市建设工程扬尘防治"6 个 100％"管理标准图集（V1.0 版）》制定了项目的"六个百分之百"实施专项方案，监理部安排专人与施工单位一起，采取了专项检查、日常检查、采取集中整治、专项整治等一系列行之有效的果断措施，项目的"六个百分之百"方案取得很好成效。在项目建设期间，广州市番禺区组织在建项目观摩了本工程现场扬尘防治"六个百分之百"的管理成效，对现场扬尘防治成果表示肯定并给予高度评价。

（9）安全回炉再热制度

针对现场施工人员安全违规违纪行为，对违规的队伍或者班组做暂停现场施工处理，劝返项目部重新进行安全教育交底并观看安全警示片，考核安全知识，考核合格后才能返岗，这样既避免单一的经济处罚容易导致的现场矛盾，也能大大增加施工人员的安全意识，根源上提高现场安全管理成效。

（10）无人机安全巡飞机制

在安全管理中，难免有一些纯人力所无法查验到的部位，为了弥补这一缺失，监理单位在公司的支持下，建立了"无人机安全巡飞制度"，并接入公司远程信息系统和指挥系统，实时同步巡飞画面。其主要应用于：①大体量同施工以及危险性较大工作作业，由监理单位专业人员和安全管理人员共同对该部位进行无人机巡飞，通过 360 度全方位查验其安全生产的落实情况，及时发现隐患并发出警示。②垂直外立面的安全巡飞，在管理人员无法或不便于查看的状态下用此方法进行补充。比如深基坑侧面，可以利用无人机查看渗漏水情况；外脚手架的外立面，可以利用无人机巡查纵横立杆的连接处是否稳固，利用不同视角查看架体变形是否在允许范围内等。

5. 监理信息化管理平台

监理单位根据项目特点提出开发需求，定制开发了珠江监理信息化管理平台（图 4.3-5）。

该平台主要由标准化菜单及项目门户组成，可以全面查看项目履职管控情况。标准化菜单包含 15 个一级菜单、120 个二级菜单，涵盖了"四控两管一协调"所有工作模块，按照事前、事中、事后的管理逻辑进行设计，大大提高了公司的标准化管理能力，包括工作清单标准化、管理流程标准化、管理要求标准化。主要有以下特点：

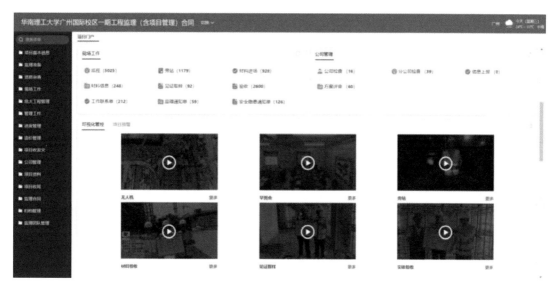

图 4.3-5　珠江监理信息化管理平台

1）管理运作规范化

内置国家、行业、地方、企业标准对项目管控的要求，项目监理部人员根据授权，可以随时查阅相关资料。

2）注重事前管控

项目实施前，完善项目基本信息，完成监理规划审批、危险源识别，做好分部分项划分策划，审查各单位及人员资质，检查施工准备情况，为项目顺利实施打好基础。

3）工作模板标准化

系统为各管理动作提供工作指引，例如在模板内置检验批验收的主控项、一般项，告诉项目人员该怎么干，验收时候在手机端逐一落实登记这些项目。

4）自动生成表单，提高管理效率

系统可以关联获取旁站、巡视、材料进场、验收等履职记录及问题照片，按照《广东省房屋建筑工程竣工验收技术资料统一用表》的模板，自动生成监理通知单、安全隐患通知单、工作联系单等，减少了重复劳动，提高了工作效率。这些单据的问题描述及问题照片是关联获取的，只要加上整改要求，就可以从系统打印发文。

5）主要履职动作实现手机办公，方便快捷

旁站、巡视、材料进场、验收等主要现场工作及过程中发现的问题，均可在手机端进行实时记录，并作为发起后续管理动作的数据来源。

6）管理数据自动生成台账，清单化管理

危大工程台账、巡视、旁站、材料验收、见证取样、实体验收、监理发文等关键履职动作台账信息，实行清单化管理。

7）关键履职动作视频化管控，放心可追溯

无人机巡飞、早班会、材料进场验收、见证取样、实体验收、旁站、项目会议等，都要按照实际履职情况拍视频上传系统。一手信息透明，倒逼管理提升；线上检查履职，员工精准考评；全程录像保存，责任可追溯。

8）实施 PDCA 闭环管理，问题清零

问题跟踪台账，可以便捷查看所有检查发现的问题及处置闭合情况；若有待销项，系统会提示监理人员及时督促整改、闭合销项。

6. 智慧工地质量安全巡检系统

监理单位与 EPC 总承包单位共同构建了互联互通的质量安全巡检系统（图 4.3-6），实现不同单位之间的信息协同，实现施工风险的预判预控，质量安全隐患问题排查整改，问题类型的大数据分析和持续改进。系统会记录隐患排查、问题整改等流程数据，为追溯提供可靠依据。项目部人员通过移动应用，更加重视过程管控，主动排查督促整改，形成"日事日毕"的现场管理体系，实现数据上线化，流程信息化。

图 4.3-6　智慧工地质量安全巡检系统

4.3.1.5　协同管理思维，进行主动造价控制

华南理工大学广州国际校区一期工程属于 EPC 总承包项目，将设计、采购、施工相互融合；工程实行全过程限额设计和施工；严格控制每阶段投资目标，结算总金额控制在审批的概算金额内。

1. 落实限额设计

决策阶段，根据代建单位要求和设计标准，形成投资估算，合理确定投资控制目标，编制一级限额控制指标作为方案设计的约束条件；设计阶段，根据项目工作内容、合同结构分解决策阶段的投资控制目标，编制二级限额控制指标作为初步设计的约束条件，并形成初步设计概算，在此基础上编制三级限额控制指标作为施工图设计的约束条件，并形成施工图预算。

设计阶段的投资控制是整个项目投资控制的重点和难点。EPC 总承包单位根据制定的限额设计指标并结合勘察设计施工总承包合同约定和批准的可行性研究报告，提交本项目各专业工程和各阶段造价限额设计量化指标。做到工程使用功能不减少，技术标准不降低，工程规模不削减，投资费用不超限，实现使用功能和建设规模的最大化，投资成本最优化。监理单位造价工程师审核 EPC 总承包提交的限额设计量化指标，并会同参建单位进一步商讨各专业工程和各阶段的概算控制目标值，督促 EPC 总承包单位进一步优化超可研部分，在满足使用功能的前提下控制对应造价，做好造价预控工作。

2. 持续设计优化

为了项目投资可控，监理单位不定期组织 EPC 单位召开会议，对各专业各阶段的投资情况进行分解、跟踪、控制。要求设计单位优化超出限额设计指标，分析超出限额设计指标的具体内容，通过设计优化工作控制投资金额。

开展设计优化工作后，共提出了 130 多条意见，受功能需求和规范制约，最终采纳 10 大类 98 条优化意见，10 大类优化分别是：建筑优化、幕墙优化、市政优化、空调与通风工程优化、智能化工程优化、电气工程优化、景观优化、室内装饰优化、结构工程优化、给水排水工程优化。

3. 施工造价管理

在施工阶段，监理单位协助代建单位通过编制资金使用计划、及时进行工程计量与结算量复核、预防并处理好工程变更与索赔，有效控制工程造价。

编制资金使用计划是在工程项目按地块分解的基础上，将工程造价的总目标值逐层分解到各个地块，形成各分目标值及各详细目标值，定期地将工程项目中各个子目标实际支出额与目标值进行比较，以便及时发现偏差，找出偏差原因并及时采取纠正措施，将工程造价偏差控制在一定范围内。

4. 结算造价管理

针对本项目的特点编制结算管理办法。在结算资料整理、结算书编制阶段由代建单位牵头，组织参建各单位在规定时间内按合同及本项目要求提交竣工结算资料及结算书。监理单位严格按合同条款、管理办法和事实依据开展结算审核工作。

4.3.1.6　创新监理管理，取得丰硕实践成效

本项目通过监理公司 RD（创新与应用）课题立项，以"智慧监理项目管理模式创新研究与应用"为课题研究方向，通过研究如何利用一系列技术手段，提升监理工作的品质，达到高效管控的目的，该课题一共分为三个子课题，分别是：基于无人机＋远程信息传输技术的项目管理应用研究、基于智慧云平台的工程项目管理应用研究、基于 BIM 的建筑信息一体化的工程管理研究。该课题主要研究监理部如何更好地应用无人机＋远程信息传输技术、智慧云平台、BIM 技术，总结这些技术在提升施工质量、协同管理、提高管理效益等方面的应用成效，总结智慧监理平台应用的成功经验，为提升项目建设管理水平、研究解决应用问题、带动全行业开展智慧监理应用做出有益的探索。课题成果发表了三篇论文，分别为《基于无人机＋远程信息传输技术的项目管理应用研究》《基于智慧云平台的工程项目管理应用研究》《基于 BIM 的建筑信息一体化的工程管理研究》。

4.3.2　智慧监理管理

通过智慧化信息技术手段的应用进行项目管理已成为我国工程建设行业实现跨越式发

展的必然趋势。智慧化信息技术应用对传统的建造模式及管理运营模式都产生了深远的影响。基于项目管理的智慧信息系统存在着利用率不高、技术发展不完善等问题，造成了资源的闲置与浪费。华南理工大学广州国际校区一期工程项目是广州第一个全信息化施工的智慧工地项目，监理单位也引进了多种先进技术用于施工管理，对 EPC 模式下的监理辅助管理起到良好的效果，通过这些新技术的应用，使监理单位在项目管理上的手段和方法更加先进，全面提升监理工作的效率与质量。

4.3.2.1　基于智慧云平台的工程项目管理

本项目利用智慧云平台八大系统，实现人、材、机、法、环五大工程要素管理，真正达到智能化管理要求。

1. 质量控制系统

应用云平台进行可视化质量管理、销项清单管理，使工程质量信息能够快速传达至各级工程管理人员。记录各个工序验收情况，能高效地反馈现场施工中存在的问题及整改落实情况，实现过程可追溯管理。通过质量问题归类统计，使现场质量管理有明确的方向性。

2. 进度控制系统

通过工作计划及进度输入实现多方共享、随时随地查看，便于统一工作目标和协同工作，减少层层汇报，提升工作效率，并且直观反映各工区进度滞后情况，以便现场有针对性地开展进度管理工作，提高进度管理工作效率，避免了繁琐的进度分析工作。

3. 投资控制系统

通过云平台辅助造价管理，变更事项及证明材料及时整理记录，便于工程结算推进。

4. 变更控制系统

通过云平台登记变更事项，与图纸电子化进行核对，方便监理人员实时掌握图纸变更事宜，加强现场联动。

5. 合同管理系统

通过云平台登记各参建单位合同台账，协助业主掌控总包、分包、第三方服务单位的合同履行情况及工程款支付情况。

6. 安全管理系统

通过将特种作业人员证件信息、起重设备检测维护信息录入云平台，加强人员和设备管理，证件到期或者检测失效前发出预警，提高管理工作效率，避免遗漏或者繁琐的对比工作。

7. 文档管理系统

通过云平台资源存储，进一步落实无纸化办公，并且在现场随时可以查阅规范、图纸、方案，支持现场高标准管理工作。

8. 组织协调系统

通过云平台各参数核对出现的预警项，及时组织总承包单位进行销项管理。未能达到预期效果的事项及时向业主单位汇报并协同解决，真正地提高监理协调管理效率。

4.3.2.2　基于无人机＋远程信息传输技术项目管理

1. 利用无人机进行项目场地规划布置

在项目前期准备阶段，使用无人机进行全方位扫荡式拍摄形成最初的地貌形象资料，配合相应的 BIM 软件后期建模处理（图 4.3-7）。这不仅对后续施工过程建立 BIM 模型使用提供了数据支撑，更能为项目带来直观的信息指导。根据无人机摄取的地形数据生成施工规划平面布置方案，有利于规划办公区域、生活区域、材料堆放场地、钢筋加工车间、各类施工车辆临时停靠处、车辆行驶路线、制作场地及现场责任分区等，高效合理划分项目用地，为后期项目管理打下坚实的基础。

图 4.3-7　无人机＋BIM 形成场地布置图

2. 利用无人机进行进度节点管控

项目利用无人机设定飞行路线，其飞行轨迹为圆形，每日对现场施工情况进行定时定点巡查。通过无人机的摄像功能记录现场当前的形象进度，经过对比过往图像并结合施工进度计划判断现场各施工区域的进度节点情况（图 4.3-8），从而获得工程滞后情况，及时纠偏。

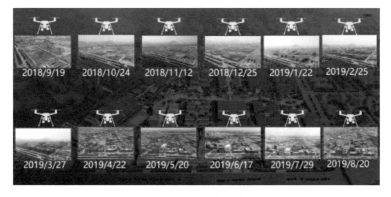

图 4.3-8　项目月形象进度对比图

3. 利用无人机进行安全管理

由于项目占地面积较大，施工现场必然存在危险源，造成安全管理压力较大，因此利用无人机进行巡查，及时做好防范措施是安全管理的一项重要工作。安全管理人员每日必须巡查基坑、边坡、临空面、临水面边缘栏杆和警告标识的设置情况。利用无人机低空遥感技术提供的图像数据可以定期监控危险源的分布并跟进施工单位防范措施的落实情况。

在危险性较大的分部分项工程作业期间，形成了安全管理盲区，增加了安全管理难度。因此，可使用无人机在施工现场对危险性较大的分部分项工程进行安全巡查管理，为管理人员与施工人员提供安全保障（图 4.3-9）。无人机飞行能抵达难以上人的空间领域，减少视觉盲区，监管工人进行高空作业是否佩戴安全防护用具，监管从事高空作业和外脚手架搭设、拆除作业的工人是否使用坠落悬挂安全带，监管建筑施工场地内作业工人是否按要求佩戴安全帽。对未按要求佩戴安全防护用具的施工人员，管理人员可使用无人机配备的喊话器进行口头提醒，保障施工人员的生命安全。

图 4.3-9　无人机安全管理巡查情况

4. 利用无人机红外热感检测进行消防安全管理

无人机可搭配红外热像仪对施工现场易燃点进行持续扫描。被检测的易燃点辐射的红外线能量入射到垂直和水平的光学扫描镜上，通过目镜聚集到红外探测器上，将红外线能量信号转换成温度信号，经放大镜和信号处理器，输出反映物体表面温度场热像的电子视频信号，在终端显示器上直接显示出来。

通过大面积持续记录现场易燃点的表面温度信息，及时发现处于爆燃临界点的隐患，及时配备消防设备，消灭危险源，达到消防安全管理要求。

现该技术还将用于检测房屋工程外墙缺陷（如空鼓和剥落、裂缝、饰面粘贴质量）等土木工程领域。

5. 利用无人机进行安全文明施工管理及现场形象宣传

通过无人机的拍摄功能，巡查现场安全文明施工情况，核对施工单位安全文明施工方案，及时进行管理调控，有效地提高项目整体安全文明施工形象。对无人机拍摄的高质量图片或视频进行加工、整理、留存，可作为项目或公司的形象宣传使用。

6. 无人机＋远程图像信息传输

利用 HDMI 数据线（高清晰多媒体接口线）连接无人机手柄与视频采集卡，通过采集卡把无人机画面传输至电脑端（图 4.3-10），然后通过网络通信平台以投屏的方式将实时画面传送到会议室。邀请公司企业负责人召开视频会议，把无人机画面设置成本地摄像头终端，实时传输无人机画面（图 4.3-11）。

图 4.3-10　电脑端图像与无人机图像同步　　　图 4.3-11　远程图像信息传输视频会议

通过无人机＋远程图像信息传输技术，让各单位企业负责人实时了解项目整体情况，进行资源调配工作。避免企业负责人因单位承建的工程项目较多疲于路程奔波，无法做到及时知悉，及时调控。更能通过该技术与潜在客户在视频会议中进行深层次的交流，展现工程管理的新面貌。

4.3.2.3　基于 BIM 的建筑信息一体化项目管理

1. BIM 辅助设计管理

利用 BIM 模型进行图纸审查（图 4.3-12），图纸问题在模型中得到直观展现。对设计成果进行可视化展示，可以直观地理解设计意图，检验设计的可施工性，直观获得图纸相互矛盾、无数据信息、数据错误等方面的问题。将 BIM 模型汇总整合后，通过碰撞检查可以进一步发现各专业图纸间的问题，大大提高了图纸检查的质量和可预见性。可在图纸会审会议上汇报各专业问题，使参建各方可基于 BIM 三维模型进行可视化图纸审查，大大提高图纸会审会议的效率与质量。

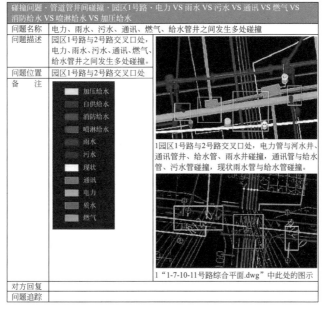

图 4.3-12　利用 BIM 模型进行图纸审查

利用 BIM 技术辅助深化设计，可大大加强深化设计对施工的控制和指导。以机电工程为例，要求施工总承包单位通过 BIM 模型对机电专业管线进行综合排布，在综合排布过程中需将发现的碰撞问题进行归类整理并修改、记录，综合排布后得出净高分析图交建设单位确认，建设单位确认各地块净高均达到要求后，安排制作深化设计图，监理单位按照深化设计图严格执行现场机电管线安装验收，避免在安装过程中各专业管线出现碰撞返工现象，保证项目质量与进度满足合同要求。

2. BIM 辅助进度管理

利用 BIM 的可视化与模拟性特点，在 BIM 模型基础上增加进度时间轴，动态分析施工方案以及施工进度，在建设前对建设过程进行模拟和优化，精确、直观地展现施工进度和施工流程。利用 BIM 4D 模型，可在建设过程中精确掌握施工进度，结合现场实际施工进度情况进行对比，可动态、直观地了解各项工作的执行情况。通过进度模拟情况与实际进展情况对比，分析项目计划实施偏差，及时预警、调整计划，实现完整的可视化的进度管理，这种管理方式有利于管理人员进行针对性的工作安排。

3. BIM 辅助质量管理

在面对复杂节点或复杂工艺的施工时，利用模型或施工模拟动画辅助监理人员进行施工方案的复核审查。通过模拟方案现场实施过程（图 4.3-13），更直观地展示方案的可行性。对一些危险性较大的分部分项工程施工方案或者新材料、新工艺、新技术工程施工方案提前进行模拟，及时发现问题并修改方案，大大提升工程质量安全管理效率。

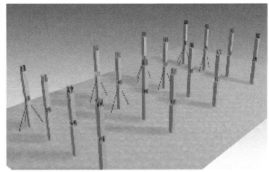
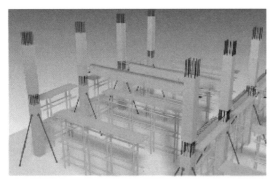

图 4.3-13　利用 BIM 模型模拟现场施工

用传统的管理模式进行现场检查，需携带大量图纸，对照现场与图纸进行校验，但此方式复杂、繁琐，工作效率不高，为解决以上痛点，可手持移动设备利用 BIM 技术对施工现场进行管理（图 4.3-14）。通过手持设备，管理人员可在施工现场实时查看 BIM 模型，通过预先制作的视点，在巡查中核对重点关注的位置、事项。如发现现场与模型不符之处，截图保存当前视角，并现场拍照，将截图与现场照片对比照片作为整改文件，添加至监理通知单发至施工单位，要求整改。

4. BIM 辅助安全管理

在安全管理中，利用 BIM 布置现场安全设施模型（图 4.3-15），提前规划安全路线，并根据各阶段的建筑模型仿真火灾逃生情况，火灾逃生路径上有针对性地布置临时消防装置，使在火灾发生时人员可以安全撤离现场，降低损失。

图 4.3-14　手持移动设备巡场

图 4.3-15　BIM 布置现场安全设施模型

对项目管理人员进行防护设施模型布置的可视化交底，确保管理人员对布置理解内容。并利用模型的三维标准化设计及可视化布置提高对劳务人员的交底质量及效率，保证现场布置与设计方案一致，提高项目安全交底成效。

5. BIM 辅助造价管理

通过将清单价格信息导入 BIM 平台，按照项目管理要求进行项目分解、关联进度计划形成完整的 BIM 5D 模型，利用 BIM 5D 平台的汇总计算功能，按照不同的维度、不同的范围、不同项目部位、不同时间段或者根据其他预设的属性进行实时工程量统计分析，并且可以将预算成本和实际成本等不同成本进行对比，实现多算对比，风险预警。

4.3.3　信息化系统专项监理

4.3.3.1　信息化系统简介

根据整体规划，华南理工大学广州国际校区一期信息化系统包括 12 个子项，即：网络及语音系统、数据中心设备和公共服务平台、应用基础平台和业务系统、用户服务系统（师生服务系统）、信息网络安全系统、校园虚拟卡系统、智慧课室、智慧实验室、安全保卫系统、校区中央管理平台、绿色节能管理系统、学科建设和学生创新系统，具体如下：

1. 网络及语音系统

包括校园网网络系统（含有线、无线网络系统）、多业务智能专网系统及配套管理软件、软交换语音系统。

2. 数据中心设备和公共服务平台

包括数据中心配套供电、恒温恒湿、监控等系统、互联网技术基础设施、大数据平台、软件正版化系统等。

3. 应用基础平台和业务系统

包括智慧校园统一认证平台、智能融合门户平台、数据交换平台、校园地理信息系统、人力资源管理系统、科研管理系统、本科生教务系统、研究生教务系统、在线学习平台、实验教学管理信息系统、协同办公系统、组织干部系统、学生全生命周期管理、设备购置审批系统、资产管理系统、财务管理平台、招标管理系统、审计管理系统、网站群系统、校内交流平台、教师个人主页系统、档案管理系统、网上行政服务中心。

4. 用户服务系统（师生服务系统）

包括信息服务大厅的设备配置、办公室呼叫中心的设备配置、校园网用户管理及收费系统（教工和学生各一套）、网上营业厅前端和后端系统（校园网用户自助系统）电脑版和手机版、学生上网管理系统、校园服务系统平台、自助服务终端、校园智能展示与查询终端（户外触摸屏）系统。

5. 信息网络安全系统

包括下一代出口防火墙、上网行为审计系统及审计日志管理系统、虚拟专用网络服务器、应用防火墙、网页防篡改系统、网站安全监测系统、云安全监测系统、网络安全应急响应项目、信息系统安全等级保护评测项目、信息系统服务器安全加固项目。

6. 校园虚拟卡系统

校内统一的支付平台与认证平台，虚拟卡与实体卡相结合，线上支付与线下支付并存，轻管理重应用的"一账通"应用系统。包括虚拟卡平台、商务消费系统和配套设备、项目施工，系统集成、系统运行等部分。

7. 智慧课室

包括督学督导系统、教学视频资源管理系统、微课录制及在线编辑系统、互动中心MCU（多点控制单元）、智慧课堂互动教学系统以及课室配套音视频设备。

8. 智慧实验室

包括公共计算机实验室、实验室综合管理平台、桌面虚拟化套件、大型仪器设备开放共享计量测控系统。

9. 安全保卫系统

包括指挥中心建设、视频监控系统、门禁管理系统、周界安防、停车场管理系统、智慧交通引导系统。

10. 校区中央管理平台

包括公共信息通信系统、绿色智慧校园综合管理平台、中央综合监控系统。

11. 绿色节能管理系统

包括校园能耗监管平台、校园配电安全及环境检测系统、校园空调节能优化控制系统、校园智能照明控制系统、校园教室与实验室用电设备控制系统、校园综合节能监控中心。

12. 学科建设和学生创新系统

包括移动互联网研发支撑平台，未来网络创新平台，大数据研发云平台，人工智能研发云平台，虚拟现实研发支撑平台，网络安全平台。

华南理工大学广州国际校区信息化系统规划设计标准高，要求以用户为中心，通过多层次的信息化系统实现了从网络到服务的六个技术层面的畅通，包括：

（1）网络畅通　通过与国际对接的高质量全覆盖有线、无线通信网络提供随时随地上网学习的良好通信环境，并且全面支持国际漫游；通过智能可控的软件定义智能专网网络实现物物互联，提供良好的信息化管理基础。

（2）数据畅通　通过统一数据标准和规范系统建设实现高效的数据互通、共享，并提供高质、丰富的大数据分析环境。

（3）平台畅通　以云平台、高性能计算、大数据为基础，提供智慧教学、移动支付、绿色节能、综合管理等各种业务平台，实现各业务平台优化管理和资源调配。

（4）门户畅通　通过支持多种认证方式及智能化融合门户并利用网上办事大厅、统一消息推送等智能化手段实现对用户统一门户，提供标准化一站式入口门户。

（5）应用畅通　面向国际标准，通过与国际接轨、正版化的系统提供便利的智慧管理、智慧生活等应用。

（6）服务畅通　通过信息化系统全面为广州国际校区师生提供专业、高效、个性化服务。

4.3.3.2　信息化系统建设难点

1. 建设内容多，涉及的系统和产品多

信息化系统是一个大型的综合性系统集成项目，既包括信息网络等硬件集成，也包括应用软件开发，还包括数据资源建设及软硬件综合集成，涉及的系统和产品非常多，12个子项系统涵盖布线、网络、服务器、存储、备份、安全、终端设备、系统软件和应用软件等不同种类产品。

2. 建设范围覆盖面广，系统对接多

信息化系统涉及 A 地块、B 地块、C 地块、D 地块、E 地块、S1 学生宿舍、T 公共实验楼、Q 设备区，总建筑面积约 50 万 m^2，涉及 3 个学院、6 个研究院、公共实验楼、网络中心、宿舍和食堂等业务设施。内部多个信息化子系统需要对接融合，信息化子系统需要与土建、机电、装修等建设工程专业对接，同时需要与华南理工大学五山校区、大学城校区多个相关信息化系统对接融合，还要考虑未来与二期工程相关信息化系统对接。

3. 系统综合性强，专业性强，技术要求高

本次信息化系统 12 个子项涉及高端路由交换设备、智能设备管理软件、云管理系统、数据交换平台、地理信息系统、云安全监测系统、虚拟化软件系统、中央管理平台、绿色节能系统、移动互联网研发支撑平台、大数据研发云平台、人工智能研发云平台、虚拟现实研发支撑平台、漏洞挖掘实验室、源代码审计实验室、取证与分析实验室、工业互联网安全实验室、网络安全攻防实验室等专业系统，新技术、新材料、新工艺、新设备应用多，系统综合性极强，技术要求高。

4. 涉及的参建单位（部门）多，沟通协调面广

本次信息化系统参建单位包括建设管理单位、设计单位、建筑工程两个总包、三个智能化分包单位及众多产品和服务供应商，监理单位、用户单位（华南理工大学）相关处室、学院、信息网络工程研究中心等。项目建设过程中，各专业系统之间会交叉作业，工作面会重叠，因此各专业、各系统的协调工作要求高，协调工作量大。

5. 信息化系统具有国际性

华南理工大学广州国际校区将是一所国际一流的国际化示范校区，相关系统需满足未来国际学生、教师教育交流、生活学习等需要，用户终端需实现多语言支持，系统后台应支持中、英文等，部分系统需要多语音二次开发，这对项目构成一定挑战。

6. 信息化系统建设工期紧

华南理工大学广州国际校区一期工程分两批交付使用：（1）2019 年 8 月 20 日前建设完成并交付使用面积约 22 万 m²（其中包括宿舍、食堂、公共实验区、地块 D 研究院等）（2）2019 年 11 月 30 日前建设完成并交付使用面积约 28 万 m²（其中包括学院楼、公共建筑、配套设施等）。相关信息化系统需与建设工程同步进行建设并交付，总建设工期约一年时间，工期紧张。

4.3.3.3　信息化监理应对措施

1. 配置专业队伍深度融合到整体项目组织架构

信息化专项监理——信佰监理配置了高级信息系统项目管理师、通信信息专业注册工程咨询师、计算机技术高级工程师、信息系统监理师、系统集成项目管理师、信息安全工程师、网络规划设计师、软件测评师、数据库系统工程师等高素质专业技术管理人员，监理人员都有大型项目监理工作经验，相关人员充分融合对接到建设管理单位管理、EPC 总承包单位、设计单位、智能化信息化分包单位、建设工程监理、第三方测试单位及使用单位组织架构的信息化管理及技术小组。高峰期监理单位人员投入达 10 人，有效补充了建设工程监理和建设管理单位信息化专业管理和技术力量。高效的项目管理机构，能及时对项目的关键事项进行审议和决策。

2. 将信息工程监理规范整合到整体项目管理体系

尽管信息系统工程与建设工程管理理念大体相同，但具体管理规范细则还是存在差异，为了减少各单位内耗，信佰监理主动调整优化本项目信息系统监理规范细则，明确管理流程，规范工作成果管理，并得到建设管理单位管理、EPC 总承包单位、设计单位、智能化信息化分包等单位理解和认可。融合后的管理体系符合标准规范、符合项目实际，并得到实际执行，有效促进了项目管理过程与施工业务相融合，明确了各方的权力、责任、利益，针对每个环节配备相应的流程、表单和方法，强调简单、可操作性，真正实现了项目管理活动的落地，有效规范了信息系统建设过程。

3. 监理专业人员深度融合介入需求分析及深化设计

为了提升需求确认和深化设计审核效率，信佰监理安排相应专业技术人员深度融合介入到用户单位的需求分析和设计单位及施工单位的深化设计工作中。

1）协同项目参建各方共同明确信息系统建设标准规范，发挥标准化的指导、协调和优化作用，少走弯路，提高效率，确保未来信息平台实现互联互通、业务协同、信息共享、安全可靠运行。规避因缺乏标准或标准不统一导致管理混乱、互联互通不畅、信息共享程度低、安全存在隐患等后果，影响信息化建设的进程。

2）协同项目参加各方共同理解立项文件、招标及合同要求，界定建设范围，明确信息化建设需求，细化和确认相关技术要求和功能、性能描述。

3）协同项目相关方同步并行监控设计单位及施工单位的深化设计成果，及时给出审核意见和建议，面对争议设计问题，组织召开设计协调会予以解决，组织技术力量反复多轮审查施工图纸，促使设计方案满足项目需求，符合相关的法律、法规和标准，并与项目建设合同相符，具有可验证性，协助相关单位消除设计文档在进入项目实施前可预见的缺陷，并避免了施工过程频繁变更。

4. 协同项目利益各方共同参与项目关键节点工作

1）严格货物进场检查检验

审核并认定进场设备材料数量、质量及性能指标，严控项目质量。

组织项目利益各方对承建单位提供的设备材料进行检查、验收，对验收结果做记录，相关方签字确认；对不符合合同或相关标准规定的货物、产品拒绝签认，未获签认的货物或产品不得在工程实施中应用。

设备材料进场检查验收的内容主要包括：检查到货清单内容是否与合同及设计要求的设备材料清单中的描述相符。检查到货设备包装是否完好，开箱随箱资料（例如生产许可证、出厂合格证、质量保证书、检测报告、设备说明书等资料）是否齐全。核定设备型号、规格参数、数量与到货清单是否一致。对项目涉及的第三方知识产权设备和软件，审核相关授权许可，避免出现违反知识产权的行为。按规定送检相关线材线管。

2）化繁为简，及时细致做好分项验收

分项工程一般具有不同专业性和相对独立性，是构成整体项目质量的基础单元。本项目组织项目各相关方，在承建单位做好自检自测的基础上，根据相关标准规范、设计文件、建设需求等进行逐个分项工程的检测和检查，包括配套工程资料完整和准确性检查，局部确认项目质量（包括子系统功能、性能以及技术参数等）是否实现，有力促进了后续整体系统顺利验收及交付。

3）严格把关竣工验收前的联调联动整体系统测试

竣工验收要全面考核投资建设成果，检查工程设计、工程质量是否符合规范要求，确保工程项目能按设计要求的技术经济指标交付使用。因此，竣工验收前各项联调联动整体系统测试十分重要。

联合项目各方，特别是用户单位、专业验收测评单位和安全评估单位，认真准备测试用例和测试方案，按计划对整体系统进行了全面检测，促使项目的最终功能和性能符合承建合同、法律、法规和标准的要求，推动承建单位所提供的项目资料的内容和种类符合相关标准，为后续项目验收顺利通过奠定了坚实基础。

4）多方见证项目移交

项目移交主要包括项目的实体移交和资料移交。为确保系统安全投入使用，项目组织各参建方，联合用户单位（包括用户单位的物业管理单位）共同审核移交文档的完整性和准确性，共同对信息系统的货物及系统进行清点移交签署。确保项目实体设备数量与建设需求、合同、设计文件等一致，核对内容包括品牌、规格参数、型号、数量等。

5. 监理技术服务数字化管理

本次信息系统建设监理技术服务基于信佰全生命周期项目协同平台进行数字化管理，主要对监理内部和智能化分包单位的重点关键任务进行了规划排布，形成了各阶段任务看板，并进行责任到人管理，做到了管理忙而不乱，同时借助系统知识库功能，大大提升了项目的协同和沟通效率。

另外，信佰监理也充分利用了项目其他参建方的智慧管理平台资源，对接和共享了相关系统文档和数据资源，包括智慧代建智慧平台、基于 BIM 技术的智能管理系统、基于无人机＋远程信息传输技术项目管理系统、广东省建筑工程竣工验收技术资料统一用表管理系统等，提升了服务工作效率。

4.3.3.4 信息化系统建设成效

本次信息化系统建设，经项目各方共同努力，达到了以用户为中心、网络畅通、数据畅通、平台畅通、门户畅通、应用畅通和服务畅通的总体要求，建成的智慧校园系统实现了信息共享、数据融通、业务协同、智能服务的建设目标，具备通过集约化方式快速向师生提供科研资源的能力，有力地支持了多元化教学模式，有力地支持了本地国际化办学。

通过校园网和物联网连通了 4 万多个网络信息点和 2 万多个物联网感知点，打造了智慧校园的神经系统，构筑了国内最早的软件定义网络（SDN）校园网，实现了千兆接入，万兆上联，主干传输带宽达到双万兆，校内网络与数据中心之间传输带宽达双 40G，实现全校区覆盖无线网。

建成了国内最大的校级数据中心，地面 5 层独立建筑，总面积 12800m²。数据中心每天从基础系统采集 200 万条以上数据记录，其中公共服务云平台具有 1300 个物理计算核心、10TB 内存、600TB 存储空间，能提供 1000 个虚拟机，大数据平台具有 1500 个物理计算核心、1PB 存储空间，实现了数据融通，培育了智慧校园的数字大脑。

实现一套数据、一个入口、一个账号、一张报表、一站式服务，实现了虚拟办事，实现了智慧课室等特色业务功能，支持多种认证方式、多语音方式，支持掌上移动访问，各业务融通，提高了智慧校园的"智商"。

建立了智慧校园中央监控系统，实现了校园 20 多个子系统（视频监控、门禁、停车场、楼宇设备自控、绿色节能、智慧课室、业务系统等）的数据汇聚和智能联动，提升了智慧校园的智能服务水准。

第5章 建设项目智慧代建研究与实践成果

基于项目稳步推进的前提下，相关科技创新工作也能有序进行，施工与科研相辅相成，根据项目实际情况，开展新技术研究应用。在项目科研课题领导小组的领导和协调下，各项研究课题，如装配式技术、智慧校园、岭南绿色建筑、BIM 技术、EPC 模式等科研项目成果丰富，为其他类似项目产生借鉴及学习的机会，研究成果服务于社会，产生了较好效益，获得各方一致赞赏。

5.1 项目科研成果

5.1.1 软件著作和专利获奖情况

8 项软件著作权，授权专利共 25 项（4 项发明专利、21 项实用新型专利）见表 5.1-1。

知识产权成果汇总表　　　　　　　　　　　　　　　　表 5.1-1

序号	知识产权名称	知识产权类别	授权号	授权日期
1	装配式预制剪力墙焊接端板及水平型钢组合连接装置	发明专利	ZL201510404903.0	2017.11.03
2	一种刻槽配筋混凝土面层加强轻质板材	发明专利	ZL201510194621.2	2017.11.24
3	装配式预制剪力墙水平拼缝槽钢焊接连接装置和连接方法	发明专利	ZL201610427133.6	2018.12.04
4	一种制冷机房施工方法	发明专利	ZL202011107585.9	2022.07.12
5	一种气候腔通风结构	实用新型	ZL202021181161.2	2021.03.23
6	一种用于办公楼的幕墙装置	实用新型	ZL202120861277.9	2022.05.13
7	一种组装式水平预制构件支撑架体	实用新型	ZL201920348799.1	2019.12.24
8	一种竖向预制构件现场安装固定结构	实用新型	ZL201920760386.4	2020.02.14
9	一种便于预制梁快速施工的牛腿装置	实用新型	ZL201920398155.3	2020.07.28
10	一种新型预制结构柱钢筋定位结构	实用新型	ZL201920760390.0	2020.02.14
11	一种基于装配式结构免支撑主次梁节点封模体系	实用新型	ZL201920178732.8	2020.01.07
12	一种可调节的装配式楼梯施工平台	实用新型	ZL201920161760.9	2020.01.07
13	一种可循环使用的装配式预制临时围墙	实用新型	ZL201920161022.4	2020.05.26
14	一种快速安拆的装配式主次梁节点封模体系	实用新型	ZL201920178733.2	2020.01.07
15	一种用于空调水泵安装的隔震装置	实用新型	ZL202020764380.7	2021.02.26
16	陶土板幕墙系统	实用新型	ZL202120741927.6	2021.12.14
17	一种可调整的机电管线安装的综合支吊架装置	实用新型	ZL201920729355.2	2020.03.31
18	一种组合式预制柱钢筋定位装置	实用新型	ZL202020923962.5	2021.02.02

续表

序号	知识产权名称	知识产权类别	授权号	授权日期
19	一种幕墙陶土板安装结构	实用新型	ZL201922074730.7	2020.12.25
20	一种陶土板幕墙系统	实用新型	ZL202120740572.9	2021.11.26
21	一种幕墙系统的吊底结构	实用新型	ZL202120744465.3	2021.11.26
22	一种装配式建筑井道定型化防护及竖向通道装置	实用新型	ZL201821478949.2	2019.05.07
23	一种混凝土输送泵管转角工具式固定结构	实用新型	ZL201821829139.7	2019.08.13
24	一种预制框架柱防雷引下线连接装置	实用新型	ZL201822129797.1	2020.01.03
25	自平衡的起吊吊架	实用新型	ZL201821144349.2	2019.04.02
26	基于BIM的施工进度重量管理系统〔简称CSCEC-PWMM〕1.0.0	软件著作权	2020SR0997670	2020.02.01
27	三维建筑信息模型驱动的三维算量分析软件V1.0	软件著作权	2019SR0893242	2019.08.28
28	建筑信息模型驱动的设备动态管理系统V1.0	软件著作权	2019SR0893232	2018.09.18
29	三维建筑信息模型驱动的国标计价评估软件V1.0	软件著作权	2019SR0890097	2018.08.25
30	三维建筑信息模型驱动的装配式建筑物流一站式管理平台V1.0	软件著作权	2019SR0893223	2018.10.28
31	基于地下空间信息模型的停车场车牌智能识别系统V1.0	软件著作权	2019SR0895912	2018.10.30
32	计算机软件著作权登记证书-广州机安装配式机电族库管理系统V1.0	软件著作权	2021SR0962575	2021.06.29
33	计算机软件著作权登记证书-广州机安云族库管理系统V1.0	软件著作权	2021SR0955533	2021.06.28

5.1.2 学术成果发表情况

19篇学术论文；其中发表EI期刊1篇、核心期刊8篇，见表5.1-2。

学术成果汇总表　　　　　　　　　　　　　　表5.1-2

序号	论文(图书)名称	出版信息
1	钢板焊接连接的带水平接缝装配式RC剪力墙抗震性能试验研究	建筑结构学报,2020-07
2	拔风井对改善办公建筑过渡空间自然通风效果的模拟与验证——以华南理工大学广州国际校区大数据实验中心为例	建筑学报,2021-12
3	基于CFD的夏热冬暖地区高校校园室外风环境模拟分析与设计优化——以汕头大学东校区项目(三期)规划设计方案为例	建筑技艺,2021-4
4	华南理工大学广州国际校区一期工程装配式结构设计与思考	建筑结构,2019-06-10
5	装配式建筑评价标准的评分项指标对比分析	建筑结构,2020-09-10
6	基于BIM技术的预制梁中幕墙预埋件精准定位研究与应用	施工技术,2020-01下
7	建筑工程优质高效建造技术研究	施工技术,2017-02下
8	EPC模式下优质高效智慧建造技术研究与应用	施工技术,2019-12下

续表

序号	论文（图书）名称	出版信息
9	边缘计算在建筑工程安全管理中的应用	建筑经济，2020-06
10	公共建设项目管理高质量发展探讨——基于"大数据"的智慧代建管理模式	城市住宅，2020-06
11	自动化监测在建设项目安全预警管理中的应用研究	建筑安全，2020-07
12	区块链技术在大型公建项目中的示范应用	中国建筑产业数字化转型发展研究报告，2022-05
13	基于CIM的建设项目协同管理体系研究与应用	广东土木与建筑，2021-08
14	智慧代建体系构建与关键技术数字化转型升级研究与实践	中国建筑工业出版社，2022-03
15	装配式榫卯预制混凝土景观围蔽设计与施工技术	广州建筑，1671-2439(2020)03-035-05
16	基于BIM的EPC项目全过程信息化管控技术研究	广州建筑，1671-2439(2020)04-044-05
17	基于BIM的设备机房管道预制关键技术	Feature story-安装专题报道，1002-3607(2021)03-0012-04
18	制冷机组进出水端同侧与异侧布置方案的对比分析	Feature story-安装专题报道，1002-3607(2021)03-0016-04
19	走廊机电管线综合支吊架的应用	Feature story-安装专题报道，1002-3607(2021)03-0020-03

5.1.3　工法获奖情况

14 项广东省省级工法，见表5.1-3。

工法汇总表 表 5.1-3

序号	广东省省级工法名称	编号	获得时间
1	装配式榫卯预制混凝土景观围蔽设计与施工工法	GDGF046-2019	2019 年 12 月 21 日
2	装配式联体沉箱制作与安装施工工法	GDGF048-2019	2019 年 12 月 21 日
3	装配式混凝土柱组合式封仓防回流套筒灌浆连接施工工法	GDGF350-2020	2021 年 1 月 19 日
4	梁-墙一体式复合构件生产及安装工法	GDGF116-2019	2019 年 12 月 21 日
5	一笔箍式预制框架柱生产施工工法	GDGF257-2018	2018 年 12 月 20 日
6	基于高抗震性能要求的装配式主次梁节点施工工法	GDGF353-2020	2021 年 1 月 19 日
7	装配式连续次梁节点二次浇筑迅速拼拆模板体系施工工法	GDGF349-2020	2021 年 1 月 19 日
8	预制往四面出浆施工工法	GDGF240-2019	2019 年 12 月 21 日
9	基于BIM放样机器人在装配式构件安装定位中的施工工法	GDGF041-2019	2019 年 12 月 21 日
10	无支撑预制叠合板制作及吊装施工工法	GDGF259-2018	2018 年 12 月 20 日
11	穿挂式湿作业法外墙陶砖安装施工工法	GDGF047-2019	2019 年 12 月 21 日
12	高精度快装陶板幕墙施工工法	GDGF296-2020	2021 年 1 月 19 日
13	基于DFMA的制冷机房装配式管道模组化施工工法	GDGF376-2020	2021 年 1 月 19 日
14	基于RFID及BIM技术的预制构件全过程数字化施工工法	GDGF239-2019	2021 年 1 月 19 日

5.1.4 科研创新获奖情况

12 项科技创新成果，见表 5.1-4。

科技创新成果汇总表   表 5.1-4

序号	成果名称	获奖等级	颁奖时间
1	工业化建筑信息化智能建造技术的研究与应用	华夏建设科学技术二等奖	2022 年 1 月
2	华南理工大学广州国际校区一期工程	广东省土木工程詹天佑故乡杯奖	2020 年 7 月
3	华南理工大学广州国际校区一期工程关键技术研究与应用	广东省土木建筑学会科学技术一等奖	2020 年 7 月
4	工业化信息化绿色建造技术的研究与应用	广东省土木建筑学会科学技术一等奖	2020 年 7 月
5	基于 DFMA 的制冷机房装配式管道模组化施工技术研究	广东省土木建筑学会科学技术二等奖	2020 年 7 月
6	华南理工大学广州国际校区一期工程	广东省建筑业新技术应用示范工程	2021 年 12 月
7	装配式混凝土柱组合式封仓防回流套筒灌浆连接施工技术	广东省建筑业协会科学技术进步三等奖	2021 年 12 月
8	装配式连续次梁节点二次浇筑迅速拼拆模板体系	广东省建筑业协会科学技术进步三等奖	2021 年 12 月
9	基于高抗震性能要求的装配式主次梁节点施工技术	广东省建筑业协会科学技术进步三等奖	2021 年 12 月
10	装配式榫卯预制混凝土景观围蔽设计与施工技术	广东省土木建筑学会科学技术三等奖	2021 年 7 月
11	穿挂式湿作业法外墙陶砖安装技术	广东省土木建筑学会科学技术三等奖	2020 年 7 月
12	EPC 项目全过程信息化管控关键技术	广东省土木建筑学会科学技术三等奖	2020 年 7 月

5.1.5 科研创新（QC）获奖情况

7 项 QC 成果，见表 5.1-5。

科技创新成果汇总表   表 5.1-5

序号	成果名称	获奖等级	评奖单位	发表时间
1	提高预制柱套筒灌浆施工一次合格率	二类成果	中国建筑业协会	2020 年
2	提高预制柱一次灌浆合格率	二类成果	中国建筑业协会	2019 年
3	提高预制构件梁柱节点混凝土成型质量	二等奖	中国施工企业管理协会	2019 年 7 月
4	提高装配式结构梁板柱节点连接质量	工程建设优秀质量管理小组一等奖	广东省建筑业协会	2019 年 5 月
5	提高预制柱一次灌浆合格率	工程建设优秀质量管理小组一等奖	广东省建筑业协会	2019 年 5 月
6	提高预制柱一次灌浆合格率	广州市建设行业优秀 QC 小组三等奖	广州市建筑业联合会	2019 年 5 月
7	提高预制构件梁柱节点混凝土成型质量	广州市建设行业优秀 QC 小组一等奖	广州市建筑业联合会	2019 年 5 月

5.2 项目获奖情况

5.2.1 国际级奖项

1 项国际级奖项，见表 5.2-1。

国际级奖项汇总表　　　　　　　　　　　　　　　　　　　　　　表 5.2-1

序号	年度	奖项名称
1	2019	"智建中国"国际 BIM 大赛　设计组一等奖

5.2.2 国家级奖项

14 项国家级奖项，见表 5.2-2。

国家级奖项汇总表　　　　　　　　　　　　　　　　　　　　　　表 5.2-2

序号	年度	奖项名称
1	2022-2023 年度	第一批国家优质工程奖
2	2022 年度	工程建设项目设计水平评价　二等成果
3	2021 年度	优秀勘察设计绿色建筑　设计一等奖
4	2021 年度	第十二届"创新杯"BIM 大赛　二等奖
5	2021 年度	第十届"龙图杯"全国 BIM(建筑信息模型)大赛　二等奖
6	2021 年度	第二届工程建设行业 BIM 大赛　三等奖
7	2020 年度	"金标杯"BIM/CIM 应用成熟度创新大赛　一等奖
8	2020 年度	首届工程建设行业 BIM 大赛　三等成果(建筑工程综合应用类)
9	2019 年度	年绿色建造设计水平评价　二等奖
10	2019 年度	第二届"优路杯"全国 BIM 技术大赛　设计组金奖
11	2019 年度	"龙图杯"第八届全国 BIM 大赛　综合组二等奖
12	2019 年度	第十届"创新杯"建筑信息模型(BIM)　BIM 应用新秀奖
13	2019 年度	第八届"龙图杯"全国 BIM 大赛　施工组二等奖
14	2019 年度	第四届建设工程 BIM 大赛　三类成果

5.2.3 省级奖项

18 项省级奖项，见表 5.2-3。

省级部级奖项汇总表　　　　　　　　　　　　　　　　　　　　　　表 5.2-3

序号	年度	奖项名称
1	2021 年度	教育部优秀勘察设计水系统工程　设计一等奖
2	2021 年度	教育部优秀勘察设计建筑智能化　设计二等奖

续表

序号	年度	奖项名称
3	2021年度	教育部优秀勘察设计建筑　设计一、二、三等奖
4	2021年度	教育部优秀勘察设计建筑工业化　设计一、二等奖
5	2021年度	教育部优秀勘察设计建筑环境与能源应用　设计一等奖
6	2021年度	教育部优秀勘察设计绿色建筑　设计一等奖
7	2021年度	教育部优秀勘察设计建筑设计获奖证书　三等奖
8	2022年度	广东省建设工程优质奖
9	2022年度	广东省建设工程金匠奖
10	2021年度	广东省优秀勘察设计奖　公建一等奖
11	2021年度	广东省二星A级绿色建筑设计　标识证书
12	2021年度	第二届"智建杯"智慧建造　创新大奖赛铜奖
13	2020年度	广东省建设工程优质结构奖
14	2020年度	广东省优秀建筑装饰工程奖
15	2020年度	广东省第三届BIM应用大赛　一等奖
16	2019年度	广东省房屋市政工程安全生产文明施工示范工地
17	2019年度	广东省建设工程项目施工安全生产标准化工地
18	2021年度	广东省优秀工程勘察设计奖建筑结构设计　专项二等奖

5.2.4　市级奖项

9项市级奖项，见表5.2-4。

市级奖项汇总表 表5.2-4

序号	年度	奖项名称
1	2021年度	广州市优秀勘察设计奖　公建一等奖
2	2021年	广州市建筑装饰优质工程奖
3	2020年度	广州市建设工程质量　五羊杯奖
4	2020年度	广州市建设工程优质奖
5	2020年度	广州市建设工程结构优质奖
6	2020年度	广州市建设工程安全文明绿色施工样板工程
7	2018年	"羊城工匠杯"BIM职业技能竞赛　银奖
8	第八届	全国BIM大赛综合组　二等奖
9	第五届	"科创杯"中国BIM技术交流暨优秀案例作品展示会大赛　一等奖

5.2.5　其他

5项示范性项目，见表5.2-5。

示范项目汇总表 表 5.2-5

序号	年度	奖项名称
1	2018 年	国家装配式建筑产业基地
2	2020 年度	广东省建筑业绿色施工示范工程
3	2019 年度	广东省装配式建筑(设计类)产业基地
4	2019 年度	广东省装配式建筑优秀观摩项目
5	2019 年度	广东省装配式建筑示范项目

结　语

华南理工大学国际校区一期工程如期建成并投入使用，是代建局探索创新智慧代建管理模式的实践过程，也是新的广州速度。2019 年 9 月 20 日，中央广播电视总台国际在线发表文章《华南理工大学国际校区创造了新时代的广州速度》，赞誉了华南理工大学国际校区一期工程的建设成绩，充分体现了四方共建新举措的成效，也体现了"智慧代建"管理新模式的效率。随后，广东省、广州市以及各方代表都对华南理工大学国际校区一期工程的建成表示热烈祝贺，并对华南理工大学国际校区一期工程的新管理模式表示赞赏。南方日报以《探索高等教育国际化的试验田和示范区》为题，畅谈广州国际校区国际化办学的新模式、软硬件建设的新速度、人才培养的新工科 F 计划以及科技创新和成果转化的新理念，深度揭示广州国际校区对新时代高等教育改革探索的意义，感谢其对国家、大湾区和省市发展战略的支持，肯定其对推动华南理工大学世界一流大学建设的重要作用。广州市财政局组织的"华南理工大学广州国际校区一期工程"绩效评价中，本项目得到广州市人大审议通过且绩效评价等级为"优"。

本书是一次建设新理念转化为实践的高度总结，以华南理工大学国际校区一期工程为载体，通过四方共建新举措、"智慧代建"项目管理新模式的探索，加上设计牵头 EPC 总承包管理的新体系，辅以全信息化的管理措施，完成传统建设模式无法完成的任务，也推进了项目管理水平的提升。"智慧代建"是本书最主要的管理思想，强调的是智慧代建体系构建，紧密围绕建设目标，强化项目全过程协同管理，打破项目管理中各种信息"孤岛"之间的壁垒，以代建单位为核心搭建一体化协同平台，高度联系政府部门、项目业主、项目使用单位、各参建单位、项目部，实现各方信息互联互通、降低沟通时间成本、提高办事效率、加快建设等目标。

华南理工大学国际校区一期工程的建成，离不开教育部、广东省、广州市、华南理工大学的指导，离不开代建单位、设计单位、施工单位、监理单位等一线建设人员的辛苦劳动。最后，希望本书可以启发各方建设者的管理思维，为建设领域工作者提供参考和借鉴。

参考文献

[1] 苏岩. 政府投资 EPC 项目代建管理的实践与体会 [J]. 广东土木与建筑，2020，27（9）：4.

[2] 苏岩. 装配式建筑竖向构件施工质量管理研究 [J]. 建材与装饰，2020.

[3] 刁尚东，苏岩，马柔珠，等. BIM 技术在预制装配式建筑施工安全管理中的应用 [J]. 广东土木与建筑，2020，27（3）：61-64.

[4] 刁尚东. 智慧代建体系构建与关键技术——数字化转型升级研究与实践 [M]. 北京：中国建筑工业出版社，2022

[5] 刁尚东. 基于 CIM 的建设项目协同管理体系研究与应用 [J]. 广东土木与建筑，2021，28（8）：5.

[6] 刁尚东. 公共建设项目管理高质量发展探讨——基于"大数据"的"智慧代建"管理模式 [J]. 城市住宅，2020，27（6）：2.

[7] 叶青青，韦宏. 设计牵头的工程总承包 EPC 模式经验总结——以华南理工大学广州国际校区一期工程为例 [J]. 工程管理前沿，2021（7）：10.

[8] 王帆，韦宏，罗志锋，等. 华南理工大学广州国际校区一期工程装配式结构设计与思考 [J]. 建筑结构，2019（11）：6.

[9] 中华人民共和国住房和城乡建设部. 装配式建筑评价标准：GB/T 51129—2017 [S]. 北京：中国建筑工业出版社，2018：2.

[10] 中华人民共和国住房和城乡建设部. 装配式混凝土建筑技术标准：GB/T 51231—2016 [S]. 北京：中国建筑工业出版社，2017：6.

[11] 许晓峰. 带水平拼缝预制装配式剪力墙抗震性能试验研究 [D]. 广州：华南理工大学，2017.

[12] 王帆，许晓峰，韦宏，等. 一种装配式预制剪力墙水平拼缝型钢焊接连接装置：CN201611182004.1 [P]. 2017-05-31.

[13] 中华人民共和国住房和城乡建设部. 装配式混凝土结构连接节点构造（楼盖和楼梯）：15G310-1 [S]. 北京：中国计划出版社，2017.

[14] 吴波，计明明，赵新宇. 再生混合混凝土及其组合构件的研究现状 [J]. 工程力学，2016，33（01）：1-10.

[15] 郑巧雁，陈佳森. BIM 平台助力信息化管理转型——基于华南理工大学广州国际校区一期工程 EPC 项目的研究与实践 [J/OL]. 中文科技期刊数据库（文摘版）工程技术，2020，10：99-102 [2020-10-29]. http://www.cqvip.com/QK/71995X/202010/epub1000002519156.html.

[16] 陈思超，郑昊鑫. BIM 可视化在辅助设计效果决策方面的探索与应用 [J]. 建筑工程技术与设计，2021（2）：1602-1603.

[17] 叶青青，刘禹岐，黄佩. 基于 BIM 的造价解决方案——华南理工大学广州国际校区一期项目 BIM 造价应用与实践 [J]. 价值工程，2021，40（21）：3.

[18] 林颖群，何颂恩. BIM 技术在装配式建筑设计中的应用——以华南理工大学国际校区（一期）项目为例 [J/OL]. 中文科技期刊数据库（文摘版）工程技术，2020，6：258-261 [2020-12-08]. http://www.cqvip.com/QK/71995X/202006/epub1000002607258.html.